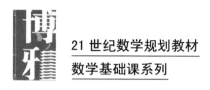

21 世纪数学规划教材

数学基础课系列

点集拓扑与代数拓扑引论

包志强　编著

图书在版编目(CIP)数据

点集拓扑与代数拓扑引论/包志强编著. —北京：北京大学出版社，2013.9
(21 世纪数学规划教材·数学基础课系列)
ISBN 978-7-301-23060-2

Ⅰ. ①点… Ⅱ. ①包… Ⅲ. ①拓扑空间–高等学校–教材 ②代数拓扑–高等学校–教材 Ⅳ. ①O189

中国版本图书馆 CIP 数据核字(2013)第 199137 号

书　　　名：	点集拓扑与代数拓扑引论
著作责任者：	包志强　编著
责 任 编 辑：	潘丽娜
标 准 书 号：	ISBN 978-7-301-23060-2/O·0949
出 版 发 行：	北京大学出版社
地　　　址：	北京市海淀区成府路 205 号　100871
网　　　址：	http://www.pup.cn
新 浪 微 博：	@北京大学出版社
电 子 邮 箱：	zpup@pup.pku.edu.cn
电　　　话：	邮购部 62752015　发行部 62750672　编辑部 62752021
	出版部 62754962
印 刷 者：	三河市北燕印装有限公司
经 销 者：	新华书店
	890 毫米×1240 毫米　A5　9.25 印张　260 千字
	2013 年 9 月第 1 版　2025 年 1 月第 7 次印刷
定　　　价：	32.00 元

未经许可，不得以任何方式复制或抄袭本书之部分或全部内容.
版权所有，侵权必究
举报电话：010-62752024　电子邮箱：fd@pup.pku.edu.cn

内 容 简 介

本书是高等院校数学系本科生拓扑学的入门教材. 全书共分五章. 第一章介绍拓扑空间和连续映射等基本概念. 第二章介绍可数性、分离性、连通性、紧致性等常用点集拓扑性质. 第三章从几何拓扑直观和代数拓扑不变量两个角度, 综合地介绍了闭曲面的分类. 第四章介绍了基本群的概念以及应用. 第五章介绍复迭空间的技术. 本书的特点是叙述浅显易懂, 并给出了丰富具体的例子, 主干内容(不打星号的节)每节均配有适量习题, 书末附有习题的提示或解答.

本书可作为综合大学、高等师范院校数学系的拓扑课教材, 也可供有关的科技人员和拓扑学爱好者作为课外学习的入门读物.

前　　言

近年来有很多国外的优秀拓扑教材被翻译成了中文. 特别值得一提的是 Munkres 编著的《*Topology: A First Course*》, 就点集拓扑部分来说, 这本书是到目前为止讲得最透彻最全面的一本书; 还有 Armstrong 编著的《*Basic Topology*》, 我本人也非常喜欢这本书, 因为相比于其他教材所追求的严谨和全面来说, 这本教材的语言要生动自然得多, 它可以让一个从来没有听说过拓扑的学生真正喜欢上拓扑. 国内也已经有了一些非常成熟的入门教材, 其中使用得最多的两本入门教材是尤承业教授编著的《基础拓扑学讲义》和熊金城教授编著的《点集拓扑讲义》.

不过这些教材的作者有一个共同的假定, 就是拓扑学应该是一个两学期的课程, 一学期讲点集拓扑, 一学期讲基本群和复迭空间等代数拓扑入门知识, 甚至可以更深入一点讲讲同调论和同伦论. 而这个假定对现在国内的拓扑教学并不适用. 我了解到, 在国内的很多大学, 微分几何和拓扑学都是排在学生快到毕业的时候才开始学, 这样后面再多一学期专讲代数拓扑的课程往往会开不出来. 这也导致很多学生直到读研究生之后才开始接触代数拓扑, 对它的了解程度远远低于需要, 甚至于把拓扑学就等同于点集拓扑.

我并不指望超越这些经典教材, 但是我想写一本 "看上去比较简单" 的参考书作为补充, 这本书要让每个普通的学生都有勇气读完它, 能够用一学期的时间大致了解拓扑是一门什么样的学问, 了解今天的数学家是如何用拓扑去思考的. 这个拓扑不仅包含紧致、连通等点集拓扑概念, 还包括基本群、复迭空间等简单的代数拓扑概念, 以及一定的 "拓扑学家的几何直观".

本书的内容除了个别章节比较长之外, 差不多每个学时可以讲授一小节, 一学期讲完全部内容. 其中打星号的章节不推荐课上讲授, 教师可以在课上简单地提一下，然后让学有余力的同学在课余时间自己阅读. 那是一些比较难懂，但是值得那些将来希望进一步学习拓扑的学生去了解一下的内容，也是为了让本书保持"看上去比较简单"而特意分拆出来的. 本书的习题也不是很多很难，对于大部分习题，学生都可以仿照正文中的例子作出解答，并在这个过程中加深对正文的理解.

最后，我要感谢姜伯驹院士、尤承业教授、吕志教授的意见和建议，感谢选修我的课的同学们在本书试讲过程中进行的交流和互动，感谢我的爸爸妈妈对我的支持和鼓励.

编　者

2013 年 1 月于北京大学

目 录

引言 ··· 1
    拓扑学的直观认识 ··· 2
    预备知识 ··· 8
    *集合论的公理系统 ··· 12

第一章   拓扑空间与连续性 ··· 18
    §1.1   拓扑空间 ··· 19
    §1.2   拓扑空间中的一些基本概念 ································ 27
    *§1.3   集合的基数和可数集 ·· 32
    §1.4   连续映射与同胚 ·· 37
    §1.5   乘积空间 ··· 44
    §1.6   子空间 ·· 50
    §1.7   商映射与商空间 ·· 55
    *§1.8   商空间的更多例子 ··· 66

第二章   常用点集拓扑性质 ··· 71
    §2.1   可数公理 ··· 72
    §2.2   分离公理 ··· 77
    *§2.3   Urysohn 度量化定理 ·· 83
    §2.4   连通性 ·· 92
    §2.5   道路连通性 ·· 98
    §2.6   紧致性 ·· 104

§2.7	度量空间中的紧致性	110
*§2.8	维数	113

第三章 闭曲面的拓扑分类 121

§3.1	拓扑流形	122
§3.2	单纯复形	126
§3.3	闭曲面的分类	133
§3.4	Euler 示性数	139
§3.5	可定向性	144
*§3.6	同调和 Betti 数	149

第四章 基本群及其应用 155

§4.1	映射的同伦	156
§4.2	同伦等价	162
§4.3	关于群的常用知识	168
§4.4	基本群的定义	173
§4.5	连续映射诱导的基本群同态	180
*§4.6	范畴和函子	184
§4.7	有限表出群	193
§4.8	Van Kampen 定理	200
§4.9	基本群的应用举例	208
*§4.10	Jordan 曲线定理	214

第五章 复迭空间 222

*§5.1	群作用与轨道空间	223
§5.2	纤维化与复迭映射	230

§5.3　复迭空间的基本群 ································· 237

*§5.4　泛复迭空间的存在性 ····························· 243

§5.5　映射提升定理 ······································· 248

§5.6　复迭变换 ··· 253

名词索引 ··· 261

习题提示与解答 ··· 269

参考文献 ··· 285

引　言

什么是拓扑?

在数学家的圈子以外, 当被问到拓扑一词时, 人们最有可能想到的, 大概是计算机科学中提到的 "拓扑" 概念: 当我们把许多计算机相互连接在一起构成网络时, 会有很多种不同的连接方式, 小到可以是一台服务器挂很多客户端的集中式网络, 大到可以是很多子网络通过路由器连接在一起的网际网络, 这些连接方式都被叫做网络拓扑. 虽然计算机的型号、性能和网络连接的速度、质量可能有千差万别, 但是当网络拓扑相同时, 网络运行的基本原理和算法是相通的. 反过来, 当网络拓扑不同时, 计算机之间搜索位置和传送信息的方法则往往会有本质差别.

其实这个概念是从数学中借用过去的, 不过在一定程度上, 这种借用确实反映了拓扑学中一些最朴素最直观的想法. 数学家发明拓扑的初衷, 正是要去寻找这样的一些几何形状上的特征, 它们虽然也都看得见、摸得着, 但是却比长度和角度等传统几何性质更加 "本质": 这些特征不会因为研究对象的某些细节上的改变而发生改变. 一个通俗 (但是并不准确) 的说法是: 拓扑学研究的是一个对象在连续形变下保持不变的性质.

这种性质有吗? 当然有. 早在 1736 年, Euler(欧拉) 解决 Königsberg (哥尼斯堡) 七桥问题的时候, 就发现了一些这样的奇妙性质, 并认为应该有一种 "关于相对位置的几何" 来专门研究此类古典几何无法解释的奇妙性质. 这就是拓扑学的起源. Euler 称 "位置几何" 这个词源于 Leibniz (莱布尼茨). 近年来, 人们对数学史的研究发现, Leibniz 的想法可能来源于比他更早的 Descartes(笛卡儿) 的一篇未发表的手稿.

Gauss (高斯) 和 Maxwell (麦克斯韦) 出于研究电磁学的目的, 也都先后思考过关于位置几何的问题. 不过 "拓扑" 这个词却是 Gauss 的学生 Listing 从希腊文中表示位置的词 $\tau o \pi o \varsigma$ (topos) 和表示原理

的词 λόγος (logos) 造出来的. 1847 年, Listing 发表了著名的论文《Vorstudien zur Topologie》(关于拓扑学的初步研究), 这就是历史上的第一篇关于拓扑学的数学论文.

当然, 真正实用的拓扑学还要等到 1874 年 Cantor (康托尔) 发明集合论之后才算开始, 因为集合的语言才是表达拓扑思想最合适的语言. 沿着这条线索发展出来的, 研究最一般的集合上的拓扑的学科, 被称为 **点集拓扑学** (point-set topology) 或 **一般拓扑学** (general topology).

另一方面, 对于一些结构比较好的拓扑空间, 来自代数和微分方程的思想和方法则可以发挥巨大作用. 在 1895 年 Poincaré (庞加莱) 发表了一篇长达一百多页的著名论文《Analysis Situs》(位置分析), 这篇论文包含了很多创造性的新思想, 或者说提出了一系列重要的、有待严格证明的研究方法和结论, 并在此后三十年间主导了拓扑学界的大部分研究. 这些想法被发展起来后, 就形成了今天的 **代数拓扑学** (algebraic topology) 和 **微分拓扑学** (differential topology).

有趣的是, Poincaré 的工作导致后来的很多数学家都习惯用 "位置分析" 或 "位置几何" 称呼这个学科, **拓扑学** (topology) 这个名称直到二十世纪三十年代才开始被数学界普遍使用.

国内的第一本拓扑书是江泽涵教授在抗战时期翻译的一本德文教材. 最初他把这门学科称为 "形势几何学", 后来他取了一个具有延伸扩展之意的 "拓" 字, 又取了一个具有拍打挤压之意的 "扑" 字, 合起来既接近西文的发音又提示了这门学科的特点, 即它关心的是几何形体在连续形变下保持不变的性质. 这样才将该学科的中文名称正式确定为 "拓扑学".

拓扑学的直观认识

为了能够让大家初步理解拓扑学都研究些什么, 让我们拿欧氏几何来对比一下. 所谓的欧氏空间, 无非是一个点集附加上一些额外的信息. 每一套完整的附加信息称为一个欧氏结构, 人们可以通过读取这些信息来判断点的共线或共面关系, 以及计算距离、夹角、面积、体积等欧氏几何能计算的量. 依现代几何学的理解来看, 这些量中距离是最基础的, 欧氏空间到欧氏空间的保持距离的映射称为等距变换, 而欧氏几何所关心的, 基本都是些不会被等距变换所改变的性质.

与之类似, **拓扑空间** (topological space) 也是一个点集附加上一套额外的信息. 这套附加信息称为 **拓扑结构** (topological structure), 它的主要作用则是帮助我们定义连续性 (或者说把 "$\mathbb{R}$ 上的连续函数" 这一概念推广到一般的集合上去). 拓扑空间到拓扑空间的保持连续性定义方式不变的映射称为 **同胚** (homeomorphism), 而拓扑学研究的, 正是那些在同胚下保持不变的性质, 即 **拓扑性质** (topological property). 下表列出了两者的类似之处.

概念	特点	概念	特点
欧氏空间	具有欧氏结构	拓扑空间	具有拓扑结构
欧氏结构	用于刻画距离	拓扑结构	用于刻画连续性
等距变换	保持距离不变	同胚	保持连续性不变
欧氏性质	等距变换下不变	拓扑性质	同胚下不变

"保持长度不变地把一个图形变到另一个图形" 是一种很容易理解的操作, 但是 "保持连续性定义方式不变地把一个空间变到另一个空间" 是一种什么样的操作呢? 考虑闭区间 $[0,1]$, 按照数学分析中学过的标准方式定义连续性. 很显然这条线段可以进行收缩或者拉伸, 然后在新得到的空间中按相应方式 (而不是数学分析中的标准方式) 定义连续性. 我们还可以在线段不同的部位进行不同程度的局部收缩和拉伸, 甚至是弯曲, 只要变形不剧烈, 都不难在得到的空间上相应地定义连续性. 这些变形都是同胚的例子, 而且正因为有这些例子, 科普文章中经常出现的一种关于拓扑学的通俗 (但并不准确) 的解释就是: 拓扑学专门研究几何形体的那些在连续形变下不会被改变的性质.

下面让我们通过几个具体的例子来体会一下, 会有些什么样的性质是在连续形变下不发生改变的. 当然, 这里入选的拓扑性质都是一些早期的初等例子, 证明也不求严格, 只是为了找找感觉. 更深入的例子要等我们正式定义了拓扑结构之后才能讨论.

Königsberg 七桥问题 (Königsberg bridge problem) 这个问题被公认为现代图论及拓扑学的开端. Königsberg(哥尼斯堡) 是条顿骑士团在中世纪建立的一个古老的城市, 后来一直是东普鲁士的首府, 不过现在归属于俄罗斯, 称为 Калининград(Kaliningrad). 著名的 Königsberg 七桥问题是: 流经该城的 Pregel 河上有七座桥 (参见图 1), 能否设计一条散步的路线, 使得在一次散步中恰好可以经过每座桥各一次?

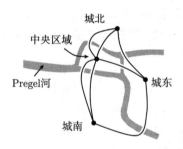

图 1 Königsberg 七桥问题的示意图

1736 年, Euler 在他的论文《Solutio problematis ad geometriam situs pertinentis》(一个关于位置几何的问题的解) 中对该问题作出了完美的解答. 答案是不能, 理由如下.

Königsberg 被河流分割成了城南、城北、城东和中央区域四个地理区域, 如图 1 所示. 假如满足要求的散步路线存在, 那么对于路线起终点所在区域之外的每个区域, 与之相连的桥一定恰好有偶数座, 因为每次经过该区域都需要一座进来的桥和一座离开的桥. 但实际上四个区域都只和奇数座桥相连, 这就导出了矛盾. □

在这篇论文中 Euler 对 Königsberg 的地形图进行了一个重要的变形, 把它变成了一个由**顶点** (vertex) 以及连接顶点的**边** (edge) 构成的几何结构, 称为**图** (graph). 被河流分开的每个区域被收缩成了一个点, 而每座桥则被拉长拉细成了一条弧线. 显然 Königsberg 七桥问题的解法也可以推广到一般的图上, 用来回答一个图能不能被"一笔画出"的问题.

一个图 G 上如果有一个顶点和边交替出现的序列

$$v_1, e_1, v_2, e_2, \cdots, v_n$$

(要求第一个和最后一个都是顶点),使得每条边 e_i 的两个端点恰好是 v_i 和 v_{i+1},并且 G 的每条边在这个序列中恰好出现一次,则称这个序列为图 G 的一条 **Euler 路径** (Eulerian path). 于是"能被一笔画出"就可以在数学上很严格地解释成"存在 Euler 路径". 虽然是否存在 Euler 路径也是一个关于几何图形的问题,但是却和古典几何所在意的那些事情 (比如边的长度以及边是如何弯曲的等等) 都完全无关. Euler 论文标题中的"位置几何"一词正是想表达此意. 对于一个图来说,"是否存在 Euler 路径"就是一个拓扑性质.

Euler 多面体定理 (Euler's polyhedron theorem) 在 1750 年写给 Goldbach (哥德巴赫) 的一封信中,Euler 提出了这样一个奇妙的结论:

$$\text{任意凸多面体的顶点数} - \text{边数} + \text{面数} = 2.$$

(Goldbach 是 Euler 的朋友,他并不是职业数学家,但是他和 Euler 保持了半辈子的书信联系,像数论中著名的 Goldbach 猜想就是他在 1742 年写给 Euler 的一封信里提出的问题.)

Euler 本人并没有特别注意凸的问题,这大概是因为从古希腊数学开始,提到多面体的时候大家都是默认只考虑凸多面体. 对于有凹坑甚至有洞的多面体,等号左边的交错和有可能不等于 2. 这个交错和称为 **Euler 数** (Euler characteristic),它是数学家发现的第一个数字型的拓扑性质 (或者叫拓扑不变量). 当然,一般情形下 Euler 数的拓扑不变性证明起来是很复杂的,眼下我们也像 Euler 一样,只考虑凸多面体,这样比较容易证明.

从现代拓扑学的观点来看,之所以算出来的结果总是 2,是因为把任何凸多面体的表面撕开一个洞然后"扒开",都可以连续形变到平面. 我们就沿着这个思路构造一个几何证明.

如图 2 所示,首先把多面体 Γ 放在三维欧氏空间中,使得它的一个

面 σ 恰好平行于 xy 平面, 并且相对于这个多面体来说是位置最高 (即 z 坐标值最大) 的一个面. 然后在 σ 的中心点附近取一个 z 坐标稍微更大一些的点 A, 利用关于点 A 的中心投影, 将多面体表面 σ 以外的所有点投影到 xy 平面上去 (参见图 2). 只要 A 取得足够靠近 σ, 那么多面体的凸性将保证任意两点的投影都是不一样的. 这样就可以把多面体的表面 (拿掉 σ) 摊平成一个平面图形 Γ_π.

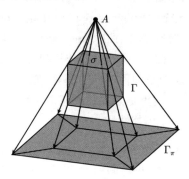

图 2　多面体的中心投影

Γ_π 有一个最 "外边" 的多边形 σ_π, 它同时也是面 σ 的投影. 这个多边形又被 Γ_π 的顶点和边分成很多小的多边形. 注意三角形的内角和是 π, 四边形可以对切成两个三角形, 所以内角和是 2π, 归纳可知 n 边形的内角和是 $(n-2)\pi$. 于是把所有这些小多边形的内角和加在一起, 应当得到

$$((2 \times \text{总边数} - \sigma \text{ 的边数}) - 2 \times (\text{总面数} - 1)) \times \pi.$$

另一方面, 多边形 σ_π 自身各顶点的内角和等于 $(\sigma \text{ 的边数} - 2)\pi$, 而其他每个顶点处绕一圈的内角和应当是 2π, 于是前述总内角和也应当等于

$$((\sigma \text{ 的边数} - 2) + 2 \times (\text{总顶点数} - \sigma \text{ 的顶点数})) \times \pi.$$

注意, σ 的顶点数和边数相等, 两式相比较立即可以得出:

$$2 \times \text{总边数} - 2 \times \text{总面数} + 2 = -2 + 2 \times \text{总顶点数},$$

也就是 Euler 定理的结论. □

Möbius 带 (Möbius strip 或 Möbius band)　取一条很长的带子, 将其一端拧半圈然后和另一端粘合, 得到的图形称为 Möbius 带 (参见图 3). 这个图形其实是 Listing 最先画出来的, 而且他发现这个带子有很多有趣的、和平整的带子不一样的地方. 遗憾的是他漏掉了最有分量的一个性质: 这个带子没有正反面之分.

图 3　Möbius 带

一条带子如果不像上面的描述那样粘合, 本来是有正反面之分的, 我们称它 **可定向** (orientable). 而粘合成 Möbius 带的样子之后就不行了, 如果在带子上某个位置放一只小蜘蛛, 它不需要靠近带子边缘, 只要沿着带子爬行一圈, 就会爬到原来位置的 "背面" 去 (当然, 要假设它能一直附着在带子上不掉下来). 这就是所谓的 **不可定向** (non-orientable), 是 Möbius (莫比乌斯) 在 1865 年的一篇论文中提出的. 是否可定向也是一个拓扑性质, 当然要写出一个数学上严格的定义并证明其拓扑不变性, 就比前面两个例子要麻烦多了, 我们留到第三章里再说. □

Möbius 带大概是科普书籍中最著名的拓扑形象了, 围绕它还可以做其他的一些有趣的实验, 比如 Listing 就指出, 这个东西的边界是一条曲线而不是分开的两条曲线. 于是如果制作一个 Möbius 带的模型, 然后沿中线剪开, 可以得到一条 (而不是两条) 新的带子. 还可以将这条新的带子沿中线进一步剪开, 得到两条天然套在一起的带子 (读者可以自己动手试试或者想想为什么). 关于这些, 我们就不作进一步的论述了.

拓扑学正是起源于这样一些简单直观的思想. 不过现代拓扑学已经远远超越了这些初等的例子, 发展出了点集拓扑、代数拓扑、微分拓扑等许多不同的研究方法和理论, 是一个非常庞大的数学分支, 并且对几何、代数、分析等许多其他数学分支都产生了广泛而深远的影响, 点集拓扑学更是早已成为学习掌握现代数学所必需的一种基本语言.

预 备 知 识

在正式开始学习拓扑之前，让我们先复习一下集合论的一些简单知识，这些知识构成了点集拓扑语言的基础。我们假定读者对于朴素的集合论已经具有了一定的了解，因此这些介绍将只是蜻蜓点水式的简单回顾。请读者选择相信本书中所提到的构造集合的方法都不会导致悖论，集合论中涉及数学基础的那些深层问题，也不会自己跳出来颠覆我们所发展的拓扑学方法。

首先解释几个常用的符号。我们用 $\mathbb{N}$ 表示自然数集，$\mathbb{Z}$ 表示整数集，$\mathbb{Q}$ 表示有理数集，$\mathbb{R}$ 表示实数集，$\mathbb{C}$ 表示复数集。另外读者可能在阅读上一节的时候已经注意到了，每当一个命题或者例子证明完结的时候，我们会画个方块 □，用来强调"已证完"的意思。

我们偶尔也会用下列特殊的逻辑符号简化文字说明：$\forall$ 表示"任取"，$\exists$ 表示"存在"，$\Rightarrow$ 表示"蕴涵"。举个例子来说，$\forall x$，$A(x) \Rightarrow B(x)$ 就表示：任取 x，如果关于 x 的命题 $A(x)$ 成立，则关于 x 的命题 $B(x)$ 也一定成立。

$A \Rightarrow B$ 这件事情除了"A 蕴涵 B"外，还有一些其他称谓，比如说 A 是 B 的 **充分条件** (sufficient condition)，或者 B 是 A 的 **必要条件** (necessary condition)。如果 $A \Rightarrow B$ 并且 $B \Rightarrow A$，则我们说 A 成立 **当且仅当** (if and only if) B 成立，并称 B 为 A 的 **充要条件** (necessary and sufficient condition) 或 **等价条件** (equivalent condition)，记做 $A \Longleftrightarrow B$。

众所周知，一个 **集合** (set) 就是把一堆 **元素** (element) 放在一起当作一个整体来看待。当 x 是 A 的元素时我们也称 x **属于** (belong to) A，记为 $x \in A$，否则称 x 不属于 A，记为 $x \notin A$。两个集合相等当且仅当其所含元素完全相同。于是证明两个集合 $A = B$ 的标准办法就是去证明

$$x \in A \Longleftrightarrow x \in B.$$

不含任何元素的集合称为 **空集** (empty set)，记做 $\varnothing$。

但并不是说随便把一堆对象拿出来放在一起就可以构成一个集合，

这会导致悖论. 比如著名的 **Russell 悖论** (Russell's paradox 或 Russell's antinomy) 是说, 如果定义 X 为 "由所有不属于自己的集合构成的集合", 则从 $X \in X$ 就能推出 $X \notin X$, 反过来从 $X \notin X$ 也能推出 $X \in X$, 这是自相矛盾的. 换言之有些构造集合的方法是安全的, 有些则是不安全的, 为了避免悖论的产生, 无法用安全的方法去实现的构造我们都不应当承认它是集合. 下面介绍几种常规 (即安全的) 构造方法.

一种最常用的构造方法是从一个已知的集合中筛选出满足特定条件的元素, 构成新的集合. 已知 X 是一个集合, 设 $P(x)$ 是一个关于 x 的命题, 则 X 的元素中使得命题 $P(x)$ 成立的那些 x 就构成一个集合, 记为

$$\{x \in X \mid P(x)\}.$$

有些时候我们打算研究的所有对象都是某个特定集合 X 的元素, 这时就把 X 称为 **全集** (universal set). 所以 Russell 悖论和上述合法构造的差别就在于: 悖论里构造的那个东西没有一个全集限定元素的选择范围.

设 A, B 是两个集合, 如果 A 的任何元素均属于 B, 则称 A 为 B 的 **子集** (subset) 或者 A **包含于** (be included in) B, 并称 B **包含** (include) A, 记做 $A \subseteq B$ 或 $B \supseteq A$. 如果 A 不是 B 的子集, 则记 $A \nsubseteq B$ 或 $B \nsupseteq A$. 如果 $A \subseteq B$ 并且 $A \neq B$, 则称 A 为 B 的 **真子集** (proper subset).

X 的全体子集也构成一个集合, 称为其 **幂集** (power set), 记为 2^X. 用这个记号是因为当 X 是恰好有 n 个元素的有限集时, 2^X 是恰好有 2^n 个元素的有限集.

一个所有元素都是集合的集合称为 **集合族** (collection of sets). 设 $\mathscr{A}$ 是集合族, 则可以定义 $\mathscr{A}$ 的所有元素 (都是集合) 的 **交集** (intersection) $\cap \mathscr{A}$ 以及 **并集** (union) $\cup \mathscr{A}$ 如下:

$x \in \cap \mathscr{A}$, 当且仅当 x 是每一个集合 $A \in \mathscr{A}$ 的元素;
$x \in \cup \mathscr{A}$, 当且仅当存在集合 $A \in \mathscr{A}$, 使得 x 是 A 的元素.

这里有个小小的问题: 如果 $\mathscr{A}$ 不含任何元素, 那么如何判断一个元素 x 是不是每个集合 $A \in \mathscr{A}$ 的元素呢? 为此我们规定 $\cap \varnothing = \varnothing$.

如果集合族 $\mathscr{A}$ 只有两个元素 A 和 B, 则交集和并集就记为 $A \cap B$ 和 $A \cup B$. 对于一般的集合族, 人们也往往喜欢弄出一个指标集 Λ, 然后把集合族写成 $\{A_\lambda\}_{\lambda \in \Lambda}$, 并把交集和并集写成 $\bigcap_{\lambda \in \Lambda} A_\lambda$ 和 $\bigcup_{\lambda \in \Lambda} A_\lambda$ 的样子. 请注意指标集可以是任何集合, 而不一定是自然数集或其子集, 所以一般来说是不能对指标集应用数学归纳法的.

交和并的运算满足各自的交换律和结合律, 也满足分配律, 即

$$A \cup \left(\bigcap_{\lambda \in \Lambda} B_\lambda\right) = \bigcap_{\lambda \in \Lambda}(A \cup B_\lambda), \quad A \cap \left(\bigcup_{\lambda \in \Lambda} B_\lambda\right) = \bigcup_{\lambda \in \Lambda}(A \cap B_\lambda).$$

两个集合 A, B 的 **差集** (difference) 定义为

$$A \setminus B = \{x \in A \mid x \notin B\},$$

有时候差集也记做 $A - B$. 差集满足 **De Morgan 定律** (De Morgan's law)

$$B \setminus \left(\bigcap_\lambda A_\lambda\right) = \bigcup_\lambda (B \setminus A_\lambda), \quad B \setminus \left(\bigcup_\lambda A_\lambda\right) = \bigcap_\lambda (B \setminus A_\lambda).$$

特别地, 如果对于我们研究的问题有一个预先取定的全集 X, 则差集 $X \setminus A$ 称为 A 对全集 X 的 **余集** 或 **补集** (complement), 记为 A^c. 注意, 有些文献会用 $\overline{A}$ 表示 A 的余集, 但是在本书中我们把 $\overline{A}$ 这个记号保留给 A 的 "闭包".

一个 **映射** (map 或 mapping) f 是两个集合 X 和 Y 的元素之间的一个对应关系, 使得每个 X 的元素 x 对应唯一一个 Y 的元素 $f(x)$. 我们有时也把映射的定义简写为

$$f: X \to Y, \quad x \mapsto f(x).$$

称 X 为 f 的 **定义域** (domain), Y 为 f 的 **值域** (range). 全体 X 到 Y 的映射也构成一个集合, 记做 Y^X. 用这个记号是因为当 X 含 m 个元素, Y 含 n 个元素时, Y^X 恰好含 n^m 个元素. 注意, 幂集 2^X 的元素可

以和 $\{0,1\}^X$ 的元素建立起一一对应关系：每个子集 $A \subseteq X$ 对应的映射就定义为

$$\chi_A : X \to \{0,1\}, \quad x \mapsto \begin{cases} 1, & x \in A; \\ 0, & x \in X \setminus A. \end{cases}$$

如果 $y = f(x)$，则称 y 为 x 的 **像** (image)，称 x 为 y 的一个 **原像** (preimage 或 inverse image). 从定义可以看出，每个 $x \in X$ 只能有一个像，但是每个 $y \in Y$ 可以有很多原像，也可以没有原像. y 的所有原像构成的集合记为 $f^{-1}(y)$. 如果 A 是 X 的子集，则称

$$f(A) = \{y \in Y \mid \text{存在 } x \in A \text{ 使得 } f(x) = y\}$$

为 A 的 **像集** (image). 如果 B 是 Y 的子集，则称

$$f^{-1}(B) = \{x \in X \mid f(x) \in B\}$$

为 B 的 **原像集** (preimage 或 inverse image).

不难验证，原像集满足下述简单的规律：

(1) $f^{-1}\left(\bigcap_{\lambda \in \Lambda} A_\lambda\right) = \bigcap_{\lambda \in \Lambda} f^{-1}(A_\lambda)$;

(2) $f^{-1}\left(\bigcup_{\lambda \in \Lambda} A_\lambda\right) = \bigcup_{\lambda \in \Lambda} f^{-1}(A_\lambda)$;

(3) $f^{-1}(A \setminus B) = f^{-1}(A) \setminus f^{-1}(B)$.

但是像集却完全可能不满足这些规律.

如果任取两个点 $x_1, x_2 \in X$，$x_1 \neq x_2$ 蕴涵 $f(x_1) \neq f(x_2)$，则称 f 为 **单射** (injection). 如果任取一个 Y 中的点 y，$f^{-1}(y) \neq \varnothing$，则称 f 为 **满射** (surjection). 如果 f 既是单射又是满射，则称 f 为 **双射** (bijection) 或 **一一对应** (one-to-one correspondence). 有时也称双射为 **可逆映射** (invertible map)，因为此时每一个 $y \in Y$ 存在唯一原像，从而可以定义 **逆映射** (inverse)

$$f^{-1} : Y \to X,$$

把每个 $y \in Y$ 对应到它关于 f 的那个唯一原像.

任何集合上都可以定义 **恒同映射** (identity)
$$\mathrm{id}_X : X \to X, \quad x \mapsto x.$$

如果 $A \subseteq X$, 则可定义 **含入映射** (inclusion), 也叫 **包含映射**
$$i_A : A \hookrightarrow X, \quad x \mapsto x.$$

若有两个映射 $f : X \to Y$ 和 $g : Y \to Z$, 则可以定义 **复合映射** (composition)
$$g \circ f : X \to Z, \quad x \mapsto g(f(x)).$$

不难验证, 复合映射满足下述两个基本性质:

(1) 如果 $g \circ f$ 是单射, 则 f 是单射;

(2) 如果 $g \circ f$ 是满射, 则 g 是满射.

若 X, Y 是两个集合, 则全体有序对 (x, y) (其中 $x \in X, y \in Y$) 也构成一个集合, 称为 X 和 Y 的 **笛卡儿积** (Cartesian product) 或 **直积** (direct product), 记做 $X \times Y$ (英文的 Cartesian 其实是将 Descartes(笛卡儿) 的名字形容词化后的结果). 也可以类似地定义有限多个集合的直积 $X_1 \times \cdots \times X_n$, 即所有序列 $(x_1, \cdots, x_n)$ (其中每个 $x_i \in X_i$) 构成的集合. 特别地, n 个 X 的直积记为 X^n, 例如, 实 n 维空间 $\mathbb{R}^n = \mathbb{R} \times \cdots \times \mathbb{R}$.

基础知识都准备好了, 那么就让我们一起进入拓扑学的奇妙世界吧!

*集合论的公理系统

Cantor 最早发明集合论的时候说得很含糊, 他说集合是 "一些确定的、不同的东西的总体". 他开始想的其实只是实数集 $\mathbb{R}$ 的子集. 当然了, 他更关心的是无穷子集. 他首先发现, 一个集合含有无穷多个元素的充分必要条件是它能和自己的一部分一一对应. 然后他又提出了比较两个无穷集合所含元素的 "个数" 谁多谁少的方法. 一般集合上这种相当

于"个数"的概念称为 **基数** (cardinality) 或 **势** (potency). 如果集合 A 和 B 的元素能建立起一一对应, 就称它们的基数相同, 记为 $||A|| = ||B||$. 如果 $||A|| \neq ||B||$, 但是 A 能和 B 的一部分一一对应, 则称 A 的基数小于 B 的基数, 记为 $||A|| < ||B||$.

Cantor 很快便证明了 $||\mathbb{Q}|| = ||\mathbb{N}||$, 而 $||\mathbb{R}|| > ||\mathbb{N}||$. 然后他被一个问题难倒了: 是否存在一个集合 A, 使得 $||\mathbb{N}|| < ||A|| < ||\mathbb{R}||$? Cantor 猜想这样的集合不存在, 这个猜想被称为连续统假设 (因为 $\mathbb{R}$ 的基数被称为连续统), 但是他无法证明.

给朴素的集合论想法带来更大打击的是悖论: 不加限制地把"满足某种条件的对象"放在一起, 有的时候构造出来的东西不能当做集合对待, 也就是说, 那些对于集合应该自然成立的结论到这里不一定成立, 否则会导出自相矛盾的结果.

比如 Cantor 就发现, 把所有的对象放在一起构成一个大全集 X, X 就不能当作集合对待. 因为否则的话, 一方面任何集合的基数都不应该比 X 的基数更大; 而另一方面, 如果考虑 X 的幂集 2^X, 又可以像证明 $||\mathbb{R}|| > ||\mathbb{N}||$ 那样证明 $||2^X|| > ||X||$. 这被称为 **Cantor 悖论** (Cantor's paradox). 随后 Russell(罗素) 又发现了更简单直接的 **Russell 悖论** (Russell's paradox 或 Russell's antinomy): 把所有"不是自己的元素的集合"放在一起构成的那个东西也不能当做集合对待, 因为否则的话记这个集合为 X, 则 $(X \in X) \iff (X \notin X)$.

要想避免悖论的发生, 就必须要限制构造集合的方法, 需要明确知道哪些构造方法是安全的, 只有那些用符合安全规范的方法构造出来的对象才算集合, 才能放心大胆地应用关于集合的那些性质和命题. 像前面两个悖论中的 X 就都不算集合了. 当然那些最最基础的构造方法是不是安全是没法证明的, 只能把每一条当做一个公理, 这样得到的就是集合论的公理系统. 历史的发展证明, 只要对集合的构造方法加以限制, 集合论就能成为数学的可靠基础.

最常用的集合论公理系统是 ZF 及其保守扩张 GB(这里 Z, F, G, B 分别是其发明人 Zermelo, Fraenkel, Gödel 以及 Bernays 名字的第一个字母).

ZF 是 Zermelo-Fraenkel 集合论 (Zermelo-Fraenkel set theory) 的简称, 包括九条公理, 每条公理是一个逻辑命题. 注意 ZF 系统的所有命题中提到的对象都可以是集合, 包括其中提到集合的元素时, 这些元素也都可以是集合. 仔细观察一下不难发现, 这些公理中"某某集合存在"表达的其实都是"某某方式构造的对象算是集合"的意思.

外延公理 (axiom of extensionality) 如果 $x \in X$ 当且仅当 $x \in Y$, 则 $X = Y$, 即集合由其元素完全决定.

无序对公理 (axiom of pairing) $\forall x, y$, 存在集合 $\{x, y\}$(无序对), 使得 $z \in \{x, y\}$ 当且仅当 $z = x$ 或 $z = y$.

注意, 这里允许 $x = y$, 此时 $\{x, y\} = \{x\}$. 能区分 x, y 地位的有序对则定义为集合

$$(x, y) = \{\{x\}, \{x, y\}\}.$$

并集公理 (axiom of union) $\forall \mathscr{A}$, 存在集合 $\cup \mathscr{A}$(并集), 使得 $x \in \cup \mathscr{A}$ 当且仅当存在 $A \in \mathscr{A}$ 满足 $x \in A$.

结合无序对公理和并集公理可以归纳定义无序多元组如下:

$$\{x_1, \cdots, x_{n+1}\} = \{x_1, \cdots, x_n\} \cup \{x_{n+1}\}.$$

幂集公理 (axiom of power set) $\forall X$, 存在集合 2^X(幂集), 使得 $A \in 2^X$ 当且仅当 $A \subseteq X$. 这里 $A \subseteq X$ 是逻辑命题

$$\forall x, \ x \in A \Rightarrow x \in X$$

(即 A 是 X 的子集) 的简写.

分离公理 (axiom schema of separation 或 axiom schema of specification) 任取集合 X 以及关于 x 的命题 $P(x)$, 存在集合 A 使得 $x \in A$ 当且仅当 $x \in X$ 并且 $P(x)$ 成立. 集合 A 通常记为 $\{x \in X \mid P(x)\}$.

结合分离公理和并集公理, 就可以把交集定义为

$$\cap \mathscr{A} = \{x \in \cup \mathscr{A} \mid \forall A \in \mathscr{A}, x \in A\}.$$

注意到当 $x \in X, y \in Y$ 时, 前面定义的有序对 (x,y) 其实是一个由 $X \cup Y$ 的子集构成的集合, 这样的集合是 $2^{X \cup Y}$ 的子集, 也就是 $2^{(2^{X \cup Y})}$ 的元素, 因此利用分离公理, 可以把直积定义为

$$X \times Y = \{z \in 2^{(2^{X \cup Y})} \mid \exists x \in X, y \in Y, \text{使得 } z = (x,y)\}.$$

每个从 X 到 Y 的映射 $f: X \to Y$ 可以用它在 $X \times Y$ 中的函数图像来刻画, 因此也不需要添加新的公理, 就可以把从 X 到 Y 的映射定义为集合

$$Y^X = \{f \in 2^{X \times Y} \mid \forall x \in X, \text{存在唯一 } y \in Y \text{ 使得 } (x,y) \in f\}$$

的元素. 并且此时如果 $(x,y) \in f$, 则把 y 记为 $f(x)$.

空集公理 (axiom of empty set)　　存在集合 $\varnothing$(空集), 使得 $\forall x$, $x \notin \varnothing$.

由外延公理可知空集是唯一的. 你也许会认为空集公理是多余的, 因为有了分离公理可以随便取个集合, 再取一个该集合中元素永远不可能满足的性质, 然后就可以造出空集来了, 比如说: $\varnothing = \{x \in A \mid x \notin A\}$. 有很多书籍上也确实是这么写的, 但是这实际上依赖于另外的一条其他公理中没有提到的假设: 在这个世界上确实至少存在那么一个集合 A. 缺少这个假设, 形式逻辑的推理过程就没有了起点. 当然, 也有作者认为下一条公理 "无穷公理" 本身就包含了一定存在一个空集的意思.

无穷公理 (axiom of infinity)　　存在一个集合 ω(含有无穷多个元素的集合), 使得 $\varnothing \in \omega$, 并且 $x \in \omega$ 蕴涵 $x \cup \{x\} \in \omega$.

在集合论中每个自然数 n 被归纳地定义成一个恰好有 n 个元素的特殊集合:

$$0 = \varnothing,\ 1 = \{0\},\ \cdots,\ n+1 = \{0, \cdots, n\} = n \cup \{n\}.$$

比较一下这个定义和上述无穷公理不难看出,自然数集 $\mathbb{N}$ 就是满足无穷公理的最小集合. 有趣的是关于自然数的加减乘除运算的各种基本性质也都可以从这个定义以及 ZF 系统的其他公理推导出来. 有了自然数之后当然也可以定义整数和有理数, 并把数学分析中定义实数的方法 (比如 Cauchy 序列或 Dedekind 分割等等) 也改写成符合 ZF 系统的形式.

替换公理 (axiom schema of replacement) 任取集合 X 以及关于 x, y 的逻辑命题 $R(x, y)$, 如果 R 满足 $\forall x \in X$, 存在唯一 y 使得该命题成立, 则存在集合 Y, 使得 $y \in Y$ 当且仅当存在一个 $x \in X$ 使得 $R(x, y)$ 成立.

如果我们把 $R(x, y)$ 理解成一个映射 $f : x \mapsto y$, 那么替换公理构造的 Y 其实就是 X 的像集 $f(X)$.

正则公理 (axiom of regularity) 任取非空集合 X, 其中元素关于 $\in$ 关系存在一个极小元素, 即存在 $x \in X$ 使得 $\forall y \in X, y \notin x$.

注意, 极小元素并不一定唯一, 也不一定是最小元素. 有趣的是任取两个自然数 m 和 n, $m < n$ 当且仅当按照前述公理化定义把它们当做集合看待时 $m \in n$. 因此这最后一条公理给出了**数学归纳法** (mathematical induction) 的一种新的理解: 要想证明一系列命题 P_n 对任意 $n \in \mathbb{N}$ 都成立, 可以取 $X = \{n \in \mathbb{N} \mid \text{命题 } P_n \text{ 不成立}\}$, 则 X 一定含有一个极小元素 m, 从而任取自然数 $i < m$, 命题 P_i 成立. 于是, 如果我们能从命题 $P_0, \cdots, P_{m-1}$ 成立推导出命题 P_m 成立, 就完成了证明.

ZF 是集合论的公理化系统中最简单可靠的一个, 当然简单可靠的代价就是应用上的局限性. 有很多数学中的著名论断都需要在 ZF 之外再添加一条选择公理才能推导出来.

选择公理 (axiom of choice) 任取一个由两两不相交的集合构成的集合族 $\mathscr{A}$, 存在一个集合 C, 与 $\mathscr{A}$ 的每个元素 (集合) 都恰好交于一点.

选择公理的一个简单推论是: 任取一个集合族 $\mathscr{A}$ (不一定两两不交), 存在一个映射 $f : \mathscr{A} \to \cup \mathscr{A}$, 使得 $\forall A \in \mathscr{A}, f(A) \in A$. 换言之, 允许同时在集合族 $\mathscr{A}$ 的每个元素 (集合) 里选择一个元素.

选择公理是一个饱受争议的公理,数学家一方面对于是否应该允许这种"同时"进行无穷多项操作的构造提出了强烈的质疑,另一方面又利用它证明了很多虚无缥缈的、无法构造的东西的存在. 比如线性代数中任意线性空间中基的存在性,或者抽象代数中任意环的极大理想的存在性,或者实变函数中不可测集的存在性,或者泛函分析中的 Hahn-Banach 定理, 它们的证明过程中都或者直接用到了选择公理,或者用到了在 ZF 中与选择公理等价的良序定理或 Zorn 引理.

值得一提的是与不可测集的存在性相关的一个著名的结论, 称为 **Banach-Tarski 悖论** (Banach-Tarski paradox). 这个悖论大意是说, 如果承认选择公理正确,则可以证明存在三维欧氏空间中的一族有限多个互不相交的子集, 它们并起来是一个半径为 1 的实心球, 但是把每个子集只进行一些旋转和平移, 还可以在新的位置上保持互不相交地重新拼出两个半径为 1 的实心球. 哇, 我们为神话里的"分身术"找到数学依据了! 这看上去显然是非常不符合常识的, 这个结论也曾经一度被认为是选择公理不成立的直接证明, 因此才被称为"悖论"而不是"定理".

当然, 这个结论在逻辑上并没有任何矛盾, 它只是和我们从多面体体积那里得来的常识相矛盾, 有什么理由认为这些常识对于那些复杂得不可想象的子集也应该正确呢? 今天的大部分数学家都倾向于站在选择公理一边, 也就是说, 当我们把一大堆完全没有体积的点胡乱堆在一起的时候, 不应当假定这堆点的"体积"就一定符合积木方砖那种东西带给我们的几何常识. 只不过在每一个需要用到选择公理的结论上, 数学家们都会特意标注一下, 省得将来反悔的时候不知道该丢弃掉什么. 本书也将如此处理. 当然对于本书中的主要内容来说, ZF 已经足够用了.

有趣的是, 即使是用 ZF 加上选择公理构成所谓的 ZFC, 依然解决不了最初难倒 Cantor 的连续统假设, 或者说已经解决了, 却不是 Cantor 想要的答案. Gödel 在 1940 年证明了从 ZFC 出发不可能证明连续统假设是错误的, 而 Cohen 则在 1963 年证明了从 ZFC 出发不可能证明连续统假设是正确的.

第一章 拓扑空间与连续性

拓扑学分很多不同的分支领域，最基础的拓扑空间和连续性的定义属于点集拓扑。这些概念可以说是大多数现代数学领域的语言基础，甚至于像实变函数或者讲得稍微深入一点的数学分析课程，都要对这些概念作些介绍，否则将完全无法解释想要讲述的思想。

顾名思义，点集拓扑是研究一般的集合的拓扑的，所以大家首先要习惯一件事情：我们所谓的 **空间** (space) 其实是集合的同义词，而不是狭义的、我们生活的这个空间，也不是线性空间，或者其他的什么大家已经习惯了的、看得见摸得着的具体空间。而我们所谓的 **点** (point) 其实就是集合中的元素。定义拓扑结构的目的是要在这种最一般的空间里定义什么是连续映射，所以一个集合上可以有很多不同的拓扑结构，表达出很多不同的 (可能是很稀奇古怪的) 连续性。

拓扑空间和连续映射定义的诞生，其实和拓扑学的那些早期例子不甚相关，甚至比代数拓扑的诞生还晚。实际上这些基本概念和术语是从 Cantor 开始才有人研究的。Cantor 最初想做的事情只是推广三角级数的唯一性定理，说明该定理即使遇到不连续的函数，在某些情况下仍然成立。为了能够更方便准确地写出不连续点的集合需要满足的条件，Cantor 发明了聚点、导集、开集、闭集等拓扑术语。有趣的是，正是这些研究工作把他从分析学引到了集合论这一领域。

为了严格化泛函分析中变分法的演算，特别是为了严格化由函数构成的抽象空间中的极限概念，Fréchet 提出了度量空间的概念，并且把 Cantor 的那些术语推广到了度量空间之中。

1909 年 Riesz 提出了一套以极限点概念为核心的公理体系，而 1914 年 Hausdorff 在他的经典教材《Grundzüge der Mengenlehre》(集合论基础) 中则提出了另一套以邻域概念为核心的公理体系。这两套公理体系都突破了度量空间的限制。从形式上讲，Hausdorff 的公理体系和现代通用的公理体系更接近一些. 准确地讲只多了一个条件. 这个条件后来被单独拆出来, 称为 Hausdorff 性质或 T_2 分离公理, 下一章我们会讲到.

§1.1 拓扑空间

在引言中我们提到, 一个拓扑空间就是一个集合 X 外加上一套拓扑结构, 而定义这个拓扑结构的主要目的则是为 X 定义"连续性", 也就是为判断 X 上的函数 $f: X \to \mathbb{R}$ 是否连续设立标准. 那么对于一个抽象集合, 这样的标准该怎么定呢?

一个最简单的办法是: 写出一个由函数构成的集合 $C(X)$, 然后规定里面的函数都算连续函数, 而其他的函数则算不连续函数. 当然为了让这样定义的连续性有实际应用价值, $C(X)$ 也不能胡乱地取, 可能需要它满足一些基本的规则.

这个想法看起来有些疯狂, 但是用"满足某些基本规则的集合"来定义概念, 这种思维方式却是合理有效的, 这就是所谓的"公理化方法". 当然, 上面讲的这种公理体系看上去有些简单粗暴, 用起来很不方便, 为了能构造出更实用的公理体系, 让我们来仔细思考一下连续性的本质. 微积分中的连续函数是如下地用"ε-δ"**语言** (ε-δ language) 定义的.

定义 1.1.1 如果函数 $f: \mathbb{R} \to \mathbb{R}$ 满足: 任取 $\varepsilon > 0$, 存在 $\delta > 0$ 使得 $|x - x_0| < \delta$ 蕴涵 $|f(x) - f(x_0)| < \varepsilon$, 则称 f 在 x_0 **连续**.

它的意思就是说 x 越接近 x_0, 则 $f(x)$ 越接近 $f(x_0)$. 我们还可以更具体地对它作如下解释: f 连续的定义就是任取一个接近 $f(x_0)$ 的程度的标准 ε, 存在一个接近 x_0 的程度的标准 δ, 使得只要 x 接近 x_0 的程度达到标准 δ, 则一定能保证 $f(x)$ 接近 $f(x_0)$ 的程度达到标准 ε.

记所有接近 x_0 的程度达到标准 δ 的点构成的集合为 $B_\delta(x_0)$, 称为 x_0 的 δ **邻域** (neighborhood). 当然对于任何稀奇古怪的"标准"都可以按这个规则求得相应的邻域, 也可以从任何邻域出发定义稀奇古怪的

"接近的标准",不过在目前来讲,我们只需要取 δ 是正实数,并取 $B_\delta(x_0) = \{x \in \mathbb{R} \mid |x - x_0| < \delta\}$. 于是可以把 ε-δ 语言改成下面的样子:

命题 1.1.1 函数 $f: \mathbb{R} \to \mathbb{R}$ 在 x_0 连续的充分必要条件是:任取接近 $f(x_0)$ 的程度的标准 ε,存在接近 x_0 的程度的标准 δ,使得 $x \in B_\delta(x_0)$ 蕴涵 $f(x) \in B_\varepsilon(f(x_0))$,即 $B_\delta(x_0) \subseteq f^{-1}(B_\varepsilon(f(x_0)))$. □

概括成一句话,就是"$f(x_0)$ 的任何 ε 邻域的原像一定包含 x_0 的某个 δ 邻域". 注意在这句话里实数的和差积商这些具体的运算都神奇地消失了,出现的只有一些"接近某点的程度的标准"以及"所有达到该标准的点构成的所谓邻域". 用一组公理去刻画邻域,然后用邻域反过来定义接近程度的标准并进而定义连续性,正是 Hausdorff 想到的办法. 下面就让我们按照 Hausdorff 的想法,写下本书的第一个正式定义.

回忆我们在引言中讲过,2^X 表示集合 X 的幂集,即其所有子集构成的集合. 2^X 的子集称为 X 的**子集族** (collection of subsets),而所有这种子集族构成的集合则是 $2^{(2^X)}$. 所以当我们想对 X 中的每个点挑选一族子集当做它的"典型的"邻域时,这种挑选方法就可以用集合的语言定义成一个映射,把每个点 $x \in X$ 映到它的那些"典型的"邻域构成的子集族 $\mathscr{U} \in 2^{(2^X)}$.

定义 1.1.2 设集合 X 非空. X 上的一个**基准开邻域结构** (base open neighborhood structure) 是一个映射 $\mathscr{N}: X \to 2^{(2^X)}$,它把每个点 $x \in X$ 对应到一个子集族 $\mathscr{N}(x)$,满足下述三条公理:

(1) $\forall x \in X$, $\mathscr{N}(x) \neq \varnothing$,并且 $\forall U \in \mathscr{N}(x)$, $x \in U$;
(2) 若 $U, V \in \mathscr{N}(x)$,则存在 $W \in \mathscr{N}(x)$,使得 $W \subseteq U \cap V$;
(3) 若 $y \in U \in \mathscr{N}(x)$,则存在 $V \in \mathscr{N}(y)$ 使得 $V \subseteq U$.

如果 $U \in \mathscr{N}(x)$,则称 U 为 x 的一个**基准开邻域** (base open neighborhood). 如果 U 包含 x 的某个基准开邻域,则称 U 为 x 的一个**邻域** (neighborhood).

用文字把这三条公理的要求重新叙述一下就是:

(1) x 一定有基准开邻域,并且是其任意基准开邻域的元素;

(2) x 的任意两个基准开邻域的交是 x 的邻域;

(3) 任意基准开邻域是其所含每个元素 y 的邻域.

通常我们总是会尽可能地挑一些形状简单, 能够明确显示出"接近程度"的子集作为基准开邻域, 而邻域的形状就可以奇怪得多了 (参见图 1.1).

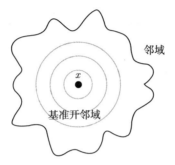

图 1.1 基准开邻域和邻域

例 1 取 $\mathscr{N}(x) = \{B_\varepsilon(x) \mid \varepsilon > 0\}$, 则

(1) $\mathscr{N}(x) \neq \varnothing$, $x \in B_\varepsilon(x)$;

(2) $B_\varepsilon(x) \cap B_\delta(x) = B_{\min(\varepsilon,\delta)}(x)$;

(3) 任取 $y \in B_\varepsilon(x)$, $B_{\varepsilon-|x-y|}(y) \subseteq B_\varepsilon(x)$.

因此 $\mathscr{N}$ 满足上述三条公理, 这说明这些开区间 $B_\varepsilon(x) = (x-\varepsilon, x+\varepsilon)$ 构成了 $\mathbb{R}$ 上的一个基准开邻域结构. 我们把按照这种方式定义连续性的实数集称为**欧氏直线** (Euclidean line). □

利用公理 (2) 和数学归纳法不难证明: x 的任意有限多个基准开邻域的交集也是 x 的邻域. 但是请注意, 无穷多个基准开邻域的交集不一定是邻域, 比如在上面的例子中, $x \in \mathbb{R}$ 的所有基准开邻域的交集为单点集 $\{x\}$, 它就不可能是邻域.

例 2 取 $\mathscr{N}(x) = \{[x, x+\varepsilon) \subseteq \mathbb{R} \mid \varepsilon > 0\}$, 则类似地可以验证 $\mathscr{N}$ 也满足上述三条公理, 是 $\mathbb{R}$ 上的一个基准开邻域结构. 按这种方式定义连续性的实数集称为 **Sorgenfrey 直线** (Sorgenfrey line), 直观

地看，Sorgenfrey 直线和欧氏直线的差别在于它对左右有一种"方向歧视"：从左侧要想"充分接近"一个点，必须要完全贴上去才行. □

我们也可以把所有的 x 的邻域放在一起记做 $\mathscr{M}(x)$，然后考虑这个对应 $\mathscr{M}$，把它称为 **邻域结构** (neighborhood structure). 基准开邻域结构和邻域结构都能刻画连续性. 通常邻域有很多很多，并不方便都列出来，而基准开邻域结构则比较容易写出. 但它的缺点则是：同一种连续性可以用许多不同的基准开邻域结构来描述. 打个比方，邻域结构就相当于一个线性空间中所有向量构成的集合，而基准开邻域结构相当于这个线性空间中的一组基. 所以很显然，在定义拓扑概念的时候，我们还是希望从更具有确定性的邻域结构出发去定义，等到具体计算的时候再用基准开邻域结构，而不是从基准开邻域结构出发去写一个表达式不那么确定的公式作为定义. 当然邻域结构里依然包含很多冗余信息，因此我们最终选取另一套与之相互唯一决定的，更加简洁齐整的东西，把它称为拓扑结构.

定义 1.1.3 设 $\mathscr{N}$ 是集合 X 上的基准开邻域结构. 如果 X 的子集 U 是每一个元素 $x \in U$ 的邻域，则称 U 为一个 **开集** (open set). 称 X 上所有开集构成的子集族 τ 为一个由 $\mathscr{N}$ **生成** (generate) 的 **拓扑结构** (topological structure)，简称 **拓扑** (topology). X 和 τ 合在一起，称为一个 **拓扑空间** (topological space)，记做 (X, τ).

于是基准开邻域结构的公理 (3) 就告诉我们，每个基准开邻域都是开集. 当然，一般的邻域不一定是开集.

命题 1.1.2 基准开邻域结构 $\mathscr{N}$ 生成的拓扑结构为

$$\tau = \{U \mid U \text{ 是若干个基准开邻域的并集}\}.$$

换言之，一个集合开当且仅当它是若干个基准开邻域的并集.

证明 如果 U 是开集，则任取 $x \in U$，存在一个 x 的基准开邻域 $B_x \subseteq U$. 因此，U 是所有含于 U 的基准开邻域的并集.

反过来，如果 U 是若干基准开邻域的并集，则任取 $x \in U$，存在一个基准开邻域 B，使得 $x \in B \subseteq U$. 由基准开邻域结构的公理 (3) 可知, 存在 x 的基准开邻域 $A_x \subseteq B \subseteq U$, 因此 U 也是 x 的邻域. 由 x 的任意性可知, U 是开集. □

注意, 空集也是一族基准开邻域的并集, 只不过这个集合族是空族.

例 3 x 的每个基准开邻域其实代表了一种接近 x 的程度的判别标准. 如果说 "在 X 上随便怎么着都算充分接近", 即只取一个 X 作为 x 的基准开邻域, 易验证这是一个基准开邻域结构, 由上一命题可知, 它生成的拓扑结构是 $\{X, \varnothing\}$, 称为 X 上的 **平凡拓扑** (trivial topology).
□

平凡拓扑是 X 上 (作为集合族来说) 最小的拓扑结构. 这是因为每个点 x 至少要有一个基准开邻域, 这就使得全空间 X 自动变成了 x 的邻域, 因此在 X 的任何拓扑结构中 X 本身一定是开集. 另一方面空集 $\varnothing$ 也一定是开集.

例 4 如果说 "在 X 上只有等于 x 才算是和 x 充分接近", 即只取一个 $\{x\}$ 作为 x 的基准开邻域, 易验证这也是一个基准开邻域结构. 此时任取 X 的子集 A, A 是其所含每个点的邻域, 因此是开集, 从而该基准开邻域结构生成的拓扑结构是 2^X, 称为 X 上的 **离散拓扑** (discrete topology).
□

离散拓扑是 X 上 (作为集合族来说) 最大的拓扑结构.

定理 1.1.1 非空集合 X 的子集族 τ 是由 X 上的某个基准开邻域结构所生成的拓扑结构, 当且仅当它满足下述三条性质:

(1) $X \in \tau$, $\varnothing \in \tau$;
(2) τ 中任意多个元素的并集仍属于 τ;
(3) τ 中任意两个元素的交集仍属于 τ.

证明 如果 τ 是基准开邻域结构 $\mathscr{N}$ 生成的拓扑结构, 则每个开集都是若干基准开邻域的并集. 于是由基准开邻域结构的那些公理可知, 开集满足这三条公理. 反过来, 如果一个子集族 τ 满足这三条公理, 则可以令 $\mathscr{N}(x) = \{U \in \tau \mid x \in U\}$. 易验证, 这样定义的 $\mathscr{N}$ 是一个基准

开邻域结构，并且它生成的拓扑是 τ. □

利用数学归纳法不难证明，任意有限多个开集的交集也是开集．但是无穷多个开集的交集不一定是开集，这一点我们前面讲基准开邻域的时候已经强调过一回．

当我们把拓扑空间当作一个整体去研究的时候，直接从定理 1.1.1 给出的三条性质出发开始讨论，往往比从基准开邻域结构定义 1.1.2 中的三条公理出发要方便些，因为后者太强调"x 点附近"会怎么样了．因此我们往往把定理 1.1.1 中的三条性质也称为"公理"，或者直接把它们当作拓扑结构的定义．读者需要花些力气才能熟悉这种从开集出发的思维方式．作为练习，让我们来看两个构造比较奇怪的拓扑．首先回忆一下，如果 A 是某个空间 X 的子集，则余集 $A^c = X \setminus A$.

例 5 设 X 含有无穷多个元素，定义

$$\tau_f = \{A \subseteq X \mid A = \varnothing \text{ 或 } A^c \text{ 有限}\}.$$

则 τ_f 是个拓扑结构，称为 X 上的 **余有限拓扑** (cofinite topology).

证明 (1) 显然 $\varnothing \in \tau_f$, $X \in \tau_f$.

(2) 如果 $\{A_\lambda\}_{\lambda \in \Lambda}$ 是 τ_f 中的一族非空元素，则每个 A_λ^c 均有限，从而 $\left(\bigcup_{\lambda \in \Lambda} A_\lambda\right)^c = \bigcap_{\lambda \in \Lambda} A_\lambda^c$ 有限，即 $\bigcup_{\lambda \in \Lambda} A_\lambda \in \tau_f$.

(3) 如果 A, B 都是 τ_f 中的非空元素，则 A^c 和 B^c 都有限，因此 $(A \cap B)^c = A^c \cup B^c$ 有限，即 $A \cap B \in \tau_f$.

综上所述，τ_f 是拓扑结构． □

例 6 设 X 含有不可数无穷多个元素，定义

$$\tau_c = \{A \subseteq X \mid A = \varnothing \text{ 或 } A^c \text{ 可数}\}.$$

仿照上面的讨论可以证明，τ_c 也是个拓扑结构，称为 X 上的 **余可数拓扑** (cocountable topology). 这里说一个集合 X **可数** (countable)，是指可以对它的所有元素用一些自然数进行编号，例如 $X = \{x_1, x_2, x_3, \cdots\}$. 有兴趣的读者可以进一步阅读后面集合基数和可数集那一节的介绍． □

有一类特殊但是很常见的拓扑是由度量诱导的拓扑. 一个度量就是测量空间中两个点之间距离的一个公式. 当然, 为了确保这个公式真的能起到类似距离的作用, 它还需要满足一些基本的公理.

定义 1.1.4 X 上的一个 **度量** (metric) 是一个映射
$$d: X \times X \to \mathbb{R},$$
满足

(1) **正定性** (positive definite): $\forall x, y \in X, d(x,y) \geq 0$, 并且 $d(x,y) = 0$ 当且仅当 $x = y$;

(2) **对称性** (symmetry): $\forall x, y \in X, d(x,y) = d(y,x)$;

(3) **三角不等式** (triangle inequality):
$$\forall x, y, z \in X, d(x,z) \leq d(x,y) + d(y,z).$$

X 和 d 合在一起称为一个 **度量空间** (metric space), 记做 (X, d).

例 7 考虑 $\mathbb{R}^n = \{(x_1, \cdots, x_n) \mid x_i \in \mathbb{R}, i = 1, \cdots, n\}$. 定义映射 $d: \mathbb{R}^n \times \mathbb{R}^n \to \mathbb{R}$ 如下:
$$d((x_1, \cdots, x_n), (y_1, \cdots, y_n)) = \sqrt{\sum_{i=1}^{n}(x_i - y_i)^2}.$$

当 $n = 1, 2$ 或 3 时, d 就是我们所熟知的直线、平面以及空间中的距离概念. 显然 d 满足正定性和对称性, 高等代数的知识告诉我们, 它也满足三角不等式, 从而 d 是度量. 对于 $\mathbb{R}^n$ 的任意子集 X, 也可以用同样的公式定义一个 X 上的度量, 称该度量为 X 上的 **欧氏度量** (Euclidean metrix). □

在度量空间中可以定义一个自然的基准开邻域结构如下: 考虑那些 $B_\varepsilon(x) = \{y \in X \mid d(x,y) < \varepsilon\}$, 我们称之为 x 的 ε-**球形邻域** (ε-ball). 取 $\mathscr{N}_d(x) = \{B_\varepsilon(x) \mid \varepsilon > 0\}$.

命题 1.1.3 $\mathscr{N}_d$ 确实是 X 上的一个基准开邻域结构. 由 $\mathscr{N}_d$ 生成的拓扑 τ_d 称为度量空间 (X, d) 上的 **度量拓扑** (metric topology).

证明 只需要证明 $\mathcal{N}_d$ 满足基准开邻域结构的三条公理.

(1) $x \in B_\varepsilon(x)$, 这是显然的.

(2) $B_{\min(\varepsilon,\delta)}(x) \subseteq B_\varepsilon(x) \cap B_\delta(x)$.

(3) 任取 $y \in B_\varepsilon(x)$, 取 $\delta = \varepsilon - d(x,y)$, 则由三角不等式可知, $d(y,z) < \delta$ 蕴涵 $d(x,z) \leq d(x,y) + d(y,z) < \varepsilon$, 即 $B_\delta(y) \subseteq B_\varepsilon(x)$ (参见图 1.2). □

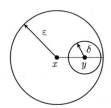

图 1.2 球形邻域

定义 1.1.5 设 τ_ε 是 $\mathbb{R}^n$ 上由欧氏度量所决定的拓扑, 则称拓扑空间 $(\mathbb{R}^n, \tau_\varepsilon)$ 为一个 n 维 **欧氏空间** (Euclidean space), 记为 $\mathbb{E}^n$.

不难想象, 欧氏拓扑所描述的函数的连续性就是通常多元函数的那种连续性. 当然, 度量拓扑还能刻画很多比欧氏拓扑更复杂的连续性. 总的来讲, 度量空间是对欧氏空间概念的一种推广, 而拓扑空间则是对度量空间概念的一种推广. 事实上, 点集拓扑学早期的核心课题之一, 就是探讨什么样的拓扑结构能由度量诱导, 在下一章我们会看到一些相关的结论, 比如说, $\mathbb{R}$ 上的平凡拓扑就不能由度量诱导.

习 题

1. 验证定义 Sorgenfrey 直线的那个 $\mathcal{N}$ 确实是一个基准开邻域结构.
2. 设 τ 是 X 上的拓扑结构. 验证 $\mathcal{M}(x) = \{U \in \tau \mid x \in U\}$ 确实是 X 上的基准开邻域结构.
3. 列出两个元素的集合 $\{a,b\}$ 上所有的拓扑结构.
4. 在 $\mathbb{R}$ 上取集合族
$$\tau = \{(-\infty, a) \subseteq \mathbb{R} \mid a \in \mathbb{R} \text{ 或者 } a = \pm\infty\}.$$

证明 τ 是一个拓扑结构.

5. 设 $d: X \times X \to \mathbb{R}$ 满足 $d(x,x) = 0$, 并且任取 $x \neq y$, $d(x,y) = 1$. 证明 d 是度量并且诱导 X 上的离散拓扑.

6. 设 X 上的两个度量 d_1 和 d_2 满足: 任取 $x, y \in X$,
$$\frac{1}{C} d_1(x,y) < d_2(x,y) < C d_1(x,y),$$
这里 C 是大于 1 的常数. 证明它们诱导的度量拓扑相同.

§1.2 拓扑空间中的一些基本概念

基准开邻域的想法很明确, 就像是地图上画等高线一样标出了一系列 "和某个点的接近程度" 的标准, 所以用来把我们实际要研究的应用问题翻译成拓扑语言非常方便.

但是基准开邻域结构就像线性空间的基一样包含很多技术上的不确定性, 换言之它不能由空间的连续性完全决定. 因此下面将要介绍的各种基本概念, 我们都会从开集出发去定义, 然后再说明用基准开邻域如何计算. 这些概念包括邻域、内点、闭集、聚点、内部、闭包等.

首先请注意, 邻域就可以从开集出发重新定义.

命题 1.2.1　一个子集 A 是 x 的邻域当且仅当存在开集 U, 使得 $x \in U \subseteq A$.

证明　如果 A 是 x 的邻域, 则有 x 的基准开邻域 $U \subseteq A$, 这个 U 就是个开集. 反过来, 如果存在开集 U 使得 $x \in U \subseteq A$, 则由开集的定义可知, 存在 x 的基准开邻域 $V \subseteq U \subseteq A$. 因此, A 是 x 的邻域.　□

定义 1.2.1　如果 A 是 x 的邻域, 则称 x 为 A 的**内点** (interior point). 全体内点构成的集合称为**内部** (interior), 记做 A°.

例 1　考虑一维欧氏空间 $\mathbb{E}^1$ 的子集 A. 则 A 中的点 x 是内点当且仅当存在 $\varepsilon > 0$, 使得 $(x - \varepsilon, x + \varepsilon) \subseteq A$. 于是对于 $[a,b]$ 这样的闭区间, 内点就是两端 a 和 b 之外的那些它所含的点, 即 $[a,b]^\circ = (a,b)$. 而有理数集 $\mathbb{Q}$ 则没有任何内点.　□

需要注意的是内点和内部是由拓扑结构决定的，取不同的拓扑结构会得出完全不同的结论. 比如说, 如果在 $\mathbb{R}^1$ 上取平凡拓扑, 则任何真子集 A 都不含任何内点, 因为找不到含于 A 内的基准开邻域. 而如果换成离散拓扑则正好是另一个极端: 子集 A 中的所有点都是内点.

例 2 在一个度量空间中, $x \in A^\circ$ 当且仅当存在 $\varepsilon > 0$, 使得球形邻域 $B_\varepsilon(x) \subseteq A$. □

命题 1.2.2 集合的内部满足下述基本性质:

(1) $A^\circ = A$ 当且仅当 A 是开集;

(2) A° 是 A 包含的所有开集的并集, 也是 A 包含的最大开集;

(3) 若 $A \subseteq B$, 则 $A^\circ \subseteq B^\circ$;

(4) $(A_1 \cap \cdots \cap A_n)^\circ = A_1^\circ \cap \cdots \cap A_n^\circ$;

(5) $\left(\bigcup_{\lambda \in \Lambda} A_\lambda \right)^\circ \supseteq \bigcup_{\lambda \in \Lambda} A_\lambda^\circ$.

证明 (1) $A^\circ = A$ 就是说 A 的每个点都是内点, 这等价于要求 A 是其中每一个点的邻域, 即 A 是开集.

(2) 设 U 是 A 的任意开子集, 则 $\forall x \in U$, A 是 x 的邻域, 从而 $x \in A^\circ$. 这说明 $U \subseteq A^\circ$. 另一方面, $\forall x \in A^\circ$, 存在 A 的开子集 U 使得 $x \in U$. 因此, A° 等于所有这些开子集的并集.

(3) A° 也是 B 的开子集, 由 (2) 可知 $A^\circ \subseteq B^\circ$.

(4) 由 (3) 可知 $(A_1 \cap \cdots \cap A_n)^\circ$ 含于每个 A_i°, 从而也含于 $A_1^\circ \cap \cdots \cap A_n^\circ$. 另一方面, $A_1^\circ \cap \cdots \cap A_n^\circ$ 是 $A_1 \cap \cdots \cap A_n$ 的开子集, 由 (2) 可知, 它含于 $(A_1 \cap \cdots \cap A_n)^\circ$. 因此两者相等.

(5) 因为每个 A_λ° 都是 $\bigcup_{\lambda \in \Lambda} A_\lambda$ 的开子集, 所以它们的并集也是 $\bigcup_{\lambda \in \Lambda} A_\lambda$ 的开子集, 从而由 (3) 可知包含关系成立. □

注意, 结论 (4) 是不能推广到无穷多个集合的交集上去的. 例如取 $A_n = \left(0, 1 + \dfrac{1}{n} \right)$, 则 $\bigcap_{n=1}^\infty A_n^\circ = (0, 1]$ 连开集都不是. 另外需注意, 结论

(5) 不能改成等号，因为两个集合 A 和 B "公共边界"上的点完全有可能变成 $A\cup B$ "内部"的点 (参见图 1.3).

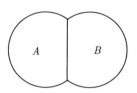

图 1.3 内部的并集不是并集的内部

定义 1.2.2 如果在拓扑空间 (X,τ) 中，子集 A 的余集 A^c 是开集，则称 A 为**闭集** (closed set).

例如在平凡拓扑中，闭集就是 $\varnothing$ 和 X；在离散拓扑中，任何子集都是闭集；在余有限拓扑中，闭集就是有限集和全空间；而在余可数拓扑中，闭集就是可数集和全空间. 由 De Morgan 定律可知，一个集合是闭集当且仅当它是若干基准开邻域的余集的交集.

例 3 在 $\mathbb{E}^1$ 中，任意开区间都是开集，因此 $[a,b]^c = (-\infty, a) \cup (b, \infty)$ 是开集，从而 $[a,b]$ 是闭集. 然而按照上面的说法，闭集还可以是很多更复杂的集合. 为了演示这能有多复杂，考虑如下的闭集序列：取 $A_0 = [0,1]$，然后让每个 A_k 都是有限段互不相交的闭区间的并，并且是从 A_{k-1} 的每段闭区间上都去掉正中间的 $\frac{1}{3}$ 段开区间得到的 (参见图 1.4). 那么交集 $A = \bigcap_{n=0}^{\infty} A_n$ 也是一个闭集，称为 **Cantor 三分集** (Cantor ternary set). □

图 1.4 Cantor 三分集的构造

注意，A 中的点并不像乍看上去那样稀疏，事实上 A_n 的每一段闭

区间上都含有 A 中的无穷多个点.

开集和闭集其实是可以相互定义的，因为它们互为余集. 利用 De Morgan 定律不难得出：

定理 1.2.1 X 的子集族 σ 是某个拓扑结构下全体闭集构成的集合当且仅当它满足下述三条性质：

(1) $X \in \sigma$, $\emptyset \in \sigma$;

(2) σ 中任意多个成员的交集仍属于 σ;

(3) σ 中任意两个成员的并集仍属于 σ. □

定义 1.2.3 如果 x 的每个邻域中都含 $A \setminus \{x\}$ 中的点，则称 x 为 A 的 **聚点** 或 **极限点** (limit point 或 cluster point 或 point of accumulation). 全体聚点构成的集合 A' 称为 A 的 **导集** (derived set), $\overline{A} = A \cup A'$ 称为 A 的 **闭包** (closure). 换言之，$x \in \overline{A}$ 当且仅当 x 的每个邻域中都含 A 中的点.

当然，如果我们知道一个可以生成该拓扑结构的基准开邻域结构，那么验证聚点时只要验证 x 的每个基准开邻域都含 $A \setminus \{x\}$ 中的点就足够了.

另外请注意，按照现在流行的大多数拓扑教材（包括本书）的定义，"x 是 A 的极限点" 并不是 "x 是含于 A 中的点列的极限" 的意思.

例 4 在度量空间中，$x \in \overline{A}$ 当且仅当 $\forall \varepsilon > 0$, $\exists y \in A$ 使得 $d(x, y) < \varepsilon$. 根据下确界的性质，这就是说 $\inf\limits_{y \in A} d(x, y) = 0$. □

就像闭集是开集的余集一样，闭包和内部也是互余的一对概念，准确地讲它们满足下面的重要性质：

命题 1.2.3 设 A 是全空间 X 的一个子集，则 $(A^c)^\circ = (\overline{A})^c$.

证明 $x \notin \overline{A}$ 当且仅当 x 有一个邻域不含 A 中的点，也就是说这个邻域含于 A^c，即 $x \in (A^c)^\circ$. □

于是，所有关于内部的性质都可以用 De Morgan 定律翻译成关于闭包的性质.

命题 1.2.4 集合的闭包满足下述基本性质:

(1) $\overline{A} = A$ 当且仅当 A 是闭集;

(2) $\overline{A}$ 是包含 A 的所有闭集的交集, 也是包含 A 的最小闭集;

(3) 若 $A \subseteq B$, 则 $\overline{A} \subseteq \overline{B}$;

(4) $\overline{A_1 \cup \cdots \cup A_n} = \overline{A}_1 \cup \cdots \cup \overline{A}_n$;

(5) $\overline{\bigcap_{\lambda \in \Lambda} A_\lambda} \subseteq \bigcap_{\lambda \in \Lambda} \overline{A}_\lambda$. □

同样地, 需要注意结论 (4) 不能推广到无穷多个集合的并集, 并且结论 (5) 不能改成等号.

定义 1.2.4 如果 $\overline{A} = X$, 则称 A 在 X 中**稠密** (dense). 如果 X 有只含可数多个元素的稠密子集, 则称 X **可分** (separable).

例 5 有理数集 $\mathbb{Q}$ 是一维欧氏空间 $\mathbb{E}^1$ 的一个可数子集, 它的闭包是 $\mathbb{E}^1$. 因此, $\mathbb{E}^1$ 可分. 类似可知, $\mathbb{E}^n$ 也都可分. □

例 6 用 τ_f 表示 $\mathbb{R}$ 上的余有限拓扑, 则 $(\mathbb{R}, \tau_f)$ 可分, $\mathbb{N}$ 就是它的一个可数稠密子集. 这是因为除全空间 $\mathbb{R}$ 外的任何闭集都是有限集, 而 $\overline{\mathbb{N}}$ 不可能是有限集. 于是 $\overline{\mathbb{N}} = \mathbb{R}$. □

例 7 用 τ_c 表示 $\mathbb{R}$ 上的余可数拓扑, 则 $(\mathbb{R}, \tau_c)$ 不可分. 这是因为任何可数集都是闭集, 取闭包都不会变得更大, 而 $\mathbb{R}$ 是不可数的. 于是任何可数集的闭包都不等于 $\mathbb{R}$. □

最后我们指出, 在一般拓扑空间中也可以定义序列的极限. 对于一个序列 $\{x_n\}$, 如果任取 a 的基准开邻域 U, 存在自然数 N, 使得当 $n > N$ 时所有的 $x_n \in U$, 则称 $\{x_n\}$ **收敛** (converge) 到 a, 记做 $x_n \to a$. 但是很多关于序列极限的美好性质都只能推广到度量空间, 而不能推广到一般的拓扑空间, 因此它也就失去了数学分析中的那种重要性. 比如映射的连续性就不能用序列极限来表达, 读者以后学到的时候应当特别注意.

习 题

1. 称 $\partial A = \overline{A} \setminus A^\circ$ 为 A 的**边界** (boundary). 请证明:
   (1) $\partial A = \overline{A} \cap \overline{A^c}$;
   (2) $\partial A = \varnothing$ 当且仅当 A 既是开集又是闭集.

2. 考虑平面 $\mathbb{E}^2$ 上的单位圆盘
$$D = \{(x,y) \in \mathbb{R}^2 \mid x^2 + y^2 \leq 1\}.$$
   求 D 的内部和闭包.

3. 设 (X,d) 是一个度量空间，A 是 X 的非空子集，定义
$$d(x,A) = \inf_{a \in A} d(x,a).$$
   证明如果 A 是闭集并且 $d(x,A) = 0$，则 $x \in A$.

4. 证明 $(A \setminus B)^\circ = A^\circ \setminus \overline{B}$.

5. 证明 $\overline{A} \setminus \overline{B} \subseteq \overline{A \setminus B} \subseteq \overline{A} \setminus B^\circ$. 举例说明两个包含号中的哪一个都不能换成等号.

6. 设 A 是 Cantor 三分集.
   (1) 证明 $[0,1] \setminus A$ 是 $[0,1]$ 的稠密子集;
   (2) 证明 A 中的每个点都是 A 的聚点.

*§1.3 集合的基数和可数集

对于一个空间来说，比拓扑性质和概念更基本的是它作为集合的那些性质和概念. 那么仅仅有集合还能有什么概念呢？实际上我们还可以数数看，两个集合的元素哪个多哪个少，即使是无限集的情形也可以进行比较. 而且无限集和有限集的最大差别就是，在进行这种计数时对于无限集来说，数漏一个元素并没有多大的影响. 基数就是元素个数在无限集情形下对应的概念.

有限集可以写成 $\{a_1, \cdots, a_n\}$，基数最小的无限集则可以写成 $\{a_1, a_2, \cdots\}$. 这两种集合都称为可数集，因为当我们想讨论这种集合的

元素时,可以用自然数对元素进行编号,然后一个一个地数下来. 通常数学归纳法会是讨论这种问题的一个很好的工具,如果是不可数集就不能这么做了.

定义 1.3.1 设 A, B 是两个集合. 如果存在双射 $f: A \to B$,则称 A 和 B 的 **基数** (cardinality) 或 **势** (potency) 相等,记为 $\|A\| = \|B\|$. 否则记为 $\|A\| \neq \|B\|$.

例 1 如果 A, B 是有限集,则 $\|A\| = \|B\|$ 当且仅当它们所含元素的个数相等.

证明 显然如果 $\|A\| = \|B\|$,则它们所含元素的个数相等. 反过来,如果它们所含元素个数相等,则可不妨设 $A = \{a_1, \cdots, a_n\}$, $B = \{b_1, \cdots, b_n\}$. 从而有双射 $f: A \to B$,把每个 a_i 对应到 b_i. 这就说明 $\|A\| = \|B\|$. □

命题 1.3.1 集合 A 无限当且仅当它与一个真子集基数相等.

证明 如果 A 和自己的真子集基数相等,则由上面例子的讨论可知它不是有限集. 反过来,如果 A 不是有限集,就可以归纳地找到 A 的一系列元素 $a_1, a_2, \cdots$,这些元素两两都不相等. 于是取 A 的真子集 $B = A \setminus \{a_1\}$,就可以构造 A 到 B 的双射,把每个 a_i 对应到 a_{i+1},并把除此之外的每个 $b \in A$ 对应到 b. □

定义 1.3.2 如果 B 有一个子集和 A 的基数相等,则记 $\|A\| \leq \|B\|$ 或 $\|B\| \geq \|A\|$. 如果同时还有 $\|A\| \neq \|B\|$,则记 $\|A\| < \|B\|$ 或 $\|B\| > \|A\|$.

例 2 如果 A 是有限集而 B 是无限集,则 $\|A\| < \|B\|$. 而如果 A 和 B 都是有限集,则 $\|A\| < \|B\|$ 当且仅当 A 的元素个数小于 B 的元素个数.

证明 不妨设 $A = \{a_1, \cdots, a_n\}$. 如果 $\|A\| < \|B\|$,则 B 一定有一个真子集与 A 一一对应,因此 B 要么是无限集,要么是元素个数超过 n 的有限集. 反过来,如果 B 是无限集或者元素个数超过 n 的有限集,则可在其中选取元素 $b_1, \cdots, b_n$,从而 $\|A\| \leq \|B\|$. 而此时 $\|A\| = \|B\|$

蕴涵 B 的元素个数为 n, 因此 $\|A\| < \|B\|$. □

Cantor-Schröder-Bernstein 定理 (Cantor-Schröder-Bernstein theorem)   如果不等式 $\|A\| \leq \|B\|$ 和 $\|A\| \geq \|B\|$ 同时成立, 则 $\|A\| = \|B\|$. 特别地, 这说明对于任意两个集合 A, B,

$$\|A\| < \|B\|,\ \|A\| = \|B\|,\ \|A\| > \|B\|,$$

这三个式子中至多只能有一个成立.

证明   假设存在双射 $f : A \to B_1 \subseteq B$ 以及双射 $g : B \to A_1 \subseteq A$. 考虑 A 和 B 的 **不交并** (disjoint union)

$$A \sqcup B = \{(x, i) \mid \text{要么 } x \in A,\ i = 0,\ \text{要么 } x \in B,\ i = 1\},$$

也就是说, 取 A 和 B 的不相交的拷贝然后求并集 (参见图 1.5). 这个集合可以划分成很多互不相交的子集的并集, 每一个子集是下列三种情况之一:

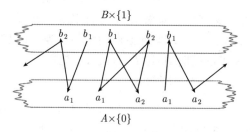

图 1.5   Cantor-Schröder-Bernstein 定理

(1) 上图中的某条闭合回路上的点, 即

$$(a_1, 0) \to (b_1, 1) \to \cdots \to (a_n, 0) \to (b_n, 1) \to (a_1, 0),$$

其中每个 $b_i = f(a_i)$, 每个 $a_i = g(b_{i-1})$, 但是 $a_1 = g(b_n)$;

(2) 上图中的某条从 $A \times \{0\}$ 里出发永远不重复地走下去的线路上的点, 即

$$(a_1, 0) \to (b_1, 1) \to (a_2, 0) \to (b_2, 1) \to \cdots,$$

其中每个 $b_i = f(a_i)$, $i > 1$ 时每个 $a_i = g(b_{i-1})$;

(3) 上图中的某条不从 $A \times \{0\}$ 里出发永远不重复地走下去的线路上的点, 即 $\cdots \to (b_i, 1) \to (a_i, 0) \to (b_{i+1}, 1) \to (a_{i+1}, 0) \to \cdots$ 或

$$(b_1, 1) \to (a_1, 0) \to (b_2, 1) \to (a_2, 0) \to \cdots,$$

其中每个 $a_i = g(b_i)$, 每个 $f(a_i) = b_{i+1}$.

不会出现从某一点 p_1 出发, 但是走了一段时间后从 p_n 位置才开始绕圈的情况, 因为那样指向 p_n 的箭头就有两个, 和 f, g 是单射矛盾. 于是存在这样一个双射 $h : A \to B$, 在上述每一种情形下, 都是把 a_i 映到 b_i. 因此 $||A|| = ||B||$. □

例 3 $||2^{\mathbb{N}}|| = ||\mathbb{R}||$.

证明 我们只需要构造两个单射 $f : \mathbb{R} \to 2^{\mathbb{N}}$ 以及 $g : 2^{\mathbb{N}} \to \mathbb{R}$, 则由上述定理便知 $||2^{\mathbb{N}}|| = ||\mathbb{R}||$.

首先构造 f. 定义

$$h : \mathbb{R} \to (0, 1), \quad x \mapsto \frac{1}{1 + e^{-x}},$$

则易验证 h 是一一对应, 因此 $x = y$ 当且仅当 $h(x)$ 和 $h(y)$ 的 "正则" 二进制表示完全相同 (这里正则的意思是指不允许出现从某一位开始往后全是 1 的情形). 任取 $x \in \mathbb{R}$, 定义

$$f(x) = \{n \in \mathbb{N} \mid h(x) \text{ 的二进制表示的小数点后第 } n \text{ 位为 } 1\},$$

则 f 是从 $\mathbb{R}$ 到 $2^{\mathbb{N}}$ 的单射.

再来构造 g, 设 $A = \{a_1, a_2, \cdots\}$, 其中每个 $a_i < a_{i+1}$, 定义

$$g(A) = 0.\underbrace{11\cdots 1}_{a_1} 0 \underbrace{11\cdots 1}_{a_2} 0 \cdots$$

(如果 A 是有限集则后面补零), 则 g 是从 $2^{\mathbb{N}}$ 到 $\mathbb{R}$ 的单射. □

命题 1.3.2 任取无限集 A, 则 $||A|| \geq ||\mathbb{N}||$. 换言之, $||\mathbb{N}||$ 是无限集的最小基数.

证明 任取无限集 A, 我们可以归纳地在 A 中取出两两不同的元素 $a_1, a_2, \cdots$. 这样就可以归纳地定义一个单射

$$f: \mathbb{N} \to A, \quad n \mapsto a_{n+1}.$$

从而说明 $\|\mathbb{N}\| \leq \|A\|$. □

注意, 数学中通常把自然数集定义成 $\{0, 1, \cdots\}$, 但是我们对可数集中的元素编号时, 实际上往往喜欢从 1 开始用正整数编号.

这个证明里面提到的归纳和数学归纳法看上去有些不太像, 这称为**归纳定义原理** (principle of recursive definition), 就是说, 如果我们可以定义对象 a_1, 并且对于任意正整数 n 可以从对象 $a_1, \cdots, a_n$ 出发定义对象 a_{n+1}, 那么 a_n 就对于所有的正整数 n 都有良好的定义.

通常我们把 $\|\mathbb{N}\|$ 简记为 $\aleph_0$. $\aleph$ 这个奇怪的符号是 Cantor 引进的, 它的名称叫做 aleph, 其实是希伯来语的第一个字母. Cantor 把所有的无穷基数排序, 然后把它们依次编号, 记为 $\aleph_0, \aleph_1, \aleph_2, \cdots$, 并称每个编号为一个 **aleph 数** (aleph number). 于是最小的 $\aleph_0$ 自然就是 $\|\mathbb{N}\|$ 了.

定义 1.3.3 若 $\|A\| \leq \|\mathbb{N}\|$, 则称 A **可数** (countable).

显然可数集的子集 (以及与之基数相等的其他集合) 一定也是可数集, 并且可数无限集一定和 $\mathbb{N}$ 基数相等.

命题 1.3.3 可数个可数集的并集是可数集.

证明 设有集合族 $\{A_1, A_2, \cdots\}$, 并且每个 $A_i = \{a_{i1}, a_{i2}, \cdots\}$. 首先把所有的 a_{ij} 都写在一起, 如果有多个 a_{ij} 都对应同一个元素 (即某些 A_i 的交集之中的元素), 则只保留 i 最小的那个. 然后对这些 a_{ij} 按如下规则排序: 把 $i+j$ 小的排在 $i+j$ 大的之前, $i+j$ 相同的时候把 i 小的排在 i 大的之前, 例如,

$$a_{11}, a_{12}, a_{21}, a_{13}, a_{22}, a_{31}, \cdots$$

注意, 每个元素之前都只排了有限个元素, 而它后面紧挨着的第一个元素也都很好找, 于是可以按照这个顺序, 归纳地把所有的元素重新编一次号, 标记为 $b_1, b_2, \cdots$ 故 $\left\| \bigcup_{i=1}^{\infty} A_i \right\| \leq \|\mathbb{N}\|$. □

例 4 $\mathbb{N}^2 = \bigcup_{x \in \mathbb{N}} \{(x, y) \mid y \in \mathbb{N}\}$ 是可数个可数集的并集，因此也是可数集．归纳可知，$\mathbb{N}^n$ 也都是可数集． □

例 5 $\mathbb{Q}$ 可数，从而 $\mathbb{Z} \subseteq \mathbb{Q}$ 也可数．

证明 每个不等于零的有理数 x 都可以唯一地表示成 $\pm\frac{p}{q}$ 的形式，其中 p 和 q 是互素的正整数，于是可以构造一个从 $\mathbb{Q}$ 到 $\mathbb{N}^3$ 的单射，把正有理数对应到 $(1, p, q)$，负有理数对应到 $(0, p, q)$，零对应到 $(0, 0, 0)$. 这种对应说明 $||\mathbb{Q}|| \le ||\mathbb{N}^3||$，因此它可数． □

命题 1.3.4 $\mathbb{R}$ 不可数，也就是说 $||\mathbb{R}|| > \aleph_0$.

证明 我们知道，$\mathbb{R}$ 是无限集．假如它可数，则 $||\mathbb{N}|| = ||\mathbb{R}||$，从而存在双射 $f: \mathbb{N} \to \mathbb{R}$. 设 $f(n)$ 表示成十进制小数（可以是无限小数）之后，小数点后第 $n+1$ 位为 a_n. 取一个十进制无限小数 x，使得对于每个 n，它的小数点后第 $n+1$ 位不是 a_n 也不是 9，则 x 与任何一个 $f(n)$ 都不相等．这与 f 是双射矛盾． □

那么 $||\mathbb{R}||$ 是不是就是紧接着 $||\mathbb{N}|| = \aleph_0$ 的最小基数呢？或者说 $\aleph_1$ 是不是就等于 $||\mathbb{R}||$ 呢？我们还可把这个问题表述得更加"纯集合论"一点，因为 $||\mathbb{R}|| = 2^{\aleph_0}$，所以这个问题可以表述为：$2^{\aleph_0}$ 等于 $\aleph_1$ 吗？实际上问题的答案是：等于或者不等于都和集合论的 ZFC 公理系统没有任何矛盾．这就是在引言部分我们讲到集合时提到的那个著名的 **连续统假设** (continuum hypothesis).

§1.4 连续映射与同胚

在第一节中，我们实际上已经提出了刻画映射连续的办法，就是"基准开邻域的原像包含基准开邻域"．因为基准开邻域标示的是"充分接近"的程度，所以这样就能用抽象的语言表达出"x 充分接近 a，则 $f(x)$ 充分接近 $f(a)$"的直观想法．

前面也讲过，我们希望尽量从拓扑结构出发去定义概念，以避免因为同一种连续性被很多不同的基准开邻域结构定义所带来的那些麻烦．

因此在实际定义连续性的时候,我们要把"基准开邻域"换成能由拓扑决定的"邻域".

一个映射如果可逆并且本身和逆都连续,则称为拓扑等价或同胚. 同胚可以把两个空间的连续性结构很好地对应起来,这样你只要搞懂了一个,另一个自然而然就明白了. 所以拓扑学家把同胚的拓扑空间当成本质上相同的研究对象,只是取了不同的外在表现形式. 你会发现拓扑学家常常一边说"让我来画一个圆",一边却画了一个正方形,因为几何形状的"这么一点点"差别,对于他所关心的拓扑问题来说完全没有意义.

定义 1.4.1 设 X, Y 是两个拓扑空间. 如果映射 $f: X \to Y$ 满足:任取 $f(x_0)$ 的邻域 V,$f^{-1}(V)$ 都是 x_0 的邻域,则称 f 在 x_0 处 **连续** (continuous). 在定义域上处处都连续的映射称为 **连续映射** (continuous map).

注意,定义要求的条件是"邻域的原像是邻域",而不是"邻域的像是邻域"(参见图 1.6),读者可以自己思考一下后者不合理的地方在哪里.

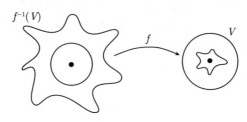

图 1.6 定义连续性

例 1 不论 X, Y 是什么拓扑空间,取定 $b \in Y$,**常值映射** (constant map)
$$e_b: X \to Y, \quad x \mapsto b$$
是连续映射,因为 b 的任意邻域的原像都是全空间 X. □

例 2 拓扑空间 X 上的 **恒同映射** (identity map)
$$\mathrm{id}_X: X \to X, \quad x \mapsto x$$

是连续映射,因为每个邻域的原像就是它本身. 注意这里要求定义域和值域上取一模一样的拓扑结构,否则结论不一定成立. □

命题 1.4.1 对 X 和 Y 分别取定能生成相应拓扑结构的基准开邻域结构,则 f 在 x_0 处连续的充分必要条件是:$f(x_0)$ 的任何基准开邻域 U 的原像 $f^{-1}(U)$ 包含一个 x_0 的基准开邻域.

证明 必要性是显然的,因为基准开邻域也是邻域. 至于充分性,如果 $f(x_0)$ 的任何基准开邻域的原像都包含一个 x_0 的基准开邻域,则任取 $f(x_0)$ 的邻域 U,存在 $f(x_0)$ 的基准开邻域 $V \subseteq U$,从而 $f^{-1}(U) \supseteq f^{-1}(V)$,也包含一个 x_0 的基准开邻域,因此是 x_0 的邻域. □

例 3 设 X, Y 都是度量拓扑空间,则上述命题说明 $f : X \to Y$ 在 $x_0 \in X$ 连续当且仅当 $f(x_0)$ 的任意球形邻域的原像包含一个 x_0 的球形邻域,这个条件还可以进一步改写成:

$$\forall \varepsilon > 0, \exists \delta > 0, \text{ 使得 } d_X(x, x_0) < \delta \text{ 蕴涵 } d_Y(f(x), f(x_0)) < \varepsilon.$$

这就是度量空间中的"ε-δ 语言". 大部分有明确解析表达式的多元向量值函数都可以用这种办法来验证连续性. □

命题 1.4.2 若 $f : X \to Y$ 在 x 点连续, $g : Y \to Z$ 在 $f(x)$ 点连续,则 $g \circ f : X \to Z$ 在 x 点连续.

证明 任取 $g \circ f(x) = g(f(x))$ 的邻域 V,则 $g^{-1}(V)$ 是 $f(x)$ 的邻域,从而 $(g \circ f)^{-1}(V) = f^{-1}(g^{-1}(V))$ 是 x 的邻域. □

拓扑学中,大部分时候更关心那些连续映射,也就是处处都连续的映射. 由前述命题易知,连续映射的复合映射连续. 一般来说验证处处连续时使用开集来判别要比使用邻域来判别更简便.

定理 1.4.1 考虑一个映射 $f : X \to Y$,下述两个条件都是 f 为连续映射的充分必要条件:

(1) Y 中任意开集关于 f 的完全原像都是 X 中的开集;
(2) Y 中任意闭集关于 f 的完全原像都是 X 中的闭集.

证明 条件 (1) 的必要性 (即 f 连续蕴涵开集的原像开):任取 Y

中的开集 V, 则 $\forall x \in f^{-1}(V)$, 因为 V 是 $f(x)$ 的邻域, 所以 $f^{-1}(V)$ 是 x 的邻域. 由 x 的任意性可知, $f^{-1}(V)$ 是开集.

条件 (1) 的充分性 (即开集的原像开蕴涵 f 连续): 任取 $x \in X$ 及 $f(x)$ 的邻域 V, 则存在开集 U 使得 $f(x) \in U \subseteq V$, $f^{-1}(U)$ 也是开集, 而 $x \in f^{-1}(U) \subseteq f^{-1}(V)$, 故 $f^{-1}(V)$ 是 x 的邻域.

条件 (2) 的充分必要性: 首先注意一个有趣的事实:
$$f^{-1}(U)^c = f^{-1}(U^c),$$
于是 $f^{-1}(U)$ 是闭集当且仅当 $f^{-1}(U^c)$ 是开集. 如果 f 满足条件 (1), 则任取闭集 U, 由 U^c 开可知 $f^{-1}(U^c)$ 开, 从而 $f^{-1}(U)$ 闭. 这说明 (1) 蕴涵 (2). 同理 (2) 也蕴涵 (1), 因此 (2) 是 (1) 的充分必要条件, 从而也是 f 连续的充分必要条件. □

当然前面讨论的例子都是表达式比较简单的连续映射. 更多的时候, 我们构造出来的连续映射可能是由若干个不同的表达式分区域地定义出来的. 关于连续映射如何通过"拼接"操作构造的问题, 我们将留到子空间拓扑那一节再讨论.

定义 1.4.2 如果 $f: X \to Y$ 是一个双射, 并且 f 和 f^{-1} 都连续, 则称 f 为 **同胚** (homeomorphism), 并称 X 与 Y **同胚** (homeomorphic) 或 **拓扑等价** (topologically equivalent), 记为 $X \cong Y$.

同胚的空间具有本质上一样的连续性. 但是需要注意, 严格的数学定义和"橡皮泥变形"的通俗说法还是有区别的, 它不是一个缓慢的、渐渐变形的过程, 而是一个一步到位的映射. 那种渐渐变形的过程对应于拓扑学中另外的一个概念, 这个概念也是代数拓扑的核心概念之一, 我们以后也会学到, 那就是同伦.

当然说一个映射是双射和说它可逆通常是同一个意思, 但是要注意连续双射的逆映射并不一定连续, 也就是说定义中 f^{-1} 连续这一条件是不能随便扔掉的. 为了加深对这一点的理解, 让我们来看一个反例:

例 4 在区间 $[0,1)$ 和圆周 $S^1 = \{(x,y) \in \mathbb{E}^2 \mid x^2 + y^2 = 1\}$ 上分别取欧氏度量诱导的度量拓扑, 然后令

$$f : [0, 1) \to S^1, \quad t \mapsto (\cos(2\pi t), \sin(2\pi t)),$$

这个映射把一个半开半闭区间首尾相接地盘到了圆上. 易验证它是一个连续的双射. 但是 f^{-1} 不连续, 这是因为: $[0, 1/2)$ 是 0 的邻域, 但它关于 f^{-1} 的原像却不是 $f(0)$ 的邻域, 只含有半边弧. □

定理 1.4.2 同胚是拓扑空间之间的等价关系. 我们称一个关系 $\cong$ 是 **等价关系** (equivalence relation), 如果它满足:

(1) **反身性** (reflexivity) $X \cong X$;
(2) **对称性** (symmetry) 如果 $X \cong Y$, 则 $Y \cong X$;
(3) **传递性** (transitivity) 如果 $X \cong Y, Y \cong Z$, 则 $X \cong Z$.

证明 (1) 恒同映射 $\mathrm{id}_X : X \to X$ 就是一个同胚.
(2) 如果 $f : X \to Y$ 是同胚, 则 $f^{-1} : Y \to X$ 也是同胚.
(3) 如果有同胚 $f : X \to Y$ 以及 $g : Y \to Z$, 那么复合映射 $g \circ f : X \to Z$ 及其逆映射 $(g \circ f)^{-1} = f^{-1} \circ g^{-1}$ 也都连续, 因此 $g \circ f$ 是同胚. □

注意, 上述定理中的 X, Y, Z 都是拓扑空间, 也就是说各自都有预先确定好的拓扑, 不允许随便更改. 比如说, 取两个不同的拓扑 τ_1, τ_2, $(X, \tau_1) \cong (X, \tau_2)$ 通常就是不成立的.

下面我们来看几个以后常用的同胚. 在这些例子中我们提到 $\mathbb{R}^n$ 的子集时, 其上的拓扑均取为欧氏度量诱导的度量拓扑.

例 5 考虑圆周 $S^1 = \{(x, y) \in \mathbb{E}^2 \mid x^2 + y^2 = 1\}$ 和正方形 $X = (\{-1, 1\} \times [-1, 1]) \cup ([-1, 1] \times \{-1, 1\})$. 定义 **中心投影** (central projection)

$$p : X \to S^1, \quad (x, y) \mapsto \left(\frac{x}{\sqrt{x^2 + y^2}}, \frac{y}{\sqrt{x^2 + y^2}} \right),$$

这显然是一个双射. 利用 ε-δ 语言不难验证 p 和 p^{-1} 都是连续映射, 因此是同胚. □

例 6 $\mathbb{E}^1 \cong (-1,1)$, 利用 ε-δ 语言不难验证,

$$f: \mathbb{E}^1 \to (-1,1), \quad x \mapsto \frac{x}{1+|x|}$$

是同胚 (参见图 1.7). 这个结论还可以轻松地推广到高维情形: 令 $B^n = \{(x_1, \cdots, x_n) \in \mathbb{E}^n \mid x_1^2 + \cdots + x_n^2 < 1\}$, 则 $\mathbb{E}^n \cong B^n$, 并且映射

$$f: \mathbb{E}^n \to B^n, \quad x \mapsto \frac{x}{1+||x||}$$

就是同胚 (这里 $||(x_1, \cdots, x_n)|| = \sqrt{x_1^2 + \cdots + x_n^2}$ 表示 n 维向量的长度). □

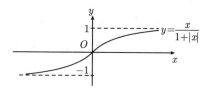

图 1.7　直线到线段的同胚

例 7　考虑 n 维 **单位球面** (unit sphere)

$$S^n = \{(x_1, \cdots, x_{n+1}) \in \mathbb{E}^{n+1} \mid x_1^2 + \cdots + x_{n+1}^2 = 1\},$$

然后取 $P = (0, \cdots, 0, 1)$, 则 $S^n \setminus \{P\} \cong \mathbb{E}^n$. 实际上, 这个同胚可以用 **球极投影** 实现. **球极投影** (stereographic projection) 是把从 P 出发的每条射线与 S^n 的交点 x 投影到它和 "赤道平面"

$$E^n = \{(x_1, \cdots, x_{n+1}) \in \mathbb{E}^{n+1} \mid x_{n+1} = 0\}$$

的交点上去的映射 (参见图 1.8). 球极投影有很悠久的历史, 早在古希腊时代, 天文学家要记录星座, 把本来要用半球形的球壳才能模拟的天穹上的星图画到平整的纸张上, 就已经在使用这种投影了. □

例 8　考虑平整地系在腰间的一条腰带, 数学上的术语是 **平环** (annulus), 即参数曲面

$$A = \{(\cos\theta, \sin\theta, t) \mid -\varepsilon \le t \le \varepsilon, \ 0 \le \theta \le 2\pi\},$$

这里 ε 是一个非常小的正数，比如就取 $\varepsilon = 0.1$ 好了. 然后再考虑"拧了 n 圈的腰带"，即参数曲面

$$A_n = \{((1+t\sin(n\theta))\cos\theta, (1+t\sin(n\theta))\sin\theta, t\cos(n\theta)) \mid \\ -\varepsilon \leq t \leq \varepsilon,\ 0 \leq \theta \leq 2\pi\},$$

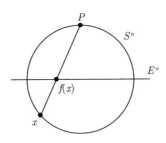

图 1.8　球极投影

这里同样取 $\varepsilon = 0.1$(参见图 1.9). 则不难验证，把 A 上参数是 (t,θ) 的点对应到 A_n 上参数也是 (t,θ) 的点的映射 f_n 也都是同胚. □

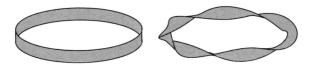

图 1.9　拧了不同圈数的腰带

初学者很容易误以为 A 和 A_n 是不同胚的，但实际上两个空间是否同胚取决于它们内部的拓扑结构，而不是把它们的模型摆放在 $\mathbb{E}^3$ 中时我们看到的外观.

著名的 **Möbius 带** (Möbius strip 或 Möbius band) 实际上相当于 $n = 1/2$，也就是只拧半圈的情况. 请注意上面给出的论证过程对这种情况并不适用，因为参数 $(t,0)$ 和 $(t,2\pi)$ 在 A 上决定的是同一个点，而在 $A_{\frac{1}{2}}$ 上决定的却并不是同一个点，所以根据参数定义的对应关系不是一个双射. 在下一章我们将会证明，Möbius 带和平环并不同胚.

定义 1.4.3　在同胚下保持不变的性质称为**拓扑性质** (topological

property),在同胚下保持不变的概念称为 **拓扑概念** (topological concept),在同胚下保持不变的量称为 **拓扑不变量** (topological invariant).

对我们感兴趣的各种类型的拓扑空间进行同胚分类,是拓扑学最基本的研究课题之一. 证明两个空间同胚,只要想办法把同胚映射构造出来就行了. 而要区分两个不同胚的空间,则往往是要去证明一个空间满足某种拓扑性质,而另一个空间不满足该性质,或者证明对这两个空间算某种拓扑不变量的时候,计算结果不同.

习 题

1. 用 $\mathbb{Q}_e$ 表示 $\mathbb{Q}$ 带上由度量 $d(x,y)=|x-y|$ 诱导的拓扑;用 $\mathbb{Q}_d$ 表示 $\mathbb{Q}$ 带上离散拓扑 $2^{\mathbb{Q}}$. 证明 $\mathbb{Q}_e$ 与 $\mathbb{Q}_d$ 不同胚.

2. 设 $f: X \to \mathbb{E}^1$ 连续并且处处非零,证明
$$g: X \to \mathbb{E}^1, \quad x \mapsto \frac{1}{f(x)}$$
也是连续映射.

3. 考虑映射 $f: X \to Y$, 请证明:
   (1) 如果 X 上的拓扑是离散拓扑,则 f 连续;
   (2) 如果 Y 上的拓扑是平凡拓扑,则 f 连续.

4. 设 (X,d) 是一个度量空间, A 是 X 的非空子集, 考虑 §1.2 习题中定义的 "到 A 的距离" $d(x, A)$. 证明这是一个从 X 到 $\mathbb{E}^1$ 的连续映射.

5. 证明: $f: X \to Y$ 连续当且仅当 $\forall A \subseteq X, f(\overline{A}) \subseteq \overline{f(A)}$.

6. 证明下述两个条件都是 $f: X \to Y$ 连续的充分必要条件:
   (1) 任取 $B \subseteq Y$, $f^{-1}(\overline{B}) \supseteq \overline{f^{-1}(B)}$;
   (2) 任取 $B \subseteq Y$, $f^{-1}(B^\circ) \subseteq (f^{-1}(B))^\circ$.

§1.5 乘积空间

现在让我们来看一个非常有趣的定义拓扑结构的方法. 设有一个映射 $f: X \to Y$, 集合 X 上尚未确定拓扑,而集合 Y 上有个拓扑结构 μ,

则可以利用 f 把这个拓扑"向左转移"到 X 上，即取 τ 为 X 上使得 $f:(X,\tau) \to (Y,\mu)$ 连续的 (作为集合族来说) 最小的拓扑.

这种方法还可以推广到一族映射 $f_\lambda : X \to Y_\lambda$ 的情形，相应得到的拓扑就是 X 上所谓的"弱拓扑". 类似地，也有一套利用映射"向右转移"拓扑结构的方法，相应得到的拓扑就是 Y 上所谓的"强拓扑". 弱拓扑和强拓扑的作用，都是利用映射把一个空间上的拓扑结构以最能充分利用该映射的方式转移到另一个空间上去. 我们很快就会看到，乘积空间和子空间都是弱拓扑的典型例子，而商空间则是强拓扑的典型例子.

需要强调的是，强拓扑和弱拓扑的观点主要是让我们理解这些拓扑"为什么要这样定义"，在实际应用中读者依然需要熟记其拓扑结构 (或基准开邻域结构) 的具体刻画方法才能方便地进行讨论. 也就是说在实际应用乘积空间的时候，你最需要熟记的是其开集都是若干形如 $U \times V$ 的"长方形"的并集；而在实际应用下一节将要讲的子空间的时候，你最需要熟记的则是其开集都具有 $U \cap A$ 的形式.

定义 1.5.1 设 $(X, \tau_X), (Y, \tau_Y)$ 是两个拓扑空间. 令
$$\tau = \{\bigcup_{\lambda \in \Lambda}(U_\lambda \times V_\lambda) \mid 每个 \ U_\lambda \in \tau_X, V_\lambda \in \tau_Y\},$$
则 τ 是 $X \times Y$ 上的一个拓扑结构，称为 τ_X 和 τ_Y 的 **乘积拓扑** (product topology). 拓扑空间 $(X \times Y, \tau)$ 称为这两个空间的 **乘积空间** (product space)，记为 $(X, \tau_X) \times (Y, \tau_Y)$.

简而言之，$X \times Y$ 中的子集开当且仅当它是若干个形如 $U \times V$ 的子集的并集，这里要求 U 在 X 中开，V 在 Y 中开. 让我们通过弱拓扑的观点来深入理解一下为什么要这样定义.

定义 1.5.2 考虑一个集合 X. 设 Λ 是一个指标集，并且对于每个指标 $\lambda \in \Lambda$，取定了一个拓扑空间 $(Y_\lambda, \tau_\lambda)$ 以及一个映射 $f_\lambda : X \to Y_\lambda$. 则 X 上满足条件

(†) 每个 $f_\lambda : (X, \tau) \to (Y_\lambda, \tau_\lambda)$ 都连续

的最小拓扑 τ 称为由这些 f_λ 决定的 **弱拓扑** (weak topology).

注意，每一个拓扑实际上是一个子集族（其元素是那些开集），这里的最小的意思就是：如果有其他拓扑 μ 也满足条件 (†)，则 $\tau \subseteq \mu$.

X 上使得 (†) 成立的最大拓扑其实就是离散拓扑. 而最小拓扑也确实是存在的. 简单来说，因为条件 (†) 等价于要求每个 Y_λ 中开集的原像都要开，所以我们可以规定基准开邻域就是那些 Y_λ 中开集的原像. 但是光挑这些还不够，因为基准开邻域的交包含基准开邻域这条公理并没有被自动满足. 解决的办法是把任意有限个这种原像的交也都取作基准开邻域.

命题 1.5.1 设 Λ 是一个指标集，并且对于每个指标 $\lambda \in \Lambda$，取定了一个拓扑空间 $(Y_\lambda, \tau_\lambda)$ 以及一个映射 $f_\lambda : X \to Y_\lambda$. 取

$$\mathscr{M}(x) = \{f_\lambda^{-1}(U_\lambda) \mid \lambda \in \Lambda,\ f_\lambda(x) \in U_\lambda \in \tau_\lambda\},$$

然后取

$$\mathscr{N}(x) = \{\mathscr{M}(x) \text{ 中有限个元素的交集}\},$$

则 $\mathscr{N}$ 为 X 上的基准开邻域结构，并且它生成的拓扑就是 X 上由这些 f_λ 决定的弱拓扑.

证明 显然 $\mathscr{N}$ 满足：

(1) $X \in \mathscr{N}(x)$，并且 $U \in \mathscr{N}(x)$ 蕴涵 $x \in U$;

(2) $U, V \in \mathscr{N}(x)$ 蕴涵 $U \cap V \in \mathscr{N}(x)$;

(3) $U \in \mathscr{N}(x),\ y \in U$ 蕴涵 $U \in \mathscr{N}(y)$.

因此 $\mathscr{N}$ 是一个基准开邻域结构.

任取 X 上的一个满足条件 (†) 的拓扑结构 τ. 则当 $U_\lambda \in \tau_\lambda$ 时必有 $f_\lambda^{-1}(U_\lambda) \in \tau$，因此任何 $\mathscr{N}(x)$ 中的基准开邻域均属于 τ. 而 $\mathscr{N}$ 生成的拓扑中的开集都是若干基准开邻域的并集，因此也都属于 τ. 这就说明 $\mathscr{N}$ 生成的拓扑是 τ 的子族. $\square$

例 1 设 (Y, μ) 是一个拓扑空间，X 是一个集合，考虑 X 到 Y 的所有映射构成的集合 Y^X. 任取 $x \in X$ 可以定义赋值函数

$$e_x : Y^X \to Y,\quad e_x(f) = f(x).$$

于是 Y^X 上就有一个由所有这些 e_x 决定的弱拓扑. 这种弱拓扑刻画的映射空间的"连续性", 是数学分析里函数序列的"逐点收敛"概念的拓扑推广. □

有趣的是, 可以把 Y^X 理解成 "X 个 Y 的拷贝的直积": 把每一个映射 $f: X \to Y, x \mapsto y_x$ 写成 $(y_x)_{x \in X}$ 的样子, 看上去是不是和直积 Y^n 中的元素 $(y_1, \cdots, y_n)$ 很像呢? 而上面例子中的每个赋值映射 e_x, 则可以理解成 "向编号为 x 的直积因子的投射". 实际上乘积拓扑正是这样定义的.

命题 1.5.2 设 $(X, \tau_X), (Y, \tau_Y)$ 是两个拓扑空间. 考虑集合 X 和 Y 的直积 $X \times Y = \{(x,y) \mid x \in X, y \in Y\}$, 在其上定义 **投射** (canonical projection)

$$j_X : X \times Y \to X, \quad (x, y) \mapsto x;$$
$$j_Y : X \times Y \to Y, \quad (x, y) \mapsto y.$$

则 $X \times Y$ 上由 j_X, j_Y 决定的弱拓扑 τ 就是乘积拓扑.

证明 注意到, $j_X^{-1}(U) \cap j_Y^{-1}(V) = U \times V$, 并且

$$(U_1 \times V_1) \cap (U_2 \times V_2) = (U_1 \cap U_2) \times (V_1 \cap V_2),$$

因此由弱拓扑的基准开邻域刻画易验证, 任取 $p = (p_x, p_y) \in X \times Y$, 令

$$\mathscr{N}(p) = \{U \times V \mid p_x \in U \in \tau_X, p_y \in V \in \tau_Y\},$$

则 $\mathscr{N}$ 是 $X \times Y$ 上的基准开邻域结构, 并且生成的拓扑就是 j_X 和 j_Y 决定的弱拓扑. 显然, $\mathscr{N}$ 生成的拓扑就是 $X \times Y$ 上的乘积拓扑. □

注意, 上述证明利用到的交集在乘积运算之下的规律, 对于余集和并集并不成立. 实际上,

$$(U_1 \cup U_2) \times (V_1 \cup V_2) \\ = (U_1 \times V_1) \cup (U_1 \times V_2) \cup (U_2 \times V_1) \cup (U_2 \times V_2),$$

等号右侧的四项, 哪一项都不能随意丢弃.

例 2 设 $(X, d_X), (Y, d_Y)$ 是两个度量空间，则在 $X \times Y$ 上可以定义度量 d 如下：任取两点 $p = (p_x, p_y)$, $q = (q_x, q_y)$，

$$d(p, q) = \max(d_X(p_x, q_x), d_Y(p_y, q_y)),$$

并且该度量决定的度量拓扑就是 $X \times Y$ 上的乘积拓扑。

证明 由前述命题可知，$A \subseteq X \times Y$ 在乘积拓扑中是 $p = (p_x, p_y)$ 的邻域的充分必要条件是：存在 X 中的开集 U 和 Y 中的开集 V，使得 $p \in U \times V \subseteq A$。

显然，如果能找到这样的开集 U 和 V，则能进一步找到 p_x 的球形邻域 $B_\varepsilon(p_x) \subseteq U$ 以及 p_y 的球形邻域 $B_\delta(p_y) \subseteq V$。而

$$B_{\min(\varepsilon, \delta)}(p) \subseteq B_\varepsilon(p_x) \times B_\delta(p_y),$$

这就说明 A 在 d 诱导的度量拓扑中也是 p 的邻域。

反过来，如果 $A \subseteq X \times Y$ 在 d 诱导的度量拓扑中是 $p = (p_x, p_y)$ 的邻域，则它包含一个 p 的球形邻域 $B_\varepsilon(p)$，但是

$$B_\varepsilon(p) = B_\varepsilon(p_x) \times B_\varepsilon(p_y),$$

因此在乘积拓扑意义下，它也是 p 的邻域。 □

例 3 $\mathbb{E}^1 \times \mathbb{E}^1 = \mathbb{E}^2$。更一般地，$\mathbb{E}^m \times \mathbb{E}^n = \mathbb{E}^{m+n}$。

证明 考察乘积空间 $\mathbb{E}^1 \times \mathbb{E}^1$，则由上一个例子可知，这个拓扑空间可以通过度量

$$d(p, q) = \max(|p_x - q_x|, |p_y - q_y|)$$

诱导，基准开邻域可以取成关于该度量的那些"球形邻域"（几何上看是开正方形）。另一方面，$\mathbb{E}^2$ 上正常的欧氏度量拓扑则可以通过把基准开邻域取成那些开圆盘而得到。

任取开正方形 S 内一点 x，都能找到 x 的开圆盘邻域 $D \subseteq S$，这说明每个开正方形是若干开圆盘的并集；同理可知，每个开圆盘也是若干开正方形的并集（参见图 1.10）。于是平面的子集是若干开正方形的并集

当且仅当它是若干开圆盘的并集. 因此, 这两种基准开邻域结构生成的是完全相同的拓扑. □

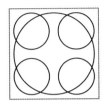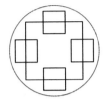

图 1.10 开正方形的并集以及开圆盘的并集

定义 1.5.3 对于一个映射 $f: A \to X \times Y$, 设
$$f_X = j_X \circ f, \quad f_Y = j_Y \circ f,$$
换言之, $f(a) \equiv (f_X(a), f_Y(a))$, 则称 f_X, f_Y 为 f 的**分量** (component).

定理 1.5.1 映射 $f: A \to X \times Y$ 连续的充分必要条件是两个分量 f_X 和 f_Y 都连续.

证明 如果 f 连续, 由复合映射的连续性可知, f_X 和 f_Y 也都连续. 反过来, 如果 f_X 和 f_Y 都连续, 则因为 $f^{-1}(U \times V) = f_X^{-1}(U) \cap f_Y^{-1}(V)$, 所以乘积空间中每个基准开邻域关于 f 的原像都是开集, 这说明 f 连续. □

例 4 考察平面上的一条参数曲线 $\mathbf{x}(t) = (x_1(t), x_2(t))$. 则上述定理告诉我们, $\mathbf{x}$ 连续当且仅当 x_1, x_2 都连续. □

与两个拓扑空间的乘积的定义类似, 也可以把 n 个拓扑空间 $(X_1, \tau_1), \cdots, (X_n, \tau_n)$ 的乘积拓扑定义为: 直积 $X_1 \times \cdots \times X_n$ 上由所有 j_{X_i} 决定的弱拓扑. 前面讲过, Y^X 可以理解成 X 个 Y 的乘积, 于是也可以类似地定义一个由所有投射所决定的弱拓扑. 但是此时的每一个投射其实就是一个赋值映射
$$e_x : Y^X \to Y, \quad f \mapsto f(x),$$
因此这种弱拓扑就是前面由函数逐点收敛性推广出来的那个拓扑. 这种

拓扑还可以进一步推广到任意一族无穷多个集合的乘积上去，相应得到的弱拓扑称为 Тихонов (Tychonoff) 拓扑，这里就不详细讨论了．

习　题

1. 设 $\mathscr{N}_X, \mathscr{N}_Y$ 分别是 X, Y 上的基准开邻域结构，令
$$\mathscr{N}((x,y)) = \{U \times V \mid U \in \mathscr{N}_X(x),\ V \in \mathscr{N}_Y(y)\},$$
证明 $\mathscr{N}$ 是 $X \times Y$ 上生成乘积拓扑的基准开邻域结构．

2. 证明 $X \times (Y \times Z) \cong (X \times Y) \times Z$．

3. 设 $A \subseteq X, B \subseteq Y$，证明在乘积空间 $X \times Y$ 中，
   (1) $\overline{A \times B} = \overline{A} \times \overline{B}$；
   (2) $(A \times B)^\circ = A^\circ \times B^\circ$．

4. 设 (X,d) 是一个度量空间，证明度量 d 是从 $X \times X$ 到 $\mathbb{R}$ 的连续映射．

5. 设 $f_1 : X_1 \to Y_1$, $f_2 : X_2 \to Y_2$ 以及 $g : Y_1 \times Y_2 \to Z$ 都是连续映射，证明
$$h : X_1 \times X_2 \to Z, \quad (x_1, x_2) \mapsto g(f_1(x_1), f_2(x_2))$$
也是连续映射．

6. 设 $f, g : X \to \mathbb{E}^1$ 连续，利用上题结论证明：
   (1) $f \pm g$ 以及 fg 连续；
   (2) 如果任取 $x \in X, g(x) \neq 0$，则 $\dfrac{f}{g}$ 连续．

§1.6　子　空　间

拓扑空间 X 的一个子集 A 上可以很简单地定义一种非常自然的拓扑结构，称为子空间拓扑．子空间拓扑也是使得含入映射 $i : A \hookrightarrow X$ 连续的最弱拓扑．

研究线性空间的时候要讨论子空间，抽象代数里研究群的时候要讨论子群，同样地，研究拓扑空间的时候，子空间的概念也会在很多问题中发挥重要的作用．比如说，可以讨论连续函数在定义域的某个子集上

是否连续, 反过来, 也可以讨论一个在定义域的一组子集上都连续的函数是否具有整体的连续性.

子空间是个很常用的概念, 比如当我们提到 n 维欧氏空间 $\mathbb{E}^n$ 的一个子集时, 如无特别说明通常就默认它的拓扑结构取的是关于 $\mathbb{E}^n$ 的子空间拓扑. 但需要注意的是, 在讨论与之相关的开集、闭集等概念时, 一定要明确是对哪个空间的拓扑来说的, 因为这些概念都带有强烈的"相对性", 搞混了的话很容易产生错误.

定义 1.6.1 设 (X, τ) 是个拓扑空间, $A \subseteq X$, 令

$$\tau|_A = \{U \cap A \mid U \in \tau\},$$

则 $\tau|_A$ 是 A 上的一个拓扑, 称为 A 上的 **子空间拓扑** (subspace topology), 而拓扑空间 $(A, \tau|_A)$ 称为 (X, τ) 的 **子空间** (subspace).

例 1 单位圆周 (unit circle) 就是 $\mathbb{E}^2$ 的子空间

$$S^1 = \{(x, y) \in \mathbb{E}^2 \mid x^2 + y^2 = 1\},$$

一般地, n 维 **单位球面** (unit sphere) 就是 $\mathbb{E}^{n+1}$ 的子空间

$$S^n = \{(x_0, \cdots, x_n) \in \mathbb{E}^{n+1} \mid x_0^2 + \cdots + x_n^2 = 1\},$$

以后当我们提到 $\mathbb{E}^n$ 的子集的时候, 如无特殊声明, 都是这样自动地取子空间拓扑. $\square$

命题 1.6.1 设 A 是拓扑空间 (X, τ) 的子集, $i: A \hookrightarrow X$ 是含入映射, 则 A 上由 i 决定的弱拓扑就是子空间拓扑.

证明 弱拓扑的基准开邻域刻画指出, X 上使得 $f: X \to Y$ 连续的最弱拓扑可以由基准开邻域结构

$$\mathcal{N}(x) = \{f^{-1}(U_1) \cap \cdots \cap f^{-1}(U_n) \mid \\ U_1, \cdots, U_n \text{ 都是 } Y \text{ 中含 } f(x) \text{ 的开集}\}$$

生成. 但是 $f^{-1}(U_1) \cap \cdots \cap f^{-1}(U_n) = f^{-1}(U_1 \cap \cdots \cap U_n)$, 并且 Y 中有限个开集 U_i 的交也是开集, 因此

$$\mathcal{N}(x) = \{f^{-1}(U) \mid U \text{ 是 } Y \text{ 中含 } f(x) \text{ 的开集}\}.$$

最后我们看到，如果 $i: A \hookrightarrow X$ 是含入映射，则 $i^{-1}(U) = U \cap A$. 因此 A 上由 i 决定的弱拓扑由基准开邻域结构

$$\mathcal{N}|_A(x) = \{U \cap A \mid U \text{ 是 } Y \text{ 中含 } i(x) = x \text{ 的开集}\}$$

生成. 显然 $\mathcal{N}|_A$ 生成的拓扑就是 $\tau|_A$. □

由子空间拓扑的定义不难验证它满足下列性质：

命题 1.6.2 (1) 如果 $B \subseteq A \subseteq X$，则 $\tau|_B = (\tau|_A)|_B$.

(2) U 是 $(A, \tau|_A)$ 中的开集当且仅当存在 (X, τ) 中的开集 V，使得 $U = V \cap A$.

(3) U 是 $(A, \tau|_A)$ 中的闭集当且仅当存在 (X, τ) 中的闭集 V，使得 $U = V \cap A$. □

很显然，这说明子空间拓扑意义下的开集或闭集并不一定是原空间拓扑意义下的开集或闭集，反过来也不一定是. 例如在 $\mathbb{E}^1$ 中考虑单点集 $\{0\}$，它当然不是开集，但是在其子空间 $\mathbb{N}$ 上考虑的话，它就变成开集了. 因此在规范的证明中，必须解释清楚开或闭是针对哪个拓扑讲的.

例 2 设 (X, d) 是个度量空间，度量拓扑为 τ. A 是 X 的子集，则可以在 A 上规定一个自然的度量 d_A，使得任取 $x, y \in A$，$d_A(x, y) = d(x, y)$. 任取 $a \in A$，考察它在 X 中的一个 ε 球形邻域 $B_\varepsilon = \{x \in X \mid d(a, x) < \varepsilon\}$，你会发现

$$B_\varepsilon \cap A = \{x \in A \mid d(a, x) < \varepsilon\}$$

恰好就是 a 在 A 中关于度量 d_A 的 ε 球形邻域. 因此，d_A 诱导的度量拓扑就是子空间拓扑 $\tau|_A$. □

例 3 设 X 和 Y 是两个拓扑空间，A 是 X 的子空间. 此时可以考虑一个映射 $f: X \to Y$ 在 A 上的**限制映射** (restriction map)

$$f|_A : A \to Y, \quad x \mapsto f(x).$$

设 $i: A \hookrightarrow X$ 是含入映射，则 $f|_A = f \circ i$. 因此 f 连续蕴涵 $f|_A$ 连续.

□

例 4 我们称图 1.11 所示的 $\mathbb{E}^3$ 中的旋转面

$$T^2 = \{((2+\cos\theta)\cos\varphi, (2+\cos\theta)\sin\varphi, \sin\theta) \mid \theta, \varphi \in \mathbb{R}\}$$

为**环面** (torus). 则环面同胚于 $S^1 \times S^1$.

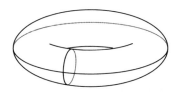

图 1.11 $\mathbb{E}^3$ 中的环面

证明 实际上, 我们可以取同胚 $f : S^1 \times S^1 \to T^2$ 如下:

$$f((u_1, v_1), (u_2, v_2)) \mapsto ((2+u_1)u_2, (2+u_1)v_2, v_1).$$

这个定义式右侧的每个分量都连续, 因此是 $\mathbb{E}^4$ 到 $\mathbb{E}^3$ 的连续映射, f 是它在 $S^1 \times S^1$ 上的限制映射, 因此也连续. 另一方面,

$$f^{-1}(u, v, w) = \left((\sqrt{u^2+v^2} - 2, w), \left(\frac{u}{\sqrt{u^2+v^2}}, \frac{v}{\sqrt{u^2+v^2}}\right)\right).$$

同理可知, 这个定义式右侧的每个分量在 $u^2 + v^2$ 不等于零的点附近都是连续的, 因此作为其在 T^2 上的限制, f^{-1} 也连续. 这就说明 f 是同胚. □

很多时候我们需要把一个大空间切成很多小块, 然后用这些小块上的连续映射拼出一个整体的连续映射. 这就是分段定义的方法. 在拓扑中通常会用粘接引理来确保分段定义的映射的整体连续性.

粘接引理 (pasting lemma) 设 $\{C_1, \cdots, C_n\}$ 是 X 的一个**有限闭覆盖** (finite closed cover), 即由有限多个 X 的闭子集构成的子集族, 满足 $C_1 \cup \cdots \cup C_n = X$. 如果映射 $f : X \to Y$ 使得每个 $f|_{C_k}$ 都连续, 则 f 连续.

证明 任取 Y 中的闭集 A,

$$\begin{aligned} f^{-1}(A) &= f^{-1}(A) \cap (C_1 \cup \cdots \cup C_n) \\ &= (f^{-1}(A) \cap C_1) \cup \cdots \cup (f^{-1}(A) \cap C_n). \end{aligned}$$

因为每个 $f|_{C_k}$ 连续，所以每个 $f^{-1}(A) \cap C_k = (f|_{C_k})^{-1}(A)$ 在 C_k 中闭，即它是 X 中的某个闭集 D_k 与 C_k 的交，而 C_k 本身也在 X 中闭，因此这个交集也在 X 中闭. 于是作为有限多个闭集的并集，$f^{-1}(A)$ 也在 X 中闭. 这就说明 f 连续. □

例 5 假设在 n 维欧氏空间 $\mathbb{E}^n$ 中有一组点 $A_0, A_1, \cdots, A_m$，使得线段 $\overline{A_0 A_1}, \overline{A_1 A_2}, \cdots, \overline{A_{m-1} A_m}$ 除了相邻两个线段的公共端点外，两两之间都没有其他公共点，则它们的并集 L 同胚于闭区间 $[0,1]$. 这是因为我们可以分段地构造同胚 $f_i : \overline{A_{i-1} A_i} \to \left[\dfrac{i-1}{m}, \dfrac{i}{m}\right]$，使得 $f_i(A_{i-1}) = \dfrac{i-1}{m}, f_i(A_i) = \dfrac{i}{m}$. 把所有的 f_i 拼到一起就得到连续映射 $f: L \to [0,1]$，而把所有的 f_i^{-1} 拼到一起则恰好得到 f^{-1}，也连续. 因此 $L \cong [0,1]$. □

类似地也可以证明，由这种折线构成的闭合回路同胚于 S^1.

定义 1.6.2 设 $f: X \to Y$ 是连续单射，在 $f(X) \subseteq Y$ 上取子空间拓扑，然后考虑映射

$$g: X \to f(X), \quad x \mapsto f(x).$$

如果 g 是同胚，则称 f 为 **嵌入** (embedding).

嵌入是同胚的推广. 含入映射就是嵌入的典型例子.

例 6 当 $m \leq n$ 时，有一个很自然的 $\mathbb{E}^m$ 到 $\mathbb{E}^n$ 的嵌入，即

$$f: \mathbb{E}^m \to \mathbb{E}^n, \quad (x_1, \cdots, x_m) \mapsto (x_1, \cdots, x_m, 0, \cdots, 0).$$

也可以类似地写出 m 维球面 S^m 到 n 维球面 S^n 的嵌入. 另一方面，连续单射

$$f: [0, 2\pi) \to \mathbb{E}^2, \quad x \mapsto (\cos(x), \sin(x))$$

就不是一个嵌入，因为 $[0,1)$ 是 $[0, 2\pi)$ 的开子集，它在 f 下的完全像集却不是 $f([0, 2\pi)) = S^1$ 中的开子集. □

回过头再去看同胚那一节我们举的例子，那些所谓"看上去不同"的腰带，其实就是同一个拓扑空间 A (平环) 在 $\mathbb{E}^3$ 中的不同嵌入. 不过

它们相同的只是"内蕴"的拓扑结构,有的时候我们依然会需要分辨不同的嵌入方法.拓扑学中有一个有趣的领域称为"纽结论",研究的就是 $\mathbb{E}^3$ 中 S^1 的放法 (称为纽结) 的分类问题. 也有很多拓扑工具可以区分不同的嵌入,比如说,如果有两个嵌入 $f,g: A \to X$,可以考虑是否有 X 的自同胚 $h: X \to X$ 使得 $g = h \circ f$,如果有就认为这两个嵌入本质上是一样的. 以后讲到基本群的时候我们将会看到,拧的圈数不同的带子在上述意义下就是 $\mathbb{E}^3$ 中本质上完全不同的嵌入.

习 题

1. 设 Y 是拓扑空间 X 的子空间,$A \subseteq Y, y \in Y$. 证明 y 关于 Y 的拓扑是 A 的聚点当且仅当 y 关于 X 的拓扑是 A 的聚点.

2. 设 Y 是拓扑空间 X 的子空间,$A \subseteq Y$. 用 $\overline{A}_Y$ 表示 A 关于 Y 的闭包,用 A_Y° 表示 A 关于 Y 的内部,请证明:
   (1) $\overline{A}_Y = \overline{A} \cap Y$;
   (2) $A_Y^\circ \supseteq A^\circ$,并且当 Y 是开集的时候 $A_Y^\circ = A^\circ$.

3. 设 $f: X \to Y$ 连续,请证明
$$\gamma_f : X \to X \times Y, \quad x \mapsto (x, f(x))$$
是一个嵌入.

4. 请显式写出一个从三角形到正方形的同胚,并说明为什么你写的映射是同胚.

5. 设 $\mathscr{C}$ 是 X 的一个闭子集族,满足 $\cup \mathscr{C} = X$,并且任取 $x \in X$, x 有一个邻域只与 $\mathscr{C}$ 中的有限多个元素相交非空. 请证明:如果 $f: X \to Y$ 满足任取 $C \in \mathscr{C}$, $f|_C$ 连续,则 f 连续.

§1.7 商映射与商空间

和弱拓扑相应地,有另一种非常自然的定义拓扑结构的方法称为"强拓扑",就是利用映射 $f: X \to Y$ 把集合 X 上的拓扑结构 τ "向右转移"到 Y 上去. 当然这里就不能再用最弱拓扑了,因为使得 f 连

续的 Y 上最小的拓扑是平凡拓扑 $\{Y,\varnothing\}$. 与之正好相反, 要取 μ 为 Y 上使得 $f:(X,\tau) \to (Y,\mu)$ 连续的最强的 (即作为集合族来说最大的) 拓扑.

当然这种方法也可以推广到一族映射 $f_\lambda: X_\lambda \to Y$ 的情形. 但是强拓扑最重要的意义却不在于那些和弱拓扑相对应的结论, 而是它带来的 "拓扑粘合" 的观点: 我们可以把被 f 映射到同一个像点的 X 中的点理解成是被粘到了一起, 然后把 $f(X)$ 整体理解成是用 f 把 X 粘起来得到的空间. 而之所以有理由在 "粘合" 一词前加上修饰词 "拓扑", 正是因为 $f(X)$ 上可以规定相应的强拓扑. 这种想法严格化后就是商空间和商映射的概念.

生活中我们可以用一些小纸片涂上胶水粘出复杂的手工艺品, 或者把积木插在一起搭出复杂的大模型. 商映射就是粘拓扑空间的胶水, 它让我们可以去刻画以前无法想象的复杂空间, 把它们分解成简单直观的小块, 并为分解和重新组装等操作提供严谨可靠的拓扑解释.

定义 1.7.1 设有一族拓扑空间 $(X_\lambda, \tau_\lambda)$ 及映射 $f_\lambda: X_\lambda \to Y$. 则 Y 上满足条件

(‡) 每个 $f_\lambda: (X_\lambda, \tau_\lambda) \to (Y,\tau)$ 都连续

的最大拓扑 τ 称为由这些 f_λ 决定的 **强拓扑** (strong topology).

最大的意思是: 如果有其他拓扑 μ 也满足条件 (‡), 则 $\tau \supseteq \mu$. 这样的最大拓扑也确实是存在的, 因为可以如下地定义最强拓扑 τ:

命题 1.7.1 设有一族拓扑空间 $(X_\lambda, \tau_\lambda)$ 及映射 $f_\lambda: X_\lambda \to Y$. 则 Y 上使得所有 f_λ 都连续的最强拓扑为

$$\tau = \{U \subseteq Y \mid \text{每个 } f_\lambda^{-1}(U) \text{ 都是 } \tau_\lambda \text{ 中的开集}\}.$$

证明 显然 $\varnothing \in \tau, Y \in \tau$. 易验证

$$f_\lambda^{-1}\Big(\bigcup_\alpha U_\alpha\Big) = \bigcup_\alpha f_\lambda^{-1}(U_\alpha).$$

因此, 如果每个 $U_\alpha \in \tau$, 则 $\bigcup_\alpha U_\alpha \in \tau$. 同理由

$$f_\lambda^{-1}(U_1 \cap \cdots \cap U_n) = f_\lambda^{-1}(U_1) \cap \cdots \cap f_\lambda^{-1}(U_n)$$

可知，如果 $U_1, \cdots, U_n \in \tau$，则 $U_1 \cap \cdots \cap U_n \in \tau$.

综上所述，τ 确实是个拓扑结构. 而如果 Y 上的拓扑 μ 满足 (‡)，则任取 $U \in \mu$，每个 $f_\lambda^{-1}(U)$ 都必须是 τ_λ 中的开集，因此 $U \in \tau$. 这就说明 τ 确实是满足条件 (‡) 的最大拓扑. □

下面让我们用强拓扑的语言来解释前面提到的粘合的想法.

定义 1.7.2 设 $(X, \tau_X), (Y, \tau_Y)$ 是两个拓扑空间，$f: X \to Y$ 是一个满射，并且 τ_Y 恰好是 f 所决定的强拓扑，即 $U \subseteq Y$ 是开集当且仅当 $f^{-1}(U) \subseteq X$ 是开集，则称 f 为 **商映射** (quotient map).

易验证商映射满足下述简单性质:

命题 1.7.2 设 $f: X \to Y$ 是一个满射，则 f 是商映射的充分必要条件是: U 是闭集当且仅当 $f^{-1}(U)$ 是闭集. □

命题 1.7.3 两个商映射的复合映射还是商映射. □

命题 1.7.4 设 $f: X \to Y$ 是个连续满射，则下列两个条件都是"f 是商映射"的充分 (但不必要) 条件:

(1) f 是 **开映射** (open map)，即任意开集 $A \subseteq X$ 在 f 下的完全像集 $f(A)$ 是 Y 中的开集;

(2) f 是 **闭映射** (closed map)，即任意闭集 $A \subseteq X$ 在 f 下的完全像集 $f(A)$ 是 Y 中的闭集.

证明 注意对于一个满射 f 来说，$U = f(f^{-1}(U))$. 因此如果满射 f 是开映射，则 $f^{-1}(U)$ 开蕴涵 U 开. 而如果 f 连续则 U 开也蕴涵 $f^{-1}(U)$ 开. 因此如果一个连续满射是开映射，则一定是商映射. 同理可知，如果一个连续满射是闭映射，则也一定是商映射. □

显然同胚一定是商映射. 但是商映射比同胚要多多了，它代表的是拓扑空间里面的粘合操作. 可以这样理解商映射: 每个 Y 中的点 y 提供了一个进行粘合操作的位置，让所有 $f^{-1}(y)$ 中的点可以放到这个位置去粘合起来. 注意定义中要求 f 是满射.

例 1 设 X 是两个不相交的闭三角形的并集，而 Y 是一个四边形. 则有一个从 X 到 Y 的商映射 f, 把 X 中的两个三角形沿着水平边 "拓扑地粘合" 得到 Y (参见图 1.12). □

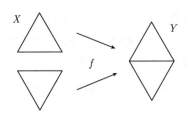

图 1.12　粘合两个三角形

这个例子还可以进行如下的推广：

例 2 设 $f: X \to Y$ 是个连续映射，并且 X 有一个有限闭覆盖 $\{C_1, \cdots, C_n\}$, 使得每个 $f(C_i)$ 都是闭集并且 $f|_{C_i}$ 是嵌入，则 $g: X \to f(X), x \mapsto f(x)$ 是商映射.

证明 任取 X 中的闭集 A, $A = (A \cap C_1) \cup \cdots \cup (A \cap C_n)$, 并且每个 $A \cap C_i$ 是 C_i 的闭子集. 因为每个 $f|_{C_i}$ 是嵌入，所以 $f(A \cap C_i)$ 是 $f(C_i)$ 的闭子集，因此是 Y 的闭子集与 $f(C_i)$ 的交，从而也是 Y 的闭子集. 于是 $f(A) = f(A \cap C_1) \cup \cdots \cup f(A \cap C_n)$ 也是 Y 的闭子集. 这说明 f 是闭映射，因此 g 是商映射. □

奇妙的是，这个办法让我们可以在 $\mathbb{E}^4$ 甚至更稀奇古怪的空间中拼接三角形，而不只局限于在我们肉眼能够观察理解的这个三维空间. 在第三章我们会看到，利用单纯形 (三角形的高维推广) 可以构造很多复杂的空间. 更重要的是，我们可以在粘合前的拓扑空间上观察研究粘合后的拓扑空间.

定理 1.7.1 设 $p: X \to Y$ 是商映射，则任取映射 $f: Y \to Z$, f 连续当且仅当 $f \circ p: X \to Z$ 连续.

证明 如果 f 连续，则由复合映射的连续性易知 $f \circ p$ 连续. 反过来如果 $f \circ p$ 连续，则任取 Z 中开集 U, $p^{-1}(f^{-1}(U))$ 是 X 中开集. 但是 Y 的子集 V 开当且仅当 $p^{-1}(V)$ 开，因此 $f^{-1}(U)$ 是 Y 中的开集，

这说明 f 连续. □

注意，如果 $p: X \to Y$ 是商映射，一个映射 $g: Z \to Y$ 并不一定总能分解成某个映射 $\tilde{g}: Z \to X$ 与 p 的复合. 一类比较特殊的能分解的情形是复迭空间，我们将在第五章中讨论.

上面的这些讨论中经常出现一个命题涉及多个空间和映射的情况，很容易引起思维混乱，所以最好先画一个如下的"交换图表"更清晰地标出它们之间的相互关系，在图上找出所要用到的每个符号的位置，再去理解它就会容易多了.

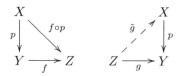

上文所说的在粘合前的空间上"看出"粘合后的空间的拓扑，还体现在下述定理上.

定理 1.7.2 如果 $p: X \to Y$ 和 $q: X \to Z$ 都是商映射，并且 $p(x) = p(x')$ 当且仅当 $q(x) = q(x')$，则 Y 和 Z 同胚.

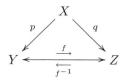

证明 定义一个映射 $f: Y \to Z$，使得 $p(x) = y$ 当且仅当 $q(x) = f(y)$. 因为 $p(x) = p(x')$ 当且仅当 $q(x) = q(x')$，所以这样的 f 确实是存在的，而且是个双射. 不仅如此，$f \circ p = q$, $f^{-1} \circ q = p$, 而 p 和 q 都连续，所以由前一定理可知，f 和 f^{-1} 也都连续，即 f 是同胚.

□

最后，让我们来看一个利用商映射刻画空间的经典例子：射影平面. 这个概念源于射影几何. 设想有一只拓扑的"眼睛"位于欧氏空间中的原点, 用它去观察全空间. 此时每条过原点的直线可以称为一条视线, 这条视线上的点在那只眼睛看来都是重叠的, 或者说会被当作视野里的同一个点.

定义 1.7.3   称 $\mathbb{E}^3$ 中过原点的直线为 **中心直线** (line through origin). 所有这些中心直线构成的拓扑空间

$$\mathbb{RP}^2 = \{\mathbb{E}^3 \text{ 里的中心直线}\}$$

称为 **实射影平面** (real projective plane), 简称 **射影平面** (projective plane), 其上的拓扑定义为如下度量所决定的度量拓扑: 任取两条中心直线 ℓ_1, ℓ_2, $d(\ell_1, \ell_2)$ 等于两条直线夹角的弧度 (取介于 0 到 $\pi/2$ 弧度之间的那个夹角).

想把 $\mathbb{RP}^2$ 嵌入 $\mathbb{E}^3$ 是不可能的 (当然仅用我们学过的那些知识还证明不了这个结论, 需要用到一些代数拓扑的高深知识). 通俗地讲, 这就是一个制作不出模型的几何形体, 但是我们却可以借助商映射在球面上观察它.

例 3   考虑连续满射

$$\ell : S^2 \to \mathbb{RP}^2, \ (x, y, z) \mapsto \{(tx, ty, tz) \mid t \in \mathbb{R}\},$$

即把每个点 P 映为 P 所在的中心直线 ℓ_P. 则由 $\mathbb{RP}^2$ 中度量的定义可知, 当 $\delta < \sqrt{2}$ 时 ℓ 把 P 在 S^2 中的每个球形邻域 $B_\delta(P)$ 都变成 ℓ_P 在 $\mathbb{RP}^2$ 中的一个球形邻域 $B_\varepsilon(\ell_P)$, 这里 $\delta = 2\sin\left(\dfrac{\varepsilon}{2}\right)$. 因此 ℓ 是开映射, 从而是商映射. □

对于球面上的每个点 $P = (x, y, z)$, $Q = (-x, -y, -z)$ 称为其 **对径点** (antipodal point). 注意 $\ell_P = \ell_Q$ 当且仅当 $P = Q$ 或者 P, Q 互为对径点. 因此也可以直观地说, 射影平面就是 "把球面的每一对对径点粘合成一个点" 所得的拓扑空间.

有趣的是球面粘合对径点这个操作虽然在 $\mathbb{E}^3$ 中不可能实现, 在 $\mathbb{E}^4$ 中却是可以实现的. 考虑连续映射

$$f : S^2 \to \mathbb{E}^4, \ (x, y, z) \mapsto (y^2 - x^2, xy, xz, yz).$$

可以证明 f 是 S^2 到 $f(S^2)$ 的商映射,并且 $f(P) = f(Q)$ 当且仅当 $P = Q$ 或者 P, Q 互为对径点. 不过现在直接证明 f 是商映射比较麻烦,我们留到第二章讲过紧致性以后再讨论. 虽然我们无法制造四维物体的实物模型,但是如果我们把第四维分量忘掉,它就变成了同胚于射影平面的 $f(S^2)$ 在 $\mathbb{E}^3$ 中的投影,这个投影的立体模型还是可以做出来的 (参见图 1.13). 当然这个投影并不是同胚,它在一部分点上是有重叠的 ($t \in (0,1)$ 时 $f((0, \pm\sqrt{1-t^2}, t))$ 是两个点,但是它们的前三个分量都是 $(1-t^2, 0, 0)$).

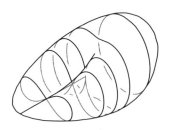

图 1.13 射影平面的立体模型

大部分读者在看到这张图的时候肯定都在想:这图好复杂啊,对于想象三维球面在 $\mathbb{E}^4$ 里是怎么粘的完全没有帮助嘛! 实际上也确实如此,"理解"球面粘合对径点这种操作的最好办法并不是找个空间实际粘合一下,而是学会用拓扑的方法直接描述粘合的结果.

那么如何才能跳过"构造一个用来摆放粘合结果的模型空间"这一段,直接粘出一个拓扑空间来呢? 答案就是"商空间". 不过首先需要给"点与点之间的粘合规则"一个严格的数学定义,并定义一个能代表抽象粘合所得结果的集合,它的元素对应于粘合之后的那些点. 然后再给这个集合规定一个标准的拓扑,这样得到的拓扑空间就是商空间.

定义 1.7.4 设 $\mathscr{R}$ 是一个由 X 的非空子集构成的集合族,满足任取 $x \in X$,存在唯一 $A \in \mathscr{R}$ 使得 $x \in A$,则称 $\mathscr{R}$ 在 X 上定义了一个 **等价关系** (equivalence relation) $\stackrel{\mathscr{R}}{\sim}$. $\mathscr{R}$ 的每个元素称为一个 **等价类** (equivalence class). 每个点 $x \in X$ 所属的等价类记为 $\langle x \rangle_{\mathscr{R}}$. 若 $\langle x \rangle_{\mathscr{R}} = \langle y \rangle_{\mathscr{R}}$,则称 x 和 y **等价** (equivalent),记为 $x \stackrel{\mathscr{R}}{\sim} y$.

例 4 设 $f: X \to Y$ 是一个映射. 取
$$\mathscr{R}_f = \{f^{-1}(y) \mid y \in Y\} \setminus \{\varnothing\},$$
则 $\mathscr{R}_f$ 在 X 上就定义了一个等价关系 $\overset{f}{\sim}$, 使得 $x \overset{f}{\sim} x'$ 当且仅当 $f(x) = f(x')$. □

我们以前讲过同胚是拓扑空间中的一种"等价关系", 即满足反身性、对称性以及传递性. 这三条基本性质也同样可以作为集合上的等价关系的刻画.

命题 1.7.5 设 $\mathscr{R}$ 定义了集合 X 上的一个等价关系, 则有

(1) **反身性** (reflexivity) $x \overset{\mathscr{R}}{\sim} x$;

(2) **对称性** (symmetry) 若 $x \overset{\mathscr{R}}{\sim} y$, 则 $y \overset{\mathscr{R}}{\sim} x$;

(3) **传递性** (transitivity) 若 $x \overset{\mathscr{R}}{\sim} y$ 并且 $y \overset{\mathscr{R}}{\sim} z$, 则 $x \overset{\mathscr{R}}{\sim} z$. □

实际上, 我们可以按照更符合集合论的习惯, 把一个集合 X 上的等价关系定义成 $X \times X$ 的子集.

命题 1.7.6 设 X 是一个集合, $R \subseteq X \times X$. 如果 R 满足

(1) 反身性 $(x, x) \in R$;

(2) 对称性 若 $(x, y) \in R$, 则 $(y, x) \in R$;

(3) 传递性 若 $(x, y) \in R$ 并且 $(y, z) \in R$, 则 $(x, z) \in R$;

则 X 上存在唯一等价关系 $\overset{\mathscr{R}}{\sim}$ 使得 $x \overset{\mathscr{R}}{\sim} y$ 当且仅当 $(x, y) \in R$. □

注意, 我们用这种方式定义的是一个集合内的等价关系, 集合论的公理化体系不允许我们定义一个"由所有拓扑空间构成的集合", 因为这有可能导致悖论. 所以我们没有用这种方式来定义像同胚这样的更一般的"等价关系".

从前面举的那个例子不难看出, 我们可以用等价关系代替商映射来定义粘合规则, 而且等价关系和粘合规则之间的关系其实更简单直接, 那就是: 两个点粘在一起当且仅当它们在同一个等价类里. 显然对于粘出来的点, 最直接的标记方法就是用它对应的那个等价类作标签, 因此我们作如下定义:

定义 1.7.5 设 $\sim$ 是集合 X 上的一个等价关系，则所有等价类构成的集合 $\mathscr{R}$ 称为 X 关于 $\sim$ 的 **商集** (quotient set)，记做 $X/\sim$. 称映射

$$p: X \to \mathscr{R}, \quad x \mapsto \langle x \rangle_{\mathscr{R}}$$

为 **粘合映射** (gluing map). 若 X 上有拓扑 τ，则称 p 在 $\mathscr{R}$ 上决定的相应强拓扑为 **商拓扑** (quotient topology)，记做 $\tau/\sim$. 称拓扑空间 $(X/\sim, \tau/\sim)$ 为 (X, τ) 的 **商空间** (quotient space)，记为 $(X, \tau)/\sim$.

例 5 我们讲过，把一条很长的带子两端粘合可以得到平环 $S^1 \times [0,1]$ 或 Möbius 带. 利用商空间的语言，现在可以数学上非常严格地重新定义 Möbius 带为如下的粘合结果：考虑 $[0,1] \times [0,1]$ 的子集族

$$\mathscr{R}_M = \{\{(0,y), (1, 1-y)\} \mid y \in [0,1]\}$$
$$\cup \{\{(x,y)\} \mid x \in (0,1), y \in [0,1]\},$$

则可以按 $\mathscr{R}_M$ 划分等价类决定一个等价关系 $\sim_M$，这个等价关系相当于说把带子的右边拧过来和左边粘合 (参见图 1.14). 商空间 $([0,1] \times [0,1])/\sim_M$ 就称为 **Möbius 带** (Möbius strip 或 Möbius band). 另一方面，如果考虑子集族

$$\mathscr{R}_A = \{\{(0,y), (1,y)\} \mid y \in [0,1]\}$$
$$\cup \{\{(x,y)\} \mid x \in (0,1), y \in [0,1]\},$$

则也可以按 $\mathscr{R}_A$ 划分等价类决定一个等价关系 $\sim_A$，这个等价关系相当于说把带子的左右两边对粘 (参见图 1.14)，而商空间 $([0,1] \times [0,1])/\sim_A$ 就是 **平环** (annulus) $S^1 \times [0,1]$. □

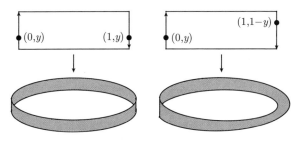

图 1.14 Möbius 带和平环

命题 1.7.7 商空间中的子集开当且仅当其关于粘合映射的原像开,换言之,粘合映射是商映射. □

注意,如果 A 是商空间中一些等价类构成的集合,则它关于粘合映射的原像是这些等价类的并集.

定理 1.7.3 设 $f: X \to Y$ 是商映射, $\overset{f}{\sim}$ 是 X 上的等价关系,满足 $x \overset{f}{\sim} x'$ 当且仅当 $f(x) = f(x')$. 则商空间 $X/\overset{f}{\sim}$ 与 Y 同胚.

证明 f 和粘合映射 p 都是商映射,并且 $f(x) = f(x')$ 当且仅当 $p(x) = p(x')$. 因此由上一节的结论可知 $p(X) = X/\overset{f}{\sim}$ 与 $f(X) = Y$ 同胚. □

商空间和商映射本质上考虑的是一样的问题,只不过出发点不同,考虑不同空间之间的映射和相互关系时商映射比较好用,而单纯为了理解一个空间本身的时候,商空间就比较好用一些. 上述定理给出了两者之间的联系,当我们为一个空间给出了一种"粘合"式的构造方法,并且想严格说明得到的空间和这个空间原本具有的另一个定义一致 (即同胚) 时,应用该定理也是一种标准的做法.

例 6 考虑图 1.15 所示的两个不相交的圆的并集

$$A = \{(x,y) \in \mathbb{E}^2 \mid (x+2)^2 + y^2 = 1 \text{ 或者 } (x-2)^2 + y^2 = 1\},$$

在这两个圆上各取一点 $p = (-1,0), q = (1,0)$,然后把这两个点粘到一起,得到的空间 $S^1 \vee S^1$ 称为两个圆的 **一点并** (one-point union). 用商空间的语言来讲, $S^1 \vee S^1 = A/\sim$,这里 $x \sim y$ 当且仅当 $x = y$ 或者 $\{x,y\} = \{p,q\}$.

另一方面,取两个相切于一点的圆的并集

$$B = \{(x,y) \in \mathbb{E}^2 \mid (x+1)^2 + y^2 = 1 \text{ 或者 } (x-1)^2 + y^2 = 1\},$$

并考虑连续满射

$$f: A \to B, \quad (x,y) \mapsto \begin{cases} (x+1, y), & \text{如果 } x < 0; \\ (x-1, y), & \text{如果 } x > 0. \end{cases}$$

很容易证明 f 是一个闭映射，从而是商映射。由上述定理可知 $(A/\overset{f}{\sim}) \cong B$。然而等价关系 $\overset{f}{\sim}$ 和 $\sim$ 是完全一致的，因此 $(A/\sim) \cong B$。 □

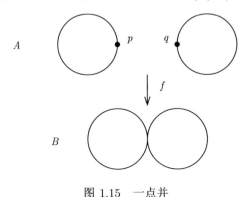

图 1.15 一点并

例 7 在之前介绍的例子中，我们把 Möbius 带定义成了一个商空间 $[0,1]^2/\sim$，但与此同时我们心中仍然有一种它作为 $\mathbb{E}^3$ 的子集的直观定义，记这个子集为 M。可以构造一个商映射 $f: [0,1]^2 \to M$，使得 $f(x) = f(y)$ 当且仅当 $x \sim y$。于是上述定理的结论就说明，用这两种定义得到的空间是同胚的。 □

只要解析几何基础扎实就不难写出上面例子中的 M 和 f，比如可以令 f 把 $(s,t) \in [0,1]^2$ 变到

$$((2 + t\cos(\pi s))\cos(2\pi s),\ (2 + t\cos(\pi s))\sin(2\pi s),\ t\sin(\pi s)),$$

然后取 $M = f([0,1]^2)$。但是验证它是商映射可能会有些麻烦。这个问题在第二章我们学习了 Hausdorff 性质和紧致性后会得到较好的解决：在紧致性那一节我们将证明，紧致空间到 Hausdorff 空间的连续满射一定是商映射。

习 题

1. 验证商映射的复合是商映射。
2. 设 $f: X \to Y$ 是商映射，并且 U 是 Y 的开子集，证明 $f|_{f^{-1}(U)}: f^{-1}(U) \to U$ 是商映射。

3. 设 $A \subseteq X$, $i : A \hookrightarrow X$ 是含入映射, 而连续映射 $r : X \to A$ 满足 $r \circ i = \mathrm{id}_A$. 这样的映射称为 **收缩映射** (retraction). 证明 r 是一个商映射.

4. 在 $\mathbb{E}^1$ 上规定等价关系 $\sim$, 使得 $x \sim y$ 当且仅当 $x - y$ 是整数. 证明 $\mathbb{E}^1/\sim \cong S^1$.

5. 用商空间的语言阐述下述几何直观: 正方形 $[0,1] \times [0,1]$ 将两组对边按照下述粘合规则进行粘合:

   (1) 每个 $(x, 0)$ 粘到 $(x, 1)$;

   (2) 每个 $(0, y)$ 粘到 $(1, y)$;

   得到的结果同胚于环面 $S^1 \times S^1$.

6. 构造一个商映射 $p : \mathbb{E}^2 \to Y$ 以及 $\mathbb{E}^2$ 的一个闭子集 A, 使得 $q : A \to p(A)$, $x \mapsto p(x)$ 不是商映射.

*§1.8　商空间的更多例子

在上一节我们看到, 商映射和商空间的工具给我们想象一些复杂的空间提供了极大的便利, 让我们不需要实际看到一个空间, 就能够对着一堆"图纸"和"零件", 讨论粘出来的空间的拓扑.

利用这种语言, 我们可以把 Möbius 带解释成一条带子粘合两端所得空间, 把射影平面解释成球面粘合对径点, 以及用一些简单的三角形拓扑地粘出三维欧氏空间中不可能存在的"多面体". 更重要的是, 这些不再只是似是而非的, 随时有可能误导我们的"直观想象", 所有这些操作都是有明确拓扑含义的, 经得起最严格的数学推敲.

我们首先来看几个与射影平面有关的例子热热身. 上一节里我们定义过射影平面, 利用商空间的语言, 可以重新把它解释为: $\mathbb{RP}^2 = (\mathbb{R}^3 \setminus \{(0,0,0)\})/\sim$, 这里定义 $\sim$ 的每个等价类是一条过原点的直线, 但是请注意因为任何两个等价类不能相交, 所以我们必须把 $\mathbb{R}^3$ 的原点 O 从等价类中去掉. 也就是说, 点 (x, y, z) 所在的等价类为 $\{(tx, ty, tz) \mid t \neq 0\}$. 这个定义也很容易推广到高维情形, 即在 $\mathbb{R}^{n+1}$ 中把向量 $\vec{\eta}$ 和 $t\vec{\eta}$ $(t \neq 0)$ 都粘起来, 得到高维的实射影空间.

定义 1.8.1　称一个向量空间中的一维子空间为一条 **中心直线** (line through origin). 在 $\mathbb{E}^{n+1} \setminus \{O\}$ 中任取 $x = (x_0, \cdots, x_n)$, 记其所在的中心直线为 $\ell_x = \{(tx_0, \cdots, tx_n) \mid t \in \mathbb{R}\}$. 则集合族

$$\mathscr{R} = \{\ell_x \setminus \{O\} \mid x \in \mathbb{E}^{n+1} \setminus \{O\}\}$$

定义了 $\mathbb{E}^{n+1} \setminus \{O\}$ 上的一个等价关系 $\overset{\mathscr{R}}{\sim}$. 商空间

$$\mathbb{RP}^n = (\mathbb{E}^{n+1} \setminus \{O\})/\overset{\mathscr{R}}{\sim}$$

称为 n 维 **实射影空间** (real projective space). 特别地, $\mathbb{RP}^2$ 就是射影平面.

例 1　射影平面同胚于球面粘合对径点.

证明　记 $\mathbb{E}^3 \setminus \{O\}$ 到商空间 $\mathbb{RP}^2$ 的粘合映射为 ℓ. 考虑映射

$$p: S^2 \to \mathbb{RP}^2, \quad x \mapsto \langle x \rangle,$$

我们看到任取 S^2 的开子集 U, 不含顶点的锥形 $\ell^{-1}(p(U))$ 是 $\mathbb{E}^3 \setminus \{O\}$ 中的开集, 因此 $p(U)$ 是开集. 这说明 p 是开映射, 从而是商映射.

$\mathbb{RP}^2$ 中每个点 x 的原像集 $p^{-1}(x)$ 恰好由球面上的一对对径点构成. 因此球面粘合对径点所得商空间同胚于 $\mathbb{RP}^2$. □

显然把 2 换成任意维数这个推导过程依然成立. 注意 $\mathbb{RP}^1$ 同胚于圆周 S^1 粘合对径点, 这样得到的粘合结果依然同胚于 S^1.

例 2　射影平面同胚于闭圆盘 D^2 粘合边界圆周上的每一对对径点所得的商空间.

证明　令 $S^2_+ = \{(x, y, z) \in S^2 \mid z \geq 0\}$. 与上一例同理可知

$$p: S^2_+ \to \mathbb{RP}^2, \quad x \mapsto \langle x \rangle$$

是一个商映射. S^2_+ 和 D^2 其实是同胚的, 取同胚 $f: D^2 \to S^2_+$, $(x, y) \mapsto (x, y, \sqrt{1 - x^2 - y^2})$. 作为商映射的复合, $p \circ f: D^2 \to \mathbb{RP}^2$ 也是商映射, 并且两个不同的点 x 和 x' 在 $p \circ f$ 下的像相同当且仅当它们

是边界圆周上的对径点. 因此 $\mathbb{RP}^2$ 同胚于 D^2 粘合 S^1 上的每一对对径点所得到的商空间. □

同样地, 把 2 换成任意维数这个推导过程依然成立.

下面再介绍一些以后学代数拓扑要用到的商空间构造.

定义 1.8.2 设 A 是 X 的一个非空子集, 它决定了 X 上的一个等价关系 $\sim$, 使得所有等价类构成的集合族为

$$\{A\} \cup \{\{x\} \mid x \notin A\},$$

我们把商空间 $X/\sim$ 记为 X/A.

直观地讲, 把 A 中的所有点"捏在一起"就得到了 X/A. 所以如果把以 A 为底的柱形的顶部"捏成一个点", 就得到了一个以 A 为底的锥. 然后还可以把锥的底部再"捏成一个点", 得到一个有两个尖头的锥子.

例 3 我们称 $(A \times [0,1])/(A \times \{1\})$ 为 A 上的**拓扑锥** (topological cone), 记为 CA. 设 B 是 CA 的下底, 即 $B = \{\langle (a,0) \rangle \mid a \in A\}$, 则 CA/B 称为 A 上的**双角锥** (suspension). □

例 4 把一条线段的两端粘合, 所得到的空间同胚于圆周. 要想把这个想法用拓扑语言严格叙述清楚, 只需考虑商映射

$$f : [0,1] \to S^1, \quad t \mapsto (\cos(2\pi t), \sin(2\pi t)),$$

则 $S^1 \cong [0,1]/\overset{f}{\sim}$. 注意 $f(t) = f(t')$ 当且仅当 $t = t'$ 或 $\{t, t'\} = \{0, 1\}$, 因此这个粘合规则也就是只把 0 和 1 两个点捏在一起, 用上面介绍的记号就是 $S^1 \cong [0,1]/\{0,1\}$. □

类似地, 我们也可以拓扑地"包包子": $S^2 \cong D^2/S^1$. 具体来说, 考虑闭圆盘 $D^2 = \{(x,y) \in \mathbb{E}^2 \mid x^2 + y^2 \leq 1\}$, 则可以定义一个商映射 $f : D^2 \to S^2$,

$$f(r\cos(2\pi\theta), r\sin(2\pi\theta))$$
$$= (\sin(\pi r)\cos(2\pi\theta), \sin(\pi r)\sin(2\pi\theta), -\cos(\pi r)).$$

这个映射把圆盘上的每条直径粘合两端后变成球面上的一个经圆,直径的两端变到北极,直径的中点变到南极 (参见图 1.16). 于是不难看出, D^2 的边界圆周 S^1 上所有的点都要映到北极, 而在 D^2 内部 f 是单射. 换言之, $D^2/S^1 \cong S^2$.

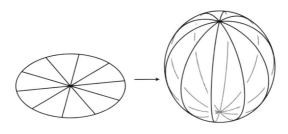

图 1.16 $S^2 \cong D^2/S^1$

同理可知, 更一般地讲, $D^n/S^{n-1} \cong S^n$.

例 5 考虑商映射
$$p: S^1 \times [0,1] \to D^2, \quad ((x,y),t) \mapsto ((1-t)x,(1-t)y),$$
这个商映射把高度为 1 的圆柱面压扁到了圆盘上去, 而且整个上边缘都挤到了圆心一个点. 因此把高度为 1 的圆柱面的上边缘捏成一个点可以得到圆盘, 用前述记号表示就是 $CS^1 \cong D^2$.

同理可知更一般地讲, S^n 上的拓扑锥同胚于 D^{n+1}. 注意锥底恰好对应于实心球 D^{n+1} 的表面, 因此结合上一段的讨论可知, S^n 上的双角锥同胚于 S^{n+1}. □

最后, 让我们来认识一种很常用的商空间构造, 称为"贴空间". 直观地讲, 就是把 X 的一个拷贝的一部分贴到 Y 的一个拷贝上去. 之所以先要拷贝一下, 是因为原本的 X 和 Y 有可能有交集, 但这个交集却并不一定是我们想粘合的部分. 比如说, 当我们想把 $X = [0,1]$ 的两个端点粘到 $Y = [0,1]$ 上去时, 就会遇到这个问题.

定义 1.8.3 设 X, Y 是两个拓扑空间, 它们的 **无交并** (disjoint union) 是指集合 $(X \cup Y) \times \{0,1\}$ 的子集
$$X \sqcup Y = (X \times \{0\}) \cup (Y \times \{1\}),$$

其上的拓扑结构规定为

$$\tau = \{(U \times \{0\}) \cup (V \times \{1\}) \mid U \in \tau_X,\ V \in \tau_Y\},$$

这里 τ_X, τ_Y 分别是 X 和 Y 上的拓扑结构.

定义 1.8.4 设 $A \subseteq X$, $f : A \to Y$ 连续. 对每个 $y \in Y$, 令 $\langle y \rangle = (f^{-1}(y) \times \{1\}) \cup \{(y, 0)\}$; 对每个 $x \in X \setminus A$, 令 $\langle x \rangle = \{(x, 1)\}$. 则 $Y \sqcup X$ 可以按子集族

$$\mathscr{R} = \{\langle y \rangle \mid y \in Y\} \cup \{\langle x \rangle \mid x \in X \setminus A\}$$

划分等价类决定一个等价关系 $\overset{\mathscr{R}}{\sim}$, 相应的商空间称为 f 的 **贴空间** (attaching space 或 adjunction space), 记为 $Y \cup_f X$ (参见图 1.17).

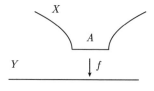

图 1.17 贴空间

例 6 直观地看, 两个半球面 (分别同胚于圆盘) 对扣在一起可以得出一个球面. 用贴空间的语言来说, 考虑圆盘 D^2 的边界圆周 S^1 到 D^2 的含入 $i : S^1 \hookrightarrow D^2$, 则 $D^2 \cup_i D^2 \cong S^2$. □

例 7 设 $f : X \to Y$ 连续, 考虑连续映射

$$g : X \times \{0\} \to Y, \quad (x, 0) \mapsto f(x),$$

则可以定义 g 的贴空间 $Y \cup_g (X \times [0, 1])$, 这个贴空间称为 f 的 **映射柱** (mapping cylinder). 这个映射也诱导了拓扑锥 CX 的锥底 $A = \{\langle (x, 0) \rangle \mid x \in X\}$ 到 Y 的一个连续映射

$$h : A \to Y, \quad \langle (x, 0) \rangle \mapsto f(x),$$

同样地, 也可以定义 h 的贴空间 $Y \cup_h CX$, 这个贴空间称为 f 的 **映射锥** (mapping cone).

第二章 常用点集拓扑性质

在引言中我们就讲过，拓扑学的基本内容是研究各种"拓扑性质"，即那些在同胚下不变的性质。借助这些性质我们才能看到一个拓扑结构最本质的地方，或是区分两个不同胚的拓扑空间。本章我们就来介绍点集拓扑中的一些常用拓扑性质，主要分四大类，即可数性、分离性、连通性以及紧致性。

可数性和分离性是 Hausdorff 最早提出来的。简单来说可数性就是指能从可数多个开集推断出所有想要知道的拓扑信息，而分离性则是指可以用拓扑信息区分空间中的任何两个不同的点。实际上 Hausdorff 原版的拓扑公理是包含一个分离性的，只是现代数学认为这对于拓扑结构来说还不是最最基本的性质，才把它拿了下来，并把 Hausdorff 原来的那个版本（即多满足一个分离性的空间）称为 Hausdorff 空间。

连通性关注的是一个空间的各个部分是连接在一起还是分成好几部分，这是一类非常古老，非常直观的性质。在世界上第一篇用到"拓扑"一词的数学论文里 Listing 就用了连通性的想法来区分不同胚的空间（比如说他指出了 Möbius 带的边界是一个圆周而不像一般带子的边界是两个圆周）。虽然很古老，但这却是应用得最广泛的一类性质，甚至于代数拓扑中的最基本概念"同伦"，都可以用映射空间中的连通性来理解。

相比起来紧致性是最抽象的一类性质了，用"只可意会不可言传"形容也不为过。我们知道一个定义在有界闭区间上的连续函数要比定义在 $\mathbb{E}^1$ 上的连续函数多满足很多良好的性质。$\mathbb{E}^1$ 的子集紧致的充分必要条件是它是有界闭集。实际上紧致空间就是有界闭区间的拓扑推广，在分析学中有着广泛的应用。

§2.1 可数公理

首先回忆一下集合可数的定义：可数是指可以和自然数集的一个子集建立一一对应，也即可以对其元素进行编号. 比如有限集、有理数集以及整数集都是可数的，而实数集不可数. 一个常用的性质是可数个可数集的并集可数 (想知道如何证明的读者可以参看上一章集合的基数和可数集那一节).

在拓扑学中针对一堆研究对象谈它们的可数性时，并不一定是指这些对象的全体可数，因为这个要求不是很容易达到. 很多时候可数性会被定义成：从这堆对象中可以选出可数多个代表来"刻画出"其他所有对象. 一个点的邻域基就是它的邻域里面选出来的"代表团"，第一章中最开始介绍的基准开邻域结构其实就是要对每个点找一个只有开邻域的邻域基，而拓扑基则是所有开集里面选出来的"代表团". 用邻域基和拓扑基可以各定义一种可数性，分别称为第一可数公理和第二可数公理.

和以后要讲的连通性和紧致性不同，直接检查可数性来证明两个空间不同胚的例子并不多见. 可数性对于一些数学技巧 (特别是数学归纳法) 是否能应用至关重要，所以点集拓扑学中有好几个著名定理，如果去掉可数性的前提条件就证明不出来了. 可数性被称为"可数公理"也正是因为这个原因.

定义 2.1.1 拓扑空间 X 中点 x 的一个 **邻域基** (neighborhood base 或 local base) 指由 x 的邻域构成的子集族 $\mathscr{N}_x$，使得 x 的任何邻域均包含 $\mathscr{N}_x$ 中的某个邻域.

例 1 设 $\mathscr{N}$ 是第一章定义的那种基准开邻域结构. 因为只有包含一个基准开邻域的子集才叫邻域，所以每个点 x 的所有基准开邻域构成的子集族 $\mathscr{N}(x)$ 是 x 的一个邻域基. □

命题 2.1.1 考虑映射 $f : X \to Y$，设 $f(x_0) = y_0$，并且 $\mathscr{N}_{y_0}$ 是 $y_0 \in Y$ 的一个邻域基，则 f 在 x_0 处连续的充分必要条件是任取 $V \in \mathscr{N}_{y_0}$, $f^{-1}(V)$ 是 x_0 的邻域. □

定义 2.1.2 如果点 x 的一个邻域基 $\mathscr{N}_x$ 只含可数多个成员，则称之为 x 的 **可数邻域基** (countable neighborhood base). 条件

(C_1) 每个点都拥有一个可数邻域基

称为 **第一可数公理** (first axiom of countability)，满足该条件的空间称为 **第一可数空间** (first-countable space).

例 2 度量拓扑空间都是第一可数空间，因为对每个点 x 来说，$\mathscr{N}_x = \{B_{\frac{1}{n+1}}(x) \mid n \in \mathbb{N}\}$ 就是它的一个可数邻域基. □

注意，是否满足可数公理与这个空间是否只含可数个点并没有什么关系. 从度量空间的例子不难看出，第一可数空间可以含有不可数多个点. 反过来只含可数多个点的空间也可以不满足第一可数公理，比如 Appert 构造的下述反例.

例 3 在自然数集 $\mathbb{N}$ 上取

$$\mathscr{N}(x) = \{U \subseteq \mathbb{N} \mid x \in U, \lim_{k \to \infty} \frac{|U|_k}{k} = 1\},$$

其中 $|U|_k$ 表示 U 中所含小于 k 的自然数的个数，则易验证 $\mathscr{N}$ 确实是 $\mathbb{N}$ 上的基准开邻域结构. 但是，$\mathscr{N}$ 生成的拓扑结构 τ 不满足第一可数公理.

证明 假设 τ 满足第一可数公理，则 $1 \in \mathbb{N}$ 就有一个可数邻域基 $\mathscr{B}_1 = \{V_1, V_2, \cdots\}$. 每个 V_i 要包含至少一个基准开邻域，因此一定是无限集，于是我们可以归纳地在每个 V_i 中取一个自然数 a_i，使得 $a_1 > 1$ 并且每个 $a_{i+1} > a_i + i$. 现在令 $U = \mathbb{N} \setminus \{a_1, a_2, \cdots\}$，则 $U \in \mathscr{N}(1)$ 是 1 的基准开邻域，但是却不能包含任何一个 V_i，这与 $\mathscr{B}_1$ 是邻域基的假设矛盾. 矛盾就说明 $(\mathbb{N}, \tau)$ 不是第一可数空间. □

当然了，很多实际应用中遇到的空间都满足第一可数公理 (比如度量空间). 当一个空间满足第一可数公理时，我们可以对每个点的邻域使用数学归纳法，从而得到一些漂亮的结果.

命题 2.1.2 若 x 有一个可数邻域基，则 x 有一个可数邻域基 $\{V_1, V_2, \cdots\}$，使得当 $m > n$ 时，总有 $V_m \subseteq V_n$.

证明 设 $\{U_1, U_2, \cdots\}$ 是 x 的一可数邻域基，令 $V_n = U_1 \cap \cdots \cap U_n$. 则当 $m > n$ 时就一定有 $V_m \subseteq V_n$. 任取 x 的邻域 U, 存在某个正整数 n 使得 $U_n \subseteq U$, 从而 $V_n \subseteq U_n \subseteq U$. 这说明 $\{V_1, V_2, \cdots\}$ 也是 x 的邻域基. □

第一可数空间的另一大特色是可以用序列极限来描述连续性. 抽象拓扑空间中的极限概念虽然是从数学分析中数列的极限推广而来的, 但却与之有着巨大的差异, 不能简单照搬以前的经验. 比如说, 一个序列的极限并不一定只有一个点, 并且连续性也无法用序列极限来刻画. 我们就不对极限作详细的讨论了, 只是简单地介绍一下其定义.

定义 2.1.3 设 $\{x_n\}$ 是一个点列, 若点 x 满足任取 x 的邻域 U, 存在自然数 N, 使得当 $n > N$ 时每个 x_n 都在 U 中, 则称 x 为点列 $\{x_n\}$ 的一个 **极限** (limit).

例 4 设 $x \in X$ 有可数邻域基, $A \subseteq X$, 则 x 是 A 的聚点当且仅当存在由 $A \setminus \{x\}$ 中的点构成的点列 $\{x_n\}$ 以 x 为极限.

证明 如果存在 $A \setminus \{x\}$ 中的点列 $\{x_n\}$ 以 x 为极限, 则 x 的任何邻域都要包含某个 $x_n \in A \setminus \{x\}$, 因此 x 是 A 的聚点.

反过来, 如果 x 是 A 的聚点, 取 x 的可数邻域基 $\{V_1, V_2, \cdots\}$ 使得当 $m > n$ 时总有 $V_m \subset V_n$, 然后在每个 $V_n \cap A$ 中取一点 $x_n \neq x$, 则点列 $\{x_n\}$ 以 x 为一个极限. □

例 5 设 $x \in X$ 有可数邻域基, 则映射 $f: X \to Y$ 在 x 点处连续的充分必要条件是: 任取以 x 为极限的点列 $\{x_n\}$, 点列 $\{f(x_n)\}$ 都以 $f(x)$ 为极限.

证明 如果 f 在 x 点处连续并且点列 $\{x_n\}$ 以 x 为极限, 则任取 $f(x)$ 的邻域 U, $f^{-1}(U)$ 是 x 的邻域, 因此存在自然数 N 使得 $n > N$ 时 $x_n \in f^{-1}(U)$, 从而 $f(x_n) \in U$. 这说明点列 $\{f(x_n)\}$ 以 $f(x)$ 为极限.

现在假设任取以 x 为极限的点列 $\{x_n\}$, 点列 $\{f(x_n)\}$ 都以 $f(x)$ 为极限, 我们来证明任取 $f(x)$ 的邻域 U, $f^{-1}(U)$ 是 x 的邻域. 取 x 的可数邻域基 $\{V_1, V_2, \cdots\}$ 使得当 $m > n$ 时总有 $V_m \subset V_n$. 假如 $f^{-1}(U)$ 不

是 x 的邻域，则每个 $V_n \not\subseteq f^{-1}(U)$，从而存在一点 $x_n \in V_n \setminus f^{-1}(U)$. 于是点列 $\{x_n\}$ 以 x 为极限，而点列 $\{f(x_n)\}$ 却完全落在 U 之外，从而不能以 $f(x)$ 为极限，与假设矛盾. 矛盾说明 $f^{-1}(U)$ 应该是 x 的邻域，即 f 连续. □

邻域基是一种挑出一部分邻域来"代表"所有邻域的机制，类似地，也有一种挑出一部分开集来"代表"所有开集的机制，称为拓扑基.

定义 2.1.4 设 $\mathscr{B}$ 是集合 X 的一个子集族，称子集族

$$\overline{\mathscr{B}} = \{U \subseteq X \mid U \text{ 是 } \mathscr{B} \text{ 中若干成员的并集}\}$$

为 $\mathscr{B}$ **生成** (generate) 的子集族. 若 $\overline{\mathscr{B}}$ 恰好是拓扑空间 (X, τ) 上的拓扑结构 τ，则称 $\mathscr{B}$ 为其 **拓扑基** (topological base).

例 6 设 $\mathscr{N}$ 是 X 上生成拓扑结构 τ 的一个基准开邻域结构，取 $\mathscr{B}$ 为把所有基准开邻域放在一起构成的集合族，即

$$\mathscr{B} = \bigcup_{x \in X} \mathscr{N}(x),$$

则 $\mathscr{B}$ 就是 τ 的一个拓扑基. 反过来，如果 $\mathscr{B}$ 是 τ 的一个拓扑基，把 $\mathscr{B}$ 中所有含 x 的元素 (开集) 当做 x 的基准开邻域，即取

$$\mathscr{N}(x) = \{U \in \mathscr{B} \mid x \in U\},$$

则 $\mathscr{N}$ 就是一个生成 τ 的基准开邻域结构. □

命题 2.1.3 设 $\mathscr{B}$ 是集合 X 的子集族，则 $\overline{\mathscr{B}}$ 是 X 上的拓扑结构的充分必要条件是：

(1) $\bigcup_{B \in \mathscr{B}} B = X$；

(2) 若 $B_1, B_2 \in \mathscr{B}$，则 $B_1 \cap B_2 \in \overline{\mathscr{B}}$.

此时，我们也把 $\mathscr{B}$ 称为集合 X (不带有任何拓扑结构) 的 **拓扑基** (topological base). □

定义 2.1.5 如果拓扑基 $\mathscr{B}$ 只含可数多个成员，则称之为 **可数拓扑基** (countable topological base). 条件

(C_2) 存在 (拓扑空间的而不是集合的) 可数拓扑基

称为 **第二可数公理** (second axiom of countability),满足该条件的空间称为 **第二可数空间** (second-countable space).

例 7 n 维欧氏空间 $\mathbb{E}^n$ 是第二可数空间:令
$$\mathscr{B} = \{B_{\frac{1}{k+1}}((x_1,\cdots,x_n)) \mid k \in \mathbb{N}, \text{每个 } x_i \in \mathbb{Q}\},$$
则它就是一个可数拓扑基. □

例 8 $\mathbb{R}$ 上的离散拓扑不满足第二可数公理. 对于它的任何拓扑基 $\mathscr{B}$ 来说,每个单点集 $\{x\}$ 因为是开集,所以必须包含 $\mathscr{B}$ 的一个成员. 但是单点集有不可数多个 (因为 $\mathbb{R}$ 不可数),因此 $\mathscr{B}$ 的成员也要有不可数多个. □

易验证第二可数空间一定是第一可数空间,但反过来不一定成立. 实际上离散拓扑是可以由度量诱导出来的,而度量空间一定是第一可数空间,因此 $\mathbb{R}$ 上的离散拓扑就是一个满足第一可数公理但不满足第二可数公理的例子.

第二可数公理是一个很好用的公理,对于分析学来说非常重要,但也是一个非常强的公理,你不能想当然地认为实际应用中遇到的空间都应当自然地满足它.

命题 2.1.4 第二可数空间可分.

证明 回忆一下,我们在第一章讲闭包的时候是这样定义可分的:X 可分是指存在一个可数稠密子集,即一个可数集 A 使得 $\overline{A} = X$. 设 $\mathscr{B} = \{U_1, U_2, \cdots\}$ 是 X 的一个可数拓扑基,在每个成员 U_n 中取一个点 x_n,并取 $A = \{x_1, x_2, \cdots\}$,则任何开集都要包含 A 中的某个点,这就说明 X 中的每个点都是 A 的闭包中的点,即 A 是一个可数稠密子集. □

命题 2.1.5 可分度量空间是第二可数空间.

证明 设 A 是 X 的一个可数稠密子集,取可数开集族
$$\mathscr{B} = \{B_{\frac{1}{n+1}}(a) \mid a \in A,\ n \in \mathbb{N}\},$$

我们来证明任何开集 U 都是这些特别挑选的球形邻域的并集.

任取 $x \in U$, 存在正整数 n, 使得 $B_{\frac{2}{n}}(x) \subseteq U$. 在 $B_{\frac{1}{n}}(x) \cap A$ 中取一点 a, 则 $x \in B_{\frac{1}{n}}(a) \subseteq U$, 而 $B_{\frac{1}{n}}(a) \in \mathscr{B}$. 由 x 的任意性可知, U 是若干个 $\mathscr{B}$ 中的球形邻域的并集. 这就说明 $\mathscr{B}$ 是可数拓扑基. □

习 题

1. (1) 证明第一可数空间的子空间是第一可数空间.
   (2) 证明两个第一可数空间的乘积是第一可数空间.
2. 考虑 $(\mathbb{R}, \tau_f)$, 其中 τ_f 表示余有限拓扑. 证明这个空间不满足第一可数公理.
3. (1) 证明第二可数空间的子空间是第二可数空间.
   (2) 证明两个第二可数空间的乘积是第二可数空间.
4. 设拓扑空间 X, Y 分别具有拓扑基 $\mathscr{B}_X, \mathscr{B}_Y$, 证明 $f: X \to Y$ 连续当且仅当任取 $V \in \mathscr{B}_Y$, $f^{-1}(V) \in \overline{\mathscr{B}_X}$.
5. 设 X 可分, $\mathscr{U}$ 是 X 的一族非空开子集, 并且任取 $U, V \in \mathscr{U}$, 如果 $U \neq V$ 则 $U \cap V = \varnothing$. 证明集合族 $\mathscr{U}$ 只能含有至多可数个开集.

§2.2 分 离 公 理

分离公理的原意是指是否可以用拓扑结构分离开空间中的两个原本不应该重叠的部分. 把"分离"翻译成"区分"也许更好一些. 按照对"不该重叠的两部分"的理解不同以及区分方法的不同, 有很多种不同判定方法和条件, 每一种条件被称为一种 **分离公理** (separation axiom).

在数学家意识到这些性质有共同之处, 值得放在一起研究之前, 每个数学家在需要某种形式的此类性质时, 都会根据自己的具体需要去写相关的条件, 于是赋予了这些分离公理各不相同的名字. 不过现在人们用 T 加数字下标来对它们统一命名. 字母 T 来自于德语的分离公理 "das Trennungsaxiom". 这些公理相互之间没有谁蕴涵谁的关系, 不过在假设单点集是闭集的前提下编号越大的公理要求越强. 有很多种分离公理, 但是我们只着重介绍最常用的 T_2 公理和 T_4 公理.

和可数公理一样,之所以称这些条件为"公理"而不是"性质",是因为很多数学家认为一个空间满足了某种形式的分离公理以后才值得去研究. 实际上在 Hausdorff 原版的拓扑结构定义中,除了我们在第一章开头定义基准开邻域时列出的那些公理外,就是多加了条分离公理的.

最简单的分离公理是用开集去区分两个点. 如果存在一个开集 U 只含有 x 和 y 中的一个点,则称 x 和 y **可拓扑区分** (topologically distinguishable). 条件"任意两点都可以拓扑区分"就是一种分离公理,通常称为 T_0 **公理** (T_0 axiom). 当然这个条件非常弱,虽然弱就意味着很多空间都自然地满足它,但是也有缺点,就是用起来很不方便: 当我们讲一个开集 U "区分"了 x 和 y 的时候,只看这句话甚至无法推断出 U 到底是包含 x 还是包含 y. 所以 Hausdorff 当初挑选的是下述分离公理,这是最重要的,也是实际应用中最常用的一种分离公理.

定义 2.2.1 条件"不同的点有不相交的开邻域",即

(T_2) 任取 $x \neq y \in X$, 存在开集 U, V 使得 $x \in U, y \in V, U \cap V = \varnothing$(参见图 2.1)

称为 T_2 **公理** (T_2 axiom). 满足 T_2 公理的空间称为 **Hausdorff 空间** (Hausdorff space).

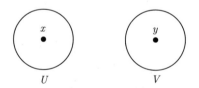

图 2.1 Hausdorff 性质

命题 2.2.1 Hausdorff 空间中的每个单点集 $\{x\}$ 都是闭集.

证明 任取 $y \neq x$, T_2 公理说明 y 必有邻域包含于 $\{x\}^c$, 这说明 $\{x\}^c$ 是开集,从而 $\{x\}$ 是闭集. □

例 1 度量空间都是 Hausdorff 空间. 因为任取 $x \neq y$, 令 $\varepsilon = \frac{1}{2}d(x, y)$, 则 $B_\varepsilon(x)$ 和 $B_\varepsilon(y)$ 就是不相交的开邻域. □

流形是一类拓扑学家非常感兴趣的拓扑空间,流形大概的意思就是在每个点附近很小的一个区域内看,只要取一个合适的坐标系,就可以当作标准欧氏空间中的标准区域.然而这样一个看上去很直观的东西,却需要用 T_2 公理加以规范化.

定义 2.2.2 若 Hausdorff 空间 X 的每个点都有一个邻域同胚于 $\mathbb{E}^n$ 的开子集,则称 X 为一个 (不带边界的)**流形** (manifold), n 称为这个流形的 **维数** (dimension).

为什么一定要加上 T_2 公理的要求呢?这是为了排除一些非常奇怪的我们不希望发生的现象.让我们来看一个具体的例子.

例 2 考虑两条直线的并集 $\mathbb{E}^1 \times \{0, 1\}$,在其上定义一个等价关系 $\sim$,使得等价类的分法为

$$\{\{(0,0)\}\} \cup \{\{(0,1)\}\} \cup \{\{(x,0),(x,1)\} \mid x \in \mathbb{R} \setminus \{0\}\}.$$

记商空间为 $X = \mathbb{E}^1 \times \{0,1\}/\sim$ (也就是说,除了 $(0,0)$ 和 $(0,1)$ 以外,其他每对 $(x,0)$ 和 $(x,1)$ 都要粘合起来,参见图 2.2).则 X 的每个点都有一个同胚于 $\mathbb{E}^1$ 中的开子集的邻域,即便是 $\langle(0,0)\rangle$ 和 $\langle(0,1)\rangle$ 这两个看上去很别扭的点也不例外.当然,这两个点的任意邻域都必定相交,因此 X 不是 Hausdorff 空间. □

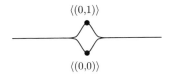

图 2.2 局部同胚于 $\mathbb{E}^1$ 的空间

回忆我们在上一节讲过序列极限的概念,而且提到拓扑空间中的极限一般不具有唯一性. Hausdorff 空间的一个明显优点就是极限唯一,因为如果两个点 x, y 有不相交的开邻域,并且其中一个开邻域包含序列 $\{x_n\}$ 从某一个编号开始往后的所有 x_n,则另一个开邻域就不可能再包含它们.

例 3 Hausdorff 空间中收敛点列的极限唯一. □

与 T_2 公理类似的另一个性质是 T_4 公理,但是 T_4 公理要用拓扑信息区分的对象不是点,而是不相交的闭集.

定义 2.2.3 条件"不相交的闭集有不相交的开邻域",即

(T_4) 任取闭集 A, B 使得 $A \cap B = \varnothing$,存在开集 U, V 使得 $A \subseteq U$,$B \subseteq V$ 并且 $U \cap V = \varnothing$

称为 T_4 **公理** (T_4 axiom). 满足 T_4 公理的空间称为 **正规空间** (normal space). 既满足 T_2 公理又满足 T_4 公理的空间称为 **正规 Hausdorff 空间** (normal Hausdorff space).

注意,关于正规这个术语的应用有一点小小的混乱,因为在实际应用中我们需要的往往是正规 Hausdorff 空间而不是只满足 T_4 公理的空间,所以也有很多拓扑文献喜欢把同时满足 T_2 公理和 T_4 公理的空间简称为正规空间,甚至是把我们这里的 T_2 公理和 T_4 公理的条件合在一起,称为 T_4 公理.

前面提到过,其实有一族被称为分离公理并以 T_λ 命名的性质 (常用的几个性质参见图 2.3). 比如说,"任意闭集及其外一点有不相交的邻域"就被命名为 T_3 **公理** (T_3 axiom), 满足 T_3 公理的空间称为 **正则空间** (regular space). 一般来说这些 T_λ 公理相互之间没有直接的蕴涵关系,因为它们要去分离的是完全不同类型的对象. 但是下标 λ 大的 T_λ 公理加上单点集是闭集的条件往往能推出下标小的那些. 单点集是闭集这个条件也是分离公理之一,称为 T_1 **公理** (T_1 axiom).

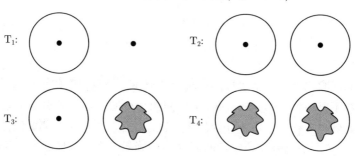

图 2.3 几种常见的分离公理

例 4 如果已知一个空间 X 中的每个单点集都是闭集,则对于 X 来说,T_4 公理蕴涵 T_2 公理. 也就是说,单点集是闭集的正规空间就是正规 Hausdorff 空间. □

有趣的是 Lindelöf 证明了在第二可数空间中 T_3 公理蕴涵了 T_4 公理,所以满足 T_3 公理但是不满足 T_4 公理的空间相当不容易找. 一个著名的例子是 Sorgenfrey 平面. 我们在最初定义拓扑结构的概念时介绍过 Sorgenfrey 直线 $\mathbb{R}_s$,可以证明 $\mathbb{R}_s$ 是正规 Hausdorff 空间,而 $\mathbb{R}_s \times \mathbb{R}_s$ 是正则 Hausdorff 空间,但却不正规. 这个例子同时还说明了两个正规 Hausdorff 空间的乘积不一定正规. 作为对比,习题中有一道题是说,两个 Hausdorff 空间的乘积是 Hausdorff 空间. 不过这个例子的具体证明比较麻烦,我们就不在这里介绍了.

命题 2.2.2 度量空间是正规 Hausdorff 空间.

证明 前面已经证明过度量空间满足 T_2 公理,现在来证明它满足 T_4 公理. 首先回忆一下,我们曾经定义过一个刻画"从 x 到子集 C 的距离"的函数
$$f_C : X \to \mathbb{E}^1, \quad x \mapsto \inf\{d(x,c) | c \in C\},$$
并且证明了这个函数的连续性 (在讲连续映射那一节的习题中). 我们还证明了当 C 是闭集时,$f_C(x) = 0$ 当且仅当 $x \in C$ (在讲闭集那一节的习题中). 注意,即使 C 是闭集,下确界也并不一定能在某个特定的 c 处取到,因此不能写成 $\min$.

任取两个不相交的闭集 $A, B \subseteq X$,因为 $f_A(x)$ 和 $f_B(x)$ 永远不可能同时等于零,也就是说 $f_A(x) + f_B(x)$ 永远不等于零,所以可以定义
$$h(x) = \frac{f_A(x)}{f_A(x) + f_B(x)},$$
并且 h 也是从 X 到 $\mathbb{E}^1$ 的连续函数. $h(A) = \{0\}$, $h(B) = \{1\}$. 因此 $U = h^{-1}\left(\left(-\infty, \frac{1}{2}\right)\right)$,和 $V = h^{-1}\left(\left(\frac{1}{2}, \infty\right)\right)$ 就是 A 和 B 的不相交的开邻域. □

上一节讲过,从第二可数公理出发可以推导出一些非常强的结果,

其中之一就是著名的 Urysohn (Урысóн) 度量化定理.

定义 2.2.4 如果在拓扑空间 (X,τ) 上可以定义度量 d, 使得它诱导的度量拓扑 $\tau_d = \tau$, 则称 (X,τ) **可度量化** (metrizable).

例 5 度量空间的子空间均可度量化. 设 X 可以嵌入一个度量空间, 即同胚于一个度量空间的子空间, 则 X 也可度量化.

另一方面, $\mathbb{R}$ 上的平凡拓扑 $\{\varnothing, \mathbb{R}\}$ 不可度量化, 因为它不是 Hausdorff 空间, 而度量拓扑空间都是 Hausdorff 空间. □

Urysohn 度量化定理 (Urysohn metrization theorem) 一个第二可数空间可以度量化当且仅当它是正规 Hausdorff 空间.

这是点集拓扑中的一个经典研究成果. 这个定理的证明非常复杂精巧, 实际应用中也没有很多可以模仿着去做的机会. 但是它的结论太漂亮了, 每个学习点集拓扑的人都应当记住.

习 题

1. (1) 证明 Hausdorff 空间的子空间是 Hausdorff 空间.
   (2) 证明两个 Hausdorff 空间的乘积也是 Hausdorff 空间.
2. 设 X 是一个 Hausdorff 空间, $f: X \to X$ 连续, 证明
$$\text{Fix } f = \{x \in X \mid f(x) = x\}$$
是 X 的闭子集.
3. 证明一个空间 X 是 Hausdorff 空间当且仅当对角线
$$\Delta = \{(x_1, x_2) \in X \times X \mid x_1 = x_2\}$$
是 $X \times X$ 的闭子集.
4. 证明 X 正规的充分必要条件是任取闭集 A 及 A 的开邻域 U, 存在 A 的开邻域 V 使得 $\overline{V} \subseteq U$.
5. 设 X 正规, 证明任取两个不相交的闭集 A, B, 存在 A 的邻域 U 及 B 的邻域 V, 使得 $\overline{U} \cap \overline{V} = \varnothing$.
6. 证明正规空间的闭子空间正规 (注意: 一般来说正规空间的子空间不一定正规).

*§2.3 Urysohn 度量化定理

度量空间是欧氏空间最直接的推广，度量拓扑也是很常用的一类拓扑结构，历史上"空间"的概念也是首先被 Fréchet 从欧氏空间推广到度量空间，然后才被 Riesz 和 Hausdorff 推广到更一般的拓扑空间的. 本节我们将讨论一个比较深奥的问题，这个问题也许在简单的拓扑应用中用不到，但是却具有重要的理论意义，也是点集拓扑早期发展过程中的一个核心课题，这就是度量化问题，即一个拓扑结构是不是可以用度量来定义的问题.

度量化问题的第一个实质意义上的突破就是 Urysohn 度量化定理，这个定理里面除了第二可数公理这个技术上必须的工具外，其他条件都显得非常自然. 当然度量空间一定是满足第一可数公理的，所以可度量化的充分必要条件里也需要某种形式的，强弱程度介于这两种可数公理之间的"可数性". Urysohn (Урысóн) 是一个非常杰出的拓扑学家，如果不是英年早逝 (他在一次去法国旅游的时候意外溺水身亡，死时年仅 26 岁)，也许他本人就能找到这个充分必要条件. 在他去世几十年后三位数学家 Bing, Nagata (長田潤一) 以及 Smirnov (Смирнов) 才各自独立地找到了一般拓扑空间可度量化的充分必要条件.

Urysohn 度量化定理的证明非常精巧，是把第二可数的正规 Hausdorff 空间嵌入一个特别的度量空间中去，这个度量空间由平方和收敛的无穷数列构成，称为 Hilbert 空间. 显然嵌入映射的每个分量都应当是一个连续函数，所以构造嵌入其实也就是构造一个平方和收敛的无穷函数序列.

为了能够构造这些函数，让我们首先来证明一个引理. 这个引理告诉我们，T_4 公理中可以用连续函数替代邻域或开集来区分对象. 实际上, 在上一节中证明度量空间是正规 Hausdorff 空间的时候，我们就是用连续函数作为分离方法的.

Urysohn 引理 (Urysohn lemma) X 满足 T_4 公理的充分必要条件是: 任取不相交闭子集 A, B, 存在连续映射 $f : X \to [0, 1]$ 满足

$f|_A \equiv 0, f|_B \equiv 1.$

证明 这个条件的充分性是比较容易验证的：如果这样的连续映射存在，取 $U = f^{-1}\left([0, \frac{1}{2})\right)$, $V = f^{-1}\left((\frac{1}{2}, 1]\right)$，则 U, V 都是开集，$A \subseteq U$, $B \subseteq V$，并且 $U \cap V = \varnothing$.

反过来假设 T_4 公理成立，任取不相交的闭子集 A, B，如何构造这个连续函数呢？在地理学里是用等高线来标示地形的，要想估计一个位置的大致海拔高度，就去看地图上和这个位置挨得最近的等高线上标的数字就行了，等高线越细密，估计出来的数值越精确. 构造连续函数 f 的方法也是把它当做一个"高度"，然后"画出"足够密集的等高线（参见图 2.4). 因为 X 是抽象的拓扑空间，所以我们在"画出"上打了引号，实际上只是对每个高度 q 定义了所有高度小于 q 的点构成的集合 U_q.

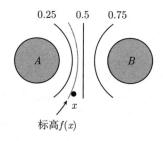

图 2.4 等高线

首先对 $Q = \mathbb{Q} \cap (0,1)$ 中所有的有理数编号，设 $Q = \{q_0, q_1, \cdots\}$，归纳地构造一族开集 U_{q_i}，使得它们满足：

(1) 任取 $i \in \mathbb{N}$, $A \subseteq U_{q_i}$, $\overline{U_{q_i}} \subseteq B^c$;
(2) 任取 $i, j \in \mathbb{N}$，如果 $q_i < q_j$，则 $\overline{U_{q_i}} \subseteq U_{q_j}$.

构造方法如下：首先由 T_4 公理可知 A 和 B 有不相交的开邻域，把其中 A 的那个开邻域记为 U_0. 然后对每个正整数 i，如果 $q_0, \cdots, q_{i-1}$ 中不含任何比 q_i 小的数，则取 $A_i = A$；否则设其中比 q_i 小的最大的一个数为 q_j，取 $A_i = \overline{U_{q_j}}$；类似地，如果 $q_0, \cdots, q_{i-1}$ 中不含任何比 q_i

大的数, 则取 $B_i = B$, 否则设其中比 q_i 大的最小的一个数为 q_j, 则取 $B_i = U_{q_j}^c$. 由 T_4 公理可知 A_i 和 B_i 也有不相交的开邻域, 把其中 A_i 的那个开邻域记为 U_{q_i}. 这样归纳定义的 U_{q_i} 就满足上述两条要求.

现在利用这些可以代替等高线的作用的集合 (或者说 "限高区域") 定义 $f: X \to [0,1]$ 如下:

$$f(x) = \sup(\{q \in Q \mid x \notin U_q\} \cup \{0\})$$

(添加一个 0 是为了避免发生对空集取上确界的操作).

显然, 如果 $q > f(x)$, 则 $x \in U_q$. 也就是说, 如果 $x \notin U_q$, 则 $f(x) \geq q$, 即

$$U_q^c \subseteq f^{-1}([q,1]).$$

而另一方面, 如果 $q < f(x)$, 则存在 $q' > q$ 使得 $x \notin U_{q'} \supseteq \overline{U_q}$. 也就是说, 如果 $x \in \overline{U_q}$, 则 $f(x) \leq q$, 即

$$\overline{U_q} \subseteq f^{-1}([0,q]).$$

让我们由此证明 f 连续.

任取 $x \in X$ 及 $f(x)$ 的邻域 V, 此时有三种情形:

(1) 若 $f(x) \in (0,1)$, 则存在 $a, b \in Q$ 使得 $a < f(x) < b$ 并且 $[a,b] \subseteq V$, 因此,

$$x \in (\overline{U_a})^c \cap U_b \subseteq f^{-1}([a,1]) \cap f^{-1}([0,b]) = f^{-1}([a,b]) \subseteq f^{-1}(V);$$

(2) 若 $f(x) = 0$, 则存在 $b \in Q$ 使得 $[0,b] \subseteq V$, 因此,

$$x \in U_b \subseteq f^{-1}([0,b]) \subseteq f^{-1}(V);$$

(3) 若 $f(x) = 1$, 则存在 $a \in Q$ 使得 $[a,1] \subseteq V$, 因此,

$$x \in (\overline{U_a})^c \subseteq f^{-1}([a,1]) \subseteq f^{-1}(V).$$

不论是哪种情形, x 都是 $f^{-1}(V)$ 的内点, 这说明邻域的原像总是邻域, 故 f 连续.

显然，$f|_A \equiv 0$, $f|_B \equiv 1$，因此 f 即所求函数. □

在数学中引理往往是指除了用来证明特定的大定理外没什么别的用途的技术细节，但是 Urysohn 引理是个例外，就算把它的结论标为"定理"也不过分，因为它为分离公理这个系列提供了一个全新的思路，即用连续函数代替开集去完成区分. 除了后面要讲的 Urysohn 度量化定理外，Urysohn 引理还有一个著名的应用，称为 Tietze 扩张定理.

Tietze 扩张定理 (Tietze extension theorem) 设 X 满足 T_4 公理，而 A 是 X 的闭子集. 则任取连续函数 $f : A \to [0,1]$，存在连续函数 $g : X \to [0,1]$，使得 $f = g|_A$.

证明 我们将利用 Urysohn 引理构造一个序列 $u_n : X \to [0,1]$，使得级数 $\sum_{n=1}^{\infty} \dfrac{2^{n-1}}{3^n} u_n(x)$ 单调递增地一致收敛到一个函数 $g : X \to [0,1]$，并且满足 $g|_A = f$.

记 $a_n = \dfrac{2^{n-1}}{3^n}$, $\varepsilon_n = \dfrac{2^n}{3^n}$. 首先来归纳地构造一个连续函数序列 $u_n : X \to [0,1]$，使得任取正整数 n 以及 $x \in A$，

$$0 \leq f(x) - (a_1 u_1(x) + \cdots + a_n u_n(x)) \leq \varepsilon_n.$$

假设 $u_1, \cdots, u_n : X \to [0,1]$ 都已经取好，记 $g_n = a_1 u_1 + \cdots + a_n u_n$，记 $r_n = f - g_n|_A$，并取

$$C_n = r_n^{-1}([0, \tfrac{1}{3}\varepsilon_n]), \quad D_n = r_n^{-1}([\tfrac{2}{3}\varepsilon_n, \varepsilon_n]).$$

则 C_n 和 D_n 是 A 的两个不相交的闭子集，因为 A 闭，所以它们也是 X 的不相交的闭子集. 因此，如图 2.5 所示，存在连续函数 $u_{n+1} : X \to [0,1]$，使得 $u_{n+1}|_{C_n} \equiv 0$, $u_{n+1}|_{D_n} \equiv 1$，并且任取 $x \in A$，$0 \leq r_n(x) - \dfrac{1}{3}\varepsilon_n u_{n+1}(x) \leq \dfrac{2}{3}\varepsilon_n$，也即

$$0 \leq f(x) - (a_1 u_1(x) - \cdots - a_{n+1} u_{n+1}(x)) \leq \varepsilon_{n+1}.$$

注意到，级数 $\sum_{n=1}^{\infty} a_n = 1$，因此任取 $x \in X$，级数 $\sum_{n=1}^{\infty} a_n u_n(x)$ 收敛到

$[0,1]$ 之中的一个实数 $g(x)$. 这样就定义了一个函数 $g: X \to [0,1]$, 并且显然 $g|_A = f$.

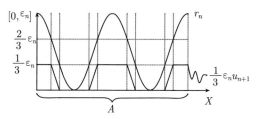

图 2.5 g_n 的构造

最后我们来证明 g 连续, 只需证明任取 $x \in X, \varepsilon > 0, g^{-1}(B_\varepsilon(g(x)))$ 包含一个含 x 的开集, 也即存在含 x 的开集 U, 使得任取 $y \in U$, $|g(y) - g(x)| < \varepsilon$. 取一个正整数 n 使得 $\sum_{i=n+1}^{\infty} a_i < \frac{\varepsilon}{4}$, 然后令

$$U = \bigcap_{i=1}^{n} u_i^{-1}(B_{\frac{\varepsilon}{2na_i}}(u_i(x))).$$

则 U 是一个含 x 的开集, 并且任取 $y \in U$,

$$|g(y) - g(x)| \leq \sum_{i=1}^{n} a_i |u_i(y) - u_i(x)| + 2 \sum_{i=n+1}^{\infty} a_i$$
$$< \sum_{i=1}^{n} \frac{\varepsilon}{2n} + \frac{\varepsilon}{2} = \varepsilon.$$

这就说明 g 确实连续. □

推论 2.3.1 设 X 满足 T_4 公理, 而 A 是 X 的闭子集. 则任取连续函数 $f: A \to \mathbb{E}^1$, 存在连续函数 $g: X \to \mathbb{E}^1$, 使得 $g|_A = f$.

证明 取一个同胚 $h: \mathbb{E}^1 \to (0,1)$, 则存在连续函数 $g_1: X \to [0,1]$, 使得 $g_1|_A = h \circ f$. 因为 A 和 $g_1^{-1}(\{0,1\})$ 都是 X 的闭子集, 由 Urysohn 引理, 存在连续函数 $g_2: X \to [0,1]$, 使得 $g_2|_A \equiv 1, g_2|_{g_1^{-1}(\{0,1\})} \equiv 0$. 于是可以用 g_2 把 g_1 取值为 0 或 1 的那些位置都"消灭掉", 即定义连续函数

$$g_3: X \to (0,1), \quad x \mapsto g_2(x)\left(g_1(x) - \frac{1}{2}\right) + \frac{1}{2},$$

并且 $g_3|_A = h \circ f$. 最后令 $g = h^{-1} \circ g_3$, 则 $g|_A = f$. □

现在我们回来证明 Urysohn 度量化定理,证明的关键思想是把拓扑空间嵌入一个特殊的度量空间 $\mathbb{E}^\omega$,而这个嵌入则是通过一个由 Urysohn 引理构造的分离函数序列来定义的。

定义 2.3.1 令 $\mathbb{R}^\omega = \{\{x_n\}_{n=1}^\infty \mid$ 每个 $x_n \in \mathbb{R}, \sum_{n=1}^\infty x_n^2 < \infty\}$. 在 $\mathbb{R}^\omega$ 上可以定义一个度量

$$d(\{x_n\}, \{y_n\}) = \sqrt{\sum_{n=1}^\infty (x_n - y_n)^2},$$

这样得到的度量空间称为 **Hilbert 空间** (Hilbert space), 记为 $\mathscr{H}$.

对度量应当满足的三条公理 (特别是三角不等式) 的验证属于数学分析的基本功,因此我们就省略了,有兴趣的读者可以自己补上。

Urysohn 度量化定理 (Urysohn metrization theorem) 一个第二可数空间可以度量化当且仅当它是正规 Hausdorff 空间。

证明 在分离公理那节我们证明过度量空间一定是正规 Hausdorff 空间,下面我们来证明:如果一个正规 Hausdorff 空间 X 满足第二可数公理,则它一定可以嵌入 Hilbert 空间 $\mathscr{H}$, 从而也就一定可度量化。

首先在 X 上取一个可数拓扑基 $\mathscr{B}$. 任取 $x \neq y$, 它们有不相交的开邻域 U_1, V_1. 取 $B \in \mathscr{B}$ 使得 $x \in B \subseteq U_1$. $\{x\}$ 和 B^c 是不相交的闭子集,因此也有不相交的开邻域 U_2, V_2. 取 $A \in \mathscr{B}$ 使得 $x \in U \subseteq U_2$. 于是任取 $x \neq y$, 都可以这样找到 $A, B \in \mathscr{B}$ 使得 $\overline{A} \subseteq B$, 并且 $x \in \overline{A}$, $y \in B^c$.

若 $A, B \in \mathscr{B}$ 并且 $\overline{A} \subseteq B$, 我们称 (A, B) 为一对**典型对** (canonical pair). 上一小段的意思就是说:任意两点都可以用典型对加以区分。因为 $\mathscr{B}$ 是可数拓扑基,所以所有典型对构成的集合作为 $\mathscr{B} \times \mathscr{B}$ 的子集也是可数集,也就是说,可以给所有的典型对编号为 $(A_1, B_1), (A_2, B_2), \cdots$.

对于每对典型对 (A_n, B_n), $\overline{A_n}$ 和 B_n^c 是不相交的闭集,因此由

Urysohn 引理可知存在一个连续映射 $f_n : X \to [0,1]$, 使得 $f_n|_{\overline{A_n}} \equiv 0$, $f_n|_{B_n^c} \equiv 1$. 任取 $x \neq y$, 至少有一对典型对 (A_n, B_n) 满足 $x \in \overline{A_n}$, $y \in B_n^c$, 相应的 f_n 在 x 和 y 处的取值就不可能一样. 因此定义

$$f : X \to \mathscr{H}, \quad x \mapsto \left(f_1(x), \frac{f_2(x)}{2}, \cdots, \frac{f_n(x)}{n}, \cdots\right),$$

则 f 是一个单射.

首先来证明任取 $f(x)$ 的球形邻域 $V = B_\varepsilon(f(x))$, $f^{-1}(V)$ 一定是 x 的邻域. 实际上存在正整数 N 使得 $\sum_{n=N+1}^{\infty} \frac{1}{n^2} < \frac{\varepsilon^2}{2}$, 于是令 $\delta = \frac{\varepsilon}{\sqrt{2N}}$, 并取 $U = f_1^{-1}(B_\delta(x)) \cap \cdots \cap f_N^{-1}(B_\delta(x))$, 则当 $y \in U$ 时,

$$d(f(x), f(y)) < \sqrt{\sum_{n=1}^{N} (f_n(x) - f_n(y))^2 + \frac{\varepsilon^2}{2}}$$
$$\leq \sqrt{N\delta^2 + \varepsilon^2/2} = \varepsilon.$$

这说明 $U \subseteq f^{-1}(V)$, 即 $f^{-1}(V)$ 是 x 的邻域. 因此, f 连续.

再来证明任取 x 的邻域 U, $f(U)$ 是 $f(x)$ 在 $f(X)$ 中的邻域. 因为已经证明了 f 是单射, 所以这个命题等价于说存在 $\varepsilon > 0$, 使得 $d(f(x), f(y)) < \varepsilon$ 蕴涵 $y \in U$, 也等价于下述命题:

(†) 存在 $\varepsilon > 0$, 使得 $y \notin U$ 蕴涵 $d(f(x), f(y)) \geq \varepsilon$.

现在让我们来证明命题 (†) 成立.

$\{x\}$ 和 $\overline{U^c}$ 是不相交的闭集, 它们有不相交的开邻域 W_1, W_2, 取一个 $B \in \mathscr{B}$ 使得 $x \in B \subseteq W_1$. $\{x\}$ 和 B^c 也是不相交的闭集, 存在不相交的开邻域 W_3, W_4, 再取一个 $A \in \mathscr{B}$ 使得 $x \in A \subseteq W_3$. 则 (A, B) 就是一个典型对. 不妨设它是前面讨论中列出的那些典型对中编号为 n 的那对, 则相应的 f_n 满足 $f_n|_{\overline{A}} \equiv 0$, $f_n|_{B^c} \equiv 1$. 但是 $x \in A$, $\overline{U^c} \subseteq B^c$, 因此 $f_n(x) = 0$, $f_n|_{\overline{U^c}} \equiv 1$. 特别地, 这说明任取 $y \notin U$,

$$d(f(x), f(y)) \geq \frac{|f_n(x) - f_n(y)|}{n} = \frac{1}{n},$$

即命题 (†) 成立.

综上所述，f 是嵌入。 □

我们前面提到与正规类似的还有一个正则的概念，是指任取一点及不含该点的一个闭集，它们一定有不相交的邻域。正规 Hausdorff 条件比正则 Hausdorff 条件稍微强一些，但是 Lindelöf 证明了对于第二可数空间来说，这两个条件是等价的。

定理 2.3.1 满足第二可数公理的正则空间一定是正规空间。

证明 设 X 是一个满足第二可数公理的正则空间，$\mathscr{B}$ 是它的一个可数拓扑基。任取 X 中的两个不相交的闭子集 A, B。让我们来构造它们的不相交的邻域。

对于每个点 $x \in A$，存在 x 和 B 的不相交的开邻域。在 x 的那个开邻域内取一个更小的邻域 U_x，使得 $U_x \in \mathscr{B}$。注意 $\overline{U_x} \cap B = \varnothing$。集合族 $\mathscr{U} = \{U_x \mid x \in A\}$ 是 $\mathscr{B}$ 的一个子族，因此也是可数子集族。同理我们也可以交换 A 和 B 的地位，相应地构造另外一个可数子集族 $\mathscr{V}$。总而言之，我们得到了两个可数开子集族 $\mathscr{U} = \{U_1, U_2, \cdots\}$，$\mathscr{V} = \{V_1, V_2, \cdots\}$，使得每个 $\overline{U_n} \cap B = \varnothing$，每个 $\overline{V_n} \cap A = \varnothing$，并且

$$\cup \mathscr{U} \supseteq A, \quad \cup \mathscr{V} \supseteq B.$$

现在令 $U'_n = U_n \setminus (\overline{V_1} \cup \cdots \cup \overline{V_{n-1}})$，注意到从 U_n 中去掉的点都不在 A 内，因此开子集族 $\mathscr{U}' = \{U'_1, U'_2, \cdots\}$ 也满足 $\cup \mathscr{U}' \supseteq A$。同理令 $V'_n = V_n \setminus (\overline{U_1} \cup \cdots \cup \overline{U_{n-1}})$，则开子集族 $\mathscr{V}' = \{V'_1, V'_2, \cdots\}$ 也满足 $\cup \mathscr{V}' \supseteq B$。

最后，我们看到 $(\cup \mathscr{U}') \cap (\cup \mathscr{V}') = \varnothing$，因此它们就是 A 和 B 的不相交的邻域。 □

我们在此处提起这个结论是因为，数学家叙述定理的时候总是喜欢在达到同样目的的前提下使用看上去最弱最宽松的条件，因此 Urysohn 度量化定理的一种更常见的表述形式是：

Urysohn 度量化定理 (Urysohn metrization theorem) 一个第二可数空间可度量化当且仅当它是正则 Hausdorff 空间。

在 Urysohn 度量化定理的证明过程中，典型对只有可数多个这件事

非常重要，但是却不是不能放宽的. Nagata 和 Smirnov 发现，可以把可数改成一个更弱一点的条件，而这个新的条件恰好就是正则 Hausdorff 空间可度量化的充分必要条件.

定义 2.3.2 如果拓扑空间 X 的子集族 $\mathscr{A}$ 满足任取 $x \in X$，存在 x 的一个邻域只与 $\mathscr{A}$ 中的有限多个元素 (都是 X 的子集) 相交非空，则称 $\mathscr{A}$ 为一个 **局部有限** (locally finite) 的子集族. 如果子集族 $\mathscr{B} = \bigcup_{n=1}^{\infty} \mathscr{A}_n$，并且每个 $\mathscr{A}_n$ 局部有限，则称 $\mathscr{B}$ 为一个 σ- **局部有限** (σ-locally finite 或 countably locally finite) 的子集族.

Nagata-Smirnov 度量化定理 (Nagata-Smirnov metrization theorem) 一个拓扑空间 X 可度量化当且仅当它同时满足下述两条要求：

(1) X 是正则 Hausdorff 空间；

(2) X 有一个 σ- 局部有限的拓扑基.

因为本书篇幅所限，这个定理我们就不证明了. 值得一提的是另外有一个与此类似的条件是 Bing 发现的，称为 σ- 局部离散. 如果拓扑空间 X 的子集族 $\mathscr{A}$ 满足任取 $x \in X$，存在 x 的一个邻域只与 $\mathscr{A}$ 中的至多一个元素相交非空，则称 $\mathscr{A}$ 为一个 **局部离散** (locally discrete) 的子集族. 如果子集族 $\mathscr{B} = \bigcup_{n=1}^{\infty} \mathscr{A}_n$，并且每个 $\mathscr{A}_n$ 局部离散，则称 $\mathscr{B}$ 为一个 σ- **局部离散** (σ-locally discrete 或 countably locally discrete) 的子集族. **Bing 度量化定理** (Bing metrization theorem) 指出，正则 Hausdorff 加上 σ- 局部离散也是可度量化的充分必要条件. 不过人们通常把 Bing 的结论与 Nagata 及 Smirnov 的结论合在一起，总称为 **Bing-Nagata-Smirnov 度量化定理** (Bing-Nagata-Smirnov metrization theorem).

例 1 我们知道 $\mathbb{R}$ 上的离散拓扑 $\tau = 2^{\mathbb{R}}$ 可度量化并且不满足第二可数公理. 令 $\mathscr{A} = \{\{x\} \mid x \in \mathbb{R}\}$，则 $\mathscr{A}$ 是 τ 的一个拓扑基. 任取 $x \in \mathbb{R}$，则 $\{x\}$ 是 x 在离散拓扑中的一个邻域，而这个邻域只与 $\mathscr{A}$ 中的一个元素 (也就是 $\{x\}$ 自己) 相交非空. 因此 $\mathscr{A}$ 是局部有限的，并且也是局部离散的. □

§2.4 连 通 性

相比于前面介绍的可数性和分离性来说，连通性要直观得多. 实际上，可数性和分离性更像是拓扑结构应该满足的某种"规范化条件"，而连通性才是我们学习到的第一种与直观几何形状有关的"性质".

以圆锥曲线为例，我们看到椭圆和抛物线都只有一条曲线，而双曲线则是由两条完全分离开的曲线组成的. 再看平环和 Möbius 带，虽然我们还没有严格地定义过曲面的边界是什么，但是你应该不难相信平环的边界是两条完全分离开的闭曲线，而 Möbius 带的边界则只有一条闭曲线.

将这种直观认识用拓扑语言表达出来就是连通性：不连通就是能完全分离成两个部分，否则就是连通. 通常想说明一个空间不连通会比较容易些，直接解释如何拆分就行了. 但是想说明一个空间连通就要麻烦得多，解决这个问题的一个办法是引入另一种稍微强一些的拓扑性质，称为道路连通性，即把"不能拆分"解释成"任意两点都被一条道路连接在一起". 连通性和道路连通性都是很直观也很常用的拓扑性质.

定义 2.4.1 如果一个非空集的空间 X 不能分解为两个非空不相交开子集的并集，则称 X **连通** (connected). X 的子集 A 如果取子空间拓扑后连通，则称 A 为 X 的 **连通子集** (connected subset).

例 1 $\mathbb{E}^1$ 连通.

证明 假设 $\mathbb{E}^1 = A \cup B$, 并且 A, B 是不相交的非空开集. 取 $a \in A, b \in B$, 不妨设 $a < b$, 令
$$c = \sup\{x \in A \mid x < b\},$$
如果 $c \in A$, 则存在 $\varepsilon > 0$ 使得 $(c-\varepsilon, c+\varepsilon) \subseteq A$. 而如果 $c \in B$, 则存在 $\varepsilon > 0$, 使得 $(c-\varepsilon, c+\varepsilon) \cap A = \varnothing$. 这两种情形都与 c 是上确界的要求相矛盾. 因此最初的假设错误，即 $\mathbb{E}^1$ 连通. □

我们知道开集的余集被称为闭集，因此也可以用闭集而不是开集来

判别连通性，相应地有下述几种不同形式的等价条件:

命题 2.4.1 下述四个条件相互等价:

(1) X 连通，即它不能分解为两个非空不相交开子集的并集;

(2) X 不能分解为两个非空不相交闭子集的并集;

(3) X 不含既开又闭的非空真子集;

(4) X 的既开又闭的子集只有 $\varnothing$ 及 X 自身. □

易验证连通性是拓扑性质，即如果 $X \cong Y$, 则 X 连通当且仅当 Y 连通. 在对一些简单的几何形状进行拓扑区分的时候，连通性是一个非常有力的工具.

例 2 圆周 $S^1 \subseteq \mathbb{E}^2$ 和直线 $\mathbb{E}^1$ 不同胚.

证明 假设存在同胚 $f: S^1 \to \mathbb{E}^1$, 记 $x = (1, 0) \in S^1$, 设 $f(x) = y$, 则 f 诱导 $S^1 \setminus \{x\}$ 到 $\mathbb{E}^1 \setminus \{y\}$ 的同胚. $S^1 \setminus \{x\} \cong \mathbb{E}^1$, 因此连通. 而 $\mathbb{E}^1 \setminus \{y\}$ 可以拆分成两个不相交的开子集 $(-\infty, y)$ 和 (y, ∞) 的并集，不连通. 这个矛盾就说明假设错误，即圆周和直线不同胚. □

例 3 在第一章中介绍同胚概念时我们讲过，球极投影可以把去掉一个点的球面同胚到平面，记这个同胚为 $p: S^2 \setminus \{N\} \to \mathbb{E}^2$. 实际上我们还可以把平面上本来不存在的一个"无穷远点"理解为"N 在 p 下的像"，让球面 S^2 成为复变函数课上讲的扩充复平面 $\mathbb{C} \cup \{\infty\}$ 的一个几何模型.

设 U 是平面 $\mathbb{E}^2$ 上的一个连通的开子集，把它想象成一张大饼，那么这张饼上是否有"洞"就可以通过在模型上考察 $S^2 \setminus p^{-1}(U)$ 是否连通来刻画 (参见图 2.6): 把"洞"和无穷远点都对应到模型上看，则它们一定处在 $S^2 \setminus p^{-1}(U)$ 的不同的连通分支里. 如果 U 连通并且 $S^2 \setminus p^{-1}(U)$ 也连通，则称 U **单连通** (simply connected). □

复分析中著名的 **Riemann 映射定理** (Riemann mapping theorem) 就是说，$\mathbb{E}^2$ 的任何一个单连通的开的真子集一定可以被全纯 (作为复值函数) 的同胚变到单位开圆盘.

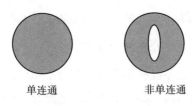

图 2.6 单连通性

以后我们讲到基本群理论的时候会看到，代数拓扑中用基本群定义了另外的一种单连通的概念，不过对于平面区域来说这两种单连通定义实际上是一致的.

命题 2.4.2 连通空间在连续映射下的像集连通.

证明 设 X 连通，任取 $f(X)$ 的既开又闭的非空子集 A，则 $f^{-1}(A)$ 是 X 的既开又闭的非空子集，这只有一种可能，即 $f^{-1}(A) = X$. 因此 $A = f(X)$. □

例 4 S^1 连通，因为考虑连续映射

$$f : \mathbb{E}^1 \to \mathbb{E}^2, \quad \theta \mapsto (\cos\theta, \sin\theta),$$

则 $f(\mathbb{E}^1) = S^1$. □

例 5 $\mathbb{E}^1$ 的子空间 A 连通当且仅当 A 是区间.

证明 $\mathbb{E}^1$ 上的区间有四种：$(a,b), (a,b], [a,b), [a,b]$. $(a,b) \cong \mathbb{E}^1$，因此开区间一定连通. $(a,b] \cong [a,b) \cong [0,\infty)$，而由绝对值映射 $f(x) = |x|$ 的连续性可知 $[0,\infty) = f(\mathbb{E}^1)$ 连通，因此半开半闭区间也都连通. $[a,b]$ 或者是单点集 (显然连通) 或者同胚于 $[0,1]$，而 $[0,1]$ 又是 $(-1,1]$ 在前述绝对值映射下的像集，因此闭区间也都连通.

如果 A 不是区间，则有 $a < b < c$ 使得 $a, c \in A$ 而 $b \notin A$，于是 A 可以分解为 $(-\infty, b) \cap A$ 和 $(b, \infty) \cap A$ 这两个不相交的非空真子集的并集，因而不连通. □

例 6 设 $f : X \to \mathbb{E}^1$ 连续并且 X 连通，则 $f(X)$ 是一个区间. 换言之，任取 $a, b \in f(X)$ 及介于 a, b 之间的实数 c，存在 $x \in X$ 使得

$f(x) = c$. 这个结论是连续函数介值定理的拓扑推广. □

下面我们介绍一种构造连通空间或者证明一个空间连通时常用的方法: 以一个连通子集为核心, 再并上一族与之相交非空的连通子集, 得到的一定还是连通空间.

引理 2.4.1 若 X_0 是 X 的既开又闭子集, A 是 X 的连通子集, 则或者 $X_0 \cap A = \varnothing$, 或者 $A \subseteq X_0$. □

定理 2.4.1 设 X 有一个 **连通覆盖** (cover of connected subsets) $\mathscr{B}$, 即 $\mathscr{B}$ 是由连通子集构成的子集族, 并且满足 $\cup \mathscr{B} = X$. 如果此时 X 还有另外一个连通子集 A 与每一个 $B \in \mathscr{B}$ 均相交非空, 则 X 连通 (参见图 2.7).

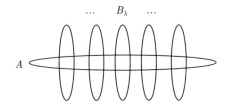

图 2.7 有 "核心" 的连通覆盖

证明 设 U 既开又闭并且 $U \cap A \neq \varnothing$, 则由引理可知 $A \subseteq U$. 于是对每个 $B \in \mathscr{B}$, $U \cap B \neq \varnothing$, 从而由引理可知 $B \subseteq U$. 因此 $U = X$. □

命题 2.4.3 两个非空连通空间的乘积空间连通.

证明 设 X, Y 连通, 考虑子集族 $\mathscr{B} = \{X \times \{y\} \mid y \in Y\}$, 则 $\mathscr{B}$ 是 $X \times Y$ 的连通覆盖. 另外取定一点 $x \in X$, 并令 $A = \{x\} \times Y$, 则此 A 及 $\mathscr{B}$ 满足定理 2.4.1 的要求, 因此 $X \times Y$ 连通. □

例 7 n 维欧氏空间 $\mathbb{E}^n$ 及 n 维环面 $T^n = S^1 \times \cdots \times S^1$ 均连通. □

例 8 $\mathbb{E}^2 \setminus \{O\} \cong S^1 \times (0, \infty)$ 连通, 而 $\mathbb{E}^1$ 去掉任何点都不连通, 因此 $\mathbb{E}^2$ 与 $\mathbb{E}^1$ 不同胚. 同理可知任取 $n > 1$, $\mathbb{E}^n$ 也都和 $\mathbb{E}^1$ 不同胚. □

不过这个方法只能用于识别 $\mathbb{E}^1$, 虽然不同维数的高维欧氏空间也不同胚, 但是那需要用代数拓扑的工具才能证明.

命题 2.4.4 若 X 包含连通稠密子集，即存在连通子集 A 使得 $\overline{A} = X$，则 X 连通.

证明 如果 X 不连通，则它可以分解成两个不相交的非空闭子集 C, D 的并集，不妨设 $C \cap A \neq \varnothing$，则由引理 2.4.1 可知 $A \subseteq C$，从而 $X = \overline{A} \subseteq C$. 这与 D 非空集矛盾. 矛盾说明 X 连通. □

定义 2.4.2 如果 X 的非空子集 A 连通，并且任取 $B \supseteq A$，B 连通蕴涵 $B = A$，则称 A 为 X 的一个**连通分支** (connected component).

换言之，连通分支就是极大的连通子集. 显然，如果 X 连通，则存在唯一连通分支，也就是 X 本身，并且如果 X 和 Y 同胚，则同胚诱导它们的连通分支的一一对应.

命题 2.4.5 X 的每个非空连通子集都含于唯一的一个连通分支内，X 可以分解成一些两两不相交的连通分支的并集.

证明 若 A 连通，取连通子集族 $\mathscr{B} = \{B \supseteq A \mid B \text{ 连通}\}$，则 $Y = \cup \mathscr{B}$ 连通，并且任取包含 Y 的连通子集 B，$B \in \mathscr{B}$，从而 $B \subseteq Y$. 这说明 Y 本身就是一个连通分支. 不仅如此，任何包含 A 的连通子集都是 $\mathscr{B}$ 的元素，从而包含于 Y. 而连通分支应当是极大连通子集，因此任何包含 A 的连通分支必定等于 Y. 这说明包含 A 的连通分支是存在唯一的.

对于每个点 $x \in X$，单点集 $\{x\}$ 也要含于唯一的一个连通分支，因此 X 可以分解成一些两两不相交的连通分支的并集. □

例 9 考虑平面上交于一点的三条直线

$$\ell_1 = \{(x, y) \in \mathbb{E}^2 \mid x = 0\},$$
$$\ell_2 = \{(x, y) \in \mathbb{E}^2 \mid y = 0\},$$
$$\ell_3 = \{(x, y) \in \mathbb{E}^2 \mid x = y\},$$

则 $X = \ell_1 \cup \ell_2$ 与 $Y = \ell_1 \cup \ell_2 \cup \ell_3$ 不同胚.

证明 直观地看，X 在 $O = (0, 0)$ 附近有四个分叉，而 Y 在 O 附近有六个分叉，证明的关键是把这一观察用拓扑语言说清楚. 假设存在同胚 $f : X \to Y$，则它诱导 $X \setminus \{O\}$ 到 $Y \setminus \{f(O)\}$ 的同胚，进而诱导这两个空间的连通分支的一一对应. 但是 $X \setminus \{O\}$ 有 4 个连通分支, 而 $Y \setminus \{f(O)\}$ 的连通分支的个数只可能是 6 (如果 $f(O) = O$) 或者 2 (如果 $f(O) \neq O$). 这个矛盾就说明假设错误, 这样的同胚不存在. □

因为 A 连通蕴涵 $\overline{A}$ 连通, 由连通分支的极大性可知, 每个连通分支都等于其闭包, 换言之, 连通分支都是闭子集. 但是一般来说, 连通分支不一定是开子集.

命题 2.4.6 如果每个点 $x \in X$ 都有一个连通邻域, 则 X 的连通分支都是开集.

证明 任取连通分支 A 中的点 x, x 有连通邻域 U. U 所在的连通分支也就是 x 所在的连通分支, 因此就是 A. 这说明 $U \subseteq A$, 即 x 是 A 的内点. 因此, 连通分支都是开集. □

定义 2.4.3 如果任取 $x \in X$, x 有由连通邻域构成的邻域基, 则称 X **局部连通** (locally connected).

注意, 这个定义的要求比前述命题的条件要强一些, 例如当 X 连通时, 其中的每个点 x 自然都有连通邻域 (取为 X 就行), 但是 X 却未必局部连通, 甚至有可能每个点都没有连通邻域基.

例 10 考虑图 2.8 所示的平面图形 A, $(x,y) \in A$ 当且仅当 x,y 满足下述四个条件之一:

(1) $x \in [-2,-1] \cap \mathbb{Q}$, $y \in [x,1]$, 或者

(2) $y \in [-2,-1] \cap \mathbb{Q}$, $x \in [y,\infty)$, 或者

(3) $x \in [1,2] \cap \mathbb{Q}$, $y \in [-1,x]$, 或者

(4) $y \in [1,2] \cap \mathbb{Q}$, $x \in (-\infty,y]$.

从示意图 2.8 中不难看出 A 连通, 而 A 中的任意一点的充分小的

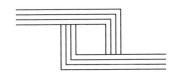

图 2.8 连通, 但处处不局部连通的图形

邻域都不连通. 当然严格的证明会涉及很多技术细节, 我们就不具体讲了, 有兴趣的读者可以自行补全证明. □

习　题

1. (1) 请验证平凡拓扑空间一定连通.
   (2) 请验证包含至少两个点的离散拓扑空间一定不连通.
2. 证明圆盘 $D^2 = \{(x,y) \in \mathbb{E}^2 \mid x^2 + y^2 \leq 1\}$ 连通.
3. 设 A 是连通空间 X 的闭子集, 并且 $A \setminus A^\circ$ 连通. 证明 A 连通.
4. 证明任取连续映射 $f : [0,1] \to [0,1]$, 存在一点 $x \in [0,1]$, 使得 $f(x) = x$.
5. 设 X 的每个点有邻域同胚于 $\mathbb{E}^1$ 的开子集, Y 的每个点有邻域同胚于 $\mathbb{E}^2$ 的开子集. 证明 X 和 Y 不同胚.
6. 考虑在定义闭集那一节中提到的 Cantor 三分集 C, 证明任取 $x \in C$, x 所在的连通分支就是 $\{x\}$.
7. 设 X 是一个连通的度量空间, 并且至少含有两个点. 证明它一定包含不可数多个点.

§2.5　道路连通性

连通性是通过刻画什么叫 "不连通" 来反着定义的, 这就使得证明连通一般来说比证明不连通要困难得多. 与此相反, 道路连通性则是通过刻画什么叫 "能连在一起" 来定义的, 这样验证道路连通就会比较方便. 两种概念是相互关联的, 而且很多和连通性相关的结论都有相对应的和道路连通性相关的结论, 学习的时候应当对照着理解和记忆.

在第四章学习基本群的时候我们还将进一步讨论道路的概念. 实际上在 Poincaré 引进同调和同伦的概念之前, Betti 等人想做的事情, 就是把道路和道路连通的概念向高维空间进行推广. 从这个简单的愿望出发产生了拓扑学中很多深刻的概念, 并且形成了后来的代数拓扑学. 代数拓扑的核心概念 "同伦", 其实刻画的就是 X 到 Y 的连续映射构成的空间中的道路连通性.

定义 2.5.1 称一个从区间 $[0,1]$ 到拓扑空间 X 的连续映射 $a : [0,1] \to X$ 为 X 中的一条从 $a(0)$ 到 $a(1)$ 的**道路** (path), 称 $a(0)$ 为其**起点** (initial point), 称 $a(1)$ 为其**终点** (terminal point).

请注意道路和曲线的差别, 通常我们提到曲线的时候指的是某个点集或者拓扑空间, 而道路则是指一个映射而不是指这个映射的像集. 这样定义是为了便于将来对道路定义运算, 等到了第四章我们还将用这些运算来定义大名鼎鼎的基本群.

定义 2.5.2 (1) 称映射 $[0,1] \to X, t \mapsto x_0$ 为**点道路** (point path), 记为 e_{x_0};

(2) 若道路 $a, b : [0,1] \to X$ 满足 $a(1) = b(0)$, 则称映射

$$[0,1] \to X, \quad t \mapsto \begin{cases} a(2t), & \text{若 } 0 \leq t \leq \frac{1}{2}; \\ b(2t-1), & \text{若 } \frac{1}{2} \leq t \leq 1 \end{cases}$$

为 a 和 b 的**乘积道路** (product path), 记为 ab;

(3) 任取道路 $a : [0,1] \to X$, 称映射 $[0,1] \to X, t \mapsto a(1-t)$ 为其**逆道路** (inverse path), 记为 $\bar{a}$.

在介绍商空间的时候我们讲过等价关系的概念, 利用道路的运算就可以证明, 两个点是否有道路相连也是一个等价关系.

命题 2.5.1 在 X 上定义一个关系 $\sim$, 使得 $x \sim y$ 当且仅当 X 上存在一条从 x 到 y 的道路. 则 $\sim$ 是一个等价关系. 每个点 x 所在的等价类 $\langle x \rangle$ 称为 x 所在的**道路分支** (path component).

证明 反身性: 任取 $x \in X$, 点道路 e_x 就是一条从 x 到 x 的道路, 因此 $x \sim x$.

对称性: 如果 $x \sim y$, 则存在一条从 x 到 y 的道路 a, 其逆道路 $\bar{a}$ 就是一条从 y 到 x 的道路, 因此 $y \sim x$.

传递性: 如果 $x \sim y, y \sim z$, 则存在一条从 x 到 y 的道路 a 以及一条从 y 到 z 的道路 b. 它们的乘积道路 ab 就是一条从 x 到 z 的道路, 因此 $x \sim z$.

综上所述，$\sim$ 是一个等价关系. □

定义 2.5.3 如果一个非空集的空间 X 满足任取 $x, y \in X$, X 中存在从 x 到 y 的道路, 则称 X **道路连通** (path-connected). 换言之, 道路连通空间就是只有一个道路分支的空间. 一个拓扑空间 X 的子集 A 如果取子空间拓扑之后道路连通, 则称 A 为 X 的 **道路连通子集** (path-connected subset).

例 1 $\mathbb{E}^n$ 及其中的任意凸子集均道路连通, 这是因为任取凸子集 U 中的两个点 P, Q, 按照凸的定义线段 $\overline{PQ} \subseteq U$, 因此可以定义从 P 到 Q 的道路 $a : [0, 1] \to U, t \mapsto (1 - t)P + tQ$. □

连通空间所具有的很多性质都有类似的道路连通版本, 有些需要重新证明, 有些则可以完全照搬连通版本的证明.

命题 2.5.2 道路连通空间在连续映射下的像集道路连通.

证明 设 X 道路连通, 任取 $x, y \in f(X)$, 设 a 是 X 中从 $f^{-1}(x)$ 中一点到 $f^{-1}(y)$ 中一点的道路, 则 $f \circ a$ 就是 $f(X)$ 中从 x 到 y 的道路. 这就说明, $f(X)$ 道路连通. □

定理 2.5.1 设 X 有一个 **道路连通覆盖** (cover of path-connected subsets) $\mathscr{B}$, 即 $\mathscr{B}$ 是由道路连通子集构成的子集族, 并且满足 $\cup \mathscr{B} = X$. 如果此时 X 还有另外一个道路连通子集 A 与每一个 $B \in \mathscr{B}$ 均相交非空, 则 X 道路连通 (参见图 2.9).

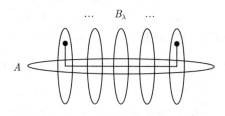

图 2.9 有"核心"的道路连通覆盖

证明 任取 $x, y \in X$, 不妨设 $x \in B_x \in \mathscr{B}, y \in B_y \in \mathscr{B}$, 则在 B_x 中存在从 x 到某个点 $z_x \in B_x \cap A$ 的道路 a, 在 B_y 中存在从 y 到某个

点 $z_y \in B_y \cap A$ 的道路 b, 在 A 中又存在从 z_x 到 z_y 的道路 c. 于是 $ac\bar{b}$ 就是一条从 x 到 y 的道路. 由 x, y 的任意性可知, X 道路连通. □

命题 2.5.3 两个非空道路连通空间的乘积空间道路连通.

证明 设 X, Y 道路连通, 考虑子集族 $\mathscr{B} = \{X \times \{y\} \mid y \in Y\}$, 则 $\mathscr{B}$ 是 $X \times Y$ 的道路连通覆盖. 另外取定一点 $x \in X$, 并令 $A = \{x\} \times Y$, 则此 A 及 $\mathscr{B}$ 满足定理 2.5.1 的要求, 因此 $X \times Y$ 道路连通. □

例 2 n 维欧氏空间 $\mathbb{E}^n = \mathbb{E}^1 \times \cdots \times \mathbb{E}^1$ 以及 n 维环面 $T^n = S^1 \times \cdots \times S^1$ 均道路连通. □

除了有一堆形式类似的结论, 道路连通和连通的关系主要体现在下述结论上:

命题 2.5.4 道路连通空间连通.

证明 设 X 道路连通. 取定 $x_0 \in X$, 则任取 $x \in X$, 存在从 x_0 到 x 的道路 a_x. 令 $B_x = a_x([0,1])$, 则 $\{B_x \mid x \in X\}$ 就构成了 X 的一个连通覆盖, 并且每个 B_x 都和连通子集 $\{x_0\}$ 相交非空. 因此 X 连通. □

例 3 $\mathbb{E}^1$ 中的区间都是其凸子集, 因此道路连通. 而如果 $\mathbb{E}^1$ 的子集 A 不是区间, 则 A 不连通, 因此也不道路连通. □

例 4 设 $f: X \to \mathbb{E}^1$ 连续并且 X 道路连通, 则 $f(X)$ 是一个区间. 换言之, 任取 $a, b \in f(X)$ 以及介于 a, b 之间的实数 c, 存在 $x \in X$ 使得 $f(x) = c$. 关于道路连通空间的这个结论, 也是连续函数介值定理的一种拓扑推广. □

例 5 令 $X = \left\{ (x, y) \in \mathbb{E}^2 \mid x > 0, y = \sin\left(\dfrac{1}{x}\right) \right\}$. 空间 $Y = \overline{X}$ 称为**拓扑学家的正弦曲线** (topologist's sine curve). Y 连通但不道路连通 (参见图 2.10).

证明 $X \cong \mathbb{E}^1$ 是 Y 的连通稠密子集, 因此 Y 连通. 下面用反证法证明在 Y 中不存在从 $(0, 0)$ 到 $(1, \sin(1))$ 的道路.

假设存在一条这样的道路 $a(t) = (x(t), y(t))$, 则 x 是连续映射, 因此任取 $t \in (0, 1)$, $x([0, t])$ 连通, 也就是说, 它是个区间. 特别地,

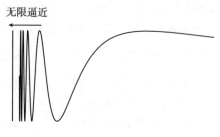

图 2.10 拓扑学家的正弦曲线

如果 $x(t) > 0$, 则一定存在 $t' \in (0, t)$ 使得 $x(t')$ 对应于某个波峰的位置, 即 $x(t') > 0, y(t') = 1$. 于是可以归纳地构造一个"巅峰时刻"的数列 t_i, 使得每个 $t_{i+1} \in (0, t_i)$, 并且 $x(t_i) > 0, y(t_i) = 1$. 序列 $\{t_i\}$ 是一个单调递降的有界数列, 一定有极限. 设其极限为 c, 则 $y(c) = 1$.

另一方面, 每个 $x([t_{i+1}, t_i])$ 连通, 因此存在 $s_i \in [t_{i+1}, t_i]$ 使得 $x(s_i)$ 对应于某个波谷的位置, 即 $x(s_i) > 0, y(s_i) = -1$. 这个"低谷时刻"的数列 $\{s_i\}$ 也以 c 为极限, 因此 $y(c) = -1$, 矛盾. 矛盾说明假设错误, 即 Y 不道路连通. □

这个例子同时也说明了拥有道路连通稠密子集的空间不一定道路连通, 这是连通和道路连通的一个很大的区别.

定义 2.5.4 如果 X 的非空子集 A 道路连通, 并且任取 $B \supseteq A$, B 道路连通蕴涵 $B = A$, 则称 A 为 X 的一个 **道路连通分支** (path-connected component), 简称 **道路分支** (path-component).

换言之, 道路分支就是极大的道路连通子集. 显然, 如果 X 和 Y 同胚, 则同胚诱导 X 的道路分支和 Y 的道路分支的一一对应. 我们在定义道路连通性之前其实已经定义过一回道路分支, 两个定义实际上是完全等价的.

命题 2.5.5 任取 $x \in X$, $\langle x \rangle = \{y \in X \mid \text{从 } x \text{ 到 } y \text{ 有道路相连}\}$ 是含 x 的极大道路连通子集.

证明 任取 $y, z \in \langle x \rangle$, 存在从 x 到 y 的道路 a 及从 x 到 z 的道路 b, 从而 $\bar{a}b$ 是从 y 到 z 的道路. 这说明 $\langle x \rangle$ 本身道路连通. 而如果 A 是

一个含 x 的道路连通子集,则从 x 到 A 中的每个点都有道路相连,因此 $A \subseteq \langle x \rangle$. 因此,它是极大道路连通子集. □

仿照连通分支那里的证明易知,道路分支也满足下述命题:

命题 2.5.6 X 的每个非空道路连通子集都含于唯一的一个道路分支内,X 可以分解成一些两两不相交的道路分支的并集. □

一般来说,道路分支不一定是开集,也不一定是闭集,但是可以证明下述结论:

命题 2.5.7 如果每个点 $x \in X$ 都有一个道路连通邻域,则 X 的道路分支都是既开又闭的子集,并且是连通分支.

证明 任取道路分支 A 中的点 x,x 有道路连通邻域 U. U 所在的道路分支也就是 x 所在的道路分支,因此就是 A. 这说明 $U \subseteq A$,即 x 是内点. 因此道路分支都是开集. 而道路分支的余集是若干道路分支的并集,因此也一定是开集,这说明道路分支也都是闭集.

现在设 B 是 x 所在的连通分支,则 x 所在的道路分支 A 既开又闭并且和 B 相交非空,所以 $A \supseteq B$. 但是 A 本身是连通的,因此由连通分支的极大性可知,$A = B$. □

定义 2.5.5 如果任取 $x \in X$,x 有由道路连通邻域构成的邻域基,则称 X **局部道路连通** (locally path-connected).

当然,上一节最后的例子此处依然适用,即道路连通的空间完全有可能处处都不局部道路连通.

习 题

1. 证明 S^n 道路连通.
2. 在环面 T^2 上随便取一点 x,证明 $T^2 \setminus \{x\}$ 仍然道路连通.
3. 证明 $\mathbb{E}^2$ 的连通开子集一定道路连通.
4. 设 A 是道路连通空间 X 的闭子集,并且 $A \setminus A^\circ$ 道路连通. 证明 A 道路连通.

5. 设 A 是 X 的道路分支, B 是 Y 的道路分支. 证明 $A \times B$ 是 $X \times Y$ 的道路分支.

6. 考虑拓扑空间 $X = (\mathbb{R}, \tau_c)$, 其中 τ_c 表示余可数拓扑,

$$\tau_c = \{U \subseteq \mathbb{R} \mid U = \varnothing \text{ 或者 } \mathbb{R} \setminus U \text{ 可数}\}.$$

   (1) 证明任取连续映射 $f : [0,1] \to X$, 如果 $f(t) = x$, 则 f 在 t 的某个邻域上恒等于 x.
   (2) 证明 X 的每个道路分支都是单点集.

7. 设 A, B 是道路连通空间 X 的开子集, 并且 $A \cup B = X$, $A \cap B$ 道路连通. 证明 A 和 B 也都道路连通.

§2.6 紧 致 性

紧致性是我们本章要学习的最后一类拓扑性质, 也是最复杂抽象的一类. 紧致空间是有界闭区间的一种拓扑推广.

数学分析课里大家学习过所谓 "实数集的连续性", 即实数集对于取极限运算的封闭性, 有好几条可以互推的定理都可以用来刻画它, 我们这里比较关心的是其中一条称为 Heine-Borel 定理或有限覆盖定理的著名定理. 紧致性就是通过把这个定理中描述的性质推广到一般拓扑空间中而得到的.

Heine-Borel 定理 (Heine-Borel theorem) 如果 $\mathbb{E}^1$ 的有界闭子集 A 可以被由开子集构成的集合族 $\mathscr{U}$ 覆盖, 即 $\cup \mathscr{U} \supseteq A$, 则可以从 $\mathscr{U}$ 中找出有限多个构成一个子族, 使得这个子族依然覆盖 A.

举个简单的例子来说, 所有形如 $(x-1, x+1)$ 的开区间构成了有界闭区间 $[a, b]$ 的一个开覆盖, 从中摘出那些 $x \in [a, b] \cap \mathbb{Z}$ 的, 它们就构成了一个有限子覆盖. 当然这只是一个从开覆盖中挑有限覆盖的例子, 读者万万不能把它当成 Heine-Borel 定理的一般证明. 后面我们将从闭区间的连通性出发, 给出这个定理的一个简短的证明.

有趣的是最早想到考虑有限覆盖问题的其实是 19 世纪中期的大数学家 Dirichlet. Dirichlet 也是第一个打算严格定义 "函数" 概念的人.

在试图给关于函数连续性的讨论建立严密数学基础的过程中，他用有限覆盖的技术证明了有界闭区间上的连续函数一定一致连续. 不过他的这一结论直到半个世纪之后才发表出来，在此之前，Heine, Weierstrass 和 Pincherle 各自独立地用类似技术也证明了该结论，然后 Borel 在他们的研究方法的基础上，证明了上述的 Heine-Borel 定理. 不过 Borel 的证明中还需要附加集合族 $\mathscr{U}$ 可数的条件，后来 Cousin, Lebesgue 和 Schoenflies 才把它推广到了一般的情形.

Heine-Borel 定理中叙述的条件实际上也是 A 有界闭的充分必要条件. "有界闭"是一个和实数概念本身密切相关的概念，而这个条件则不然，可以直接地推广成一个拓扑的概念，也就是紧致性. 紧致性是一个很重要的拓扑性质，很多在有界闭区间上成立的命题都可以推广到具有紧致性的空间上去.

定义 2.6.1 若集合族 $\mathscr{U}$ 满足 $\bigcup \mathscr{U} \supseteq X$, 则称之为 X 的一个 **覆盖** (cover). 完全由开集构成的覆盖称为 **开覆盖** (open cover). 仅含有限多个元素的覆盖称为 **有限覆盖** (finite cover). 若 X 的覆盖 $\mathscr{U}$ 有子族 $\mathscr{V} \subseteq \mathscr{U}$, 使得 $\mathscr{V}$ 也构成 X 的覆盖，则称 $\mathscr{V}$ 为 $\mathscr{U}$ 的一个 **子覆盖** (subcover).

定义 2.6.2 若拓扑空间 X 的任意开覆盖有有限子覆盖，则称 X **紧致** (compact). 若拓扑空间 X 的子集 A 取子空间拓扑后紧致，则称 A 为 X 的一个 **紧致子集** (compact subset).

例 1 $\mathbb{E}^1$ 中的有界闭区间 $[a, b]$ 紧致.

证明 任取 $[a, b]$ 的开覆盖 $\mathscr{U}$, 取

$$A = \{x \in [a, b] \mid 存在 \mathscr{U} 的有限子族覆盖 [a, x]\}.$$

显然 $a \in A$. 让我们来证明 A 既开又闭.

任取 $x \in A$, 有 $U_1, \cdots, U_n \in \mathscr{U}$ 使得 $[a, x] \subseteq U_1 \cup \cdots \cup U_n$. 不妨设 $x \in U_k$, 则存在 $\varepsilon > 0$ 使得 $(x - \varepsilon, x + \varepsilon) \cap [a, b] \subseteq U_k$, 于是任取 $y \in (x - \varepsilon, x + \varepsilon) \cap [a, b]$, $[a, y] \subseteq U_1 \cup \cdots \cup U_n$, 即 $y \in A$. 这说明 A 是开集.

任取 $x \notin A$, 不妨设 $x \in U \in \mathscr{U}$, 则存在 $\varepsilon > 0$ 使得 $(x-\varepsilon, x+\varepsilon) \cap [a,b] \subseteq U$. 于是任取 $y \in (x-\varepsilon, x+\varepsilon) \cap [a,b]$, $y \notin A$, 因为否则的话可以先用一个 $\mathscr{U}$ 的有限子族覆盖 $[a,y]$, 再添加上 U 后就可以覆盖 $[a,x]$, 这将导出矛盾. 这说明 A 也是闭集.

于是由 $[a,b]$ 的连通性可知, $A = [a,b]$, 即 $\mathscr{U}$ 有有限子族覆盖 $[a,b]$. □

对于紧致子集来说, 其开覆盖按定义是要用子空间中的开集而不是全空间中的开集. 不过易验证下述命题成立:

命题 2.6.1 A 是 X 的紧致子集的充分必要条件是: 任意由 X 的开集构成的 A 的覆盖有有限子覆盖. □

命题 2.6.2 若 X 紧致, 则 X 的任意闭子集紧致.

证明 设 A 是紧致空间 X 的闭子集. 任取 X 中开集构成的 A 的覆盖 $\mathscr{U}$, $\mathscr{U} \cup \{A^c\}$ 构成 X 的开覆盖, 有有限子覆盖 $\mathscr{V}$. 于是 $\mathscr{U}$ 的有限子族 $\mathscr{V} \setminus \{A^c\}$ 也构成 A 的覆盖. 因此 A 紧致. □

例 2 $\mathbb{E}^1$ 的子集紧致当且仅当它是有界闭集.

证明 任取 $A \subseteq \mathbb{E}^1$. 如果 A 是有界闭集, 则 A 是某个有界闭区间 $[a,b]$ 的闭子集, 因此由 $[a,b]$ 紧致可知 A 紧致.

如果 A 无界, 则集合族 $\{(-r,r) \mid r > 0\}$ 构成 A 的开覆盖, 并且没有有限子覆盖. 而如果 A 不闭, 则有聚点 $x \notin A$. 于是集合族 $\{(-\infty, x-\varepsilon) \cup (x+\varepsilon, \infty) \mid \varepsilon > 0\}$ 构成 A 的开覆盖, 并且没有子覆盖. 因此 A 无界或者不闭时都不紧致. □

命题 2.6.3 设 X 紧致, $f: X \to Y$ 连续, 则 $f(X)$ 紧致.

证明 任取 $f(X)$ 的开覆盖 $\mathscr{U}_Y$, 令 $\mathscr{U}_X = \{f^{-1}(U) \mid U \in \mathscr{U}_Y\}$, 则 $\mathscr{U}_X$ 构成 X 的一个开覆盖, 有有限子覆盖 $\mathscr{V}_X$. 再取 $\mathscr{V}_Y = \{U \in \mathscr{U}_Y \mid f^{-1}(U) \in \mathscr{V}_X\}$, 则 $\mathscr{V}_Y$ 就是 $\mathscr{U}_Y$ 的有限子覆盖. □

例 3 设 X 紧致, $f: X \to \mathbb{E}^1$ 连续, 则 $f(X)$ 紧致, 因此是有界闭集, 一定包含其最小值和最大值. 换言之, 紧致空间上的实值连续函数一定能取到最小值和最大值.

在证明下面一个结论之前，首先让我们来证明一个引理.

引理 2.6.1 设 Y 紧致，W 是 $X \times Y$ 的开子集，并且 $\{x\} \times \{Y\} \subseteq W$，则存在 x 的邻域 U 使得 $U \times Y \subseteq W$ (参见图 2.11).

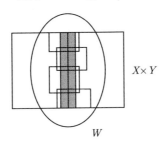

图 2.11 乘积空间中包含一条竖线的开集

证明 任取 $y \in Y$，存在 X 的开子集 U_y 和 Y 的开子集 V_y，使得 $(x, y) \in U_y \times V_y \subseteq W$. $\{U_y \times V_y \mid y \in Y\}$ 构成了 $\{x\} \times Y$ 的一个开覆盖，因为 $\{x\} \times Y \cong Y$ 紧致，所以它有有限子覆盖 $\{U_{y_1} \times V_{y_1}, \cdots, U_{y_n} \times V_{y_n}\}$. 于是取 $U = U_{y_1} \cap \cdots \cap V_{y_n}$，则 $U \times Y \subseteq W$. □

定理 2.6.1 若 X 和 Y 紧致，则 $X \times Y$ 紧致.

证明 假设 $\mathscr{W}$ 是 $X \times Y$ 的一个开覆盖. 任取 $x \in \{x\}$，则 $\{x\} \times Y \cong Y$ 紧致，因此存在 $\mathscr{W}$ 的有限子族 $\mathscr{W}_x$ 覆盖 $\{x\} \times Y$. 由引理可知，存在 x 的开邻域 U_x 使得 $\mathscr{W}_x$ 也覆盖 $U_x \times Y$. 这些 U_x 又构成 X 的一个开覆盖，有有限子覆盖 $\{U_{x_1}, \cdots, U_{x_n}\}$. 于是 $\mathscr{W}_{x_1} \cup \cdots \cup \mathscr{W}_{x_n}$ 就构成了 $\mathscr{W}$ 的一个有限子覆盖. □

例 4 $[a, b]^n$ 紧致，于是仿照 $n = 1$ 的情形可知，$\mathbb{E}^n$ 的子集紧致当且仅当它是有界闭集. □

注意，这个结论仅限于有限维欧氏空间，不能推广到一般的度量空间. 比如考虑 $\mathbb{R}$ 带上离散拓扑，它是可度量化的，而且 $\mathbb{R}$ 此时就是它自己的一个有界闭子集，但它却是不紧致的.

归纳易知，任意有限多个紧致空间的乘积紧致. 在 §1.5 我们曾经提到过任取一族拓扑空间 $\{X_\lambda\}_{\lambda \in \Lambda}$ (可以有无穷多个), 也可以在它们的直积 $X = \prod_{\lambda \in \Lambda} X_\lambda$ 上用弱拓扑的方法定义一个拓扑结构, 称为 Tychonoff 拓扑或乘积拓扑. 事实上, Tychonoff (Тихонов) 证明了任意一族紧致空间的乘积拓扑空间一定是紧致空间, 这就是著名的 **Tychonoff 定理** (Tychonoff theorem). 这是个非常深刻的结论, 不过它的证明要用到著名的选择公理 (关于选择公理请参看引言中对集合论的公理系统的介绍).

有趣的是, Kelley 证明了在集合论的 ZF 公理系统下, 这个定理的结论和选择公理是等价的. 以之为跳板, 还可以证明其他的一些分析和代数中需要用到选择公理的结论也是和选择公理等价的. 因为篇幅所限, 我们就不作更深入的讨论了.

紧致性是个很强的条件, 很多空间都不紧致 (比如 $\mathbb{E}^1$). 这也给其应用带来了一些限制. 因此在实际应用中, 往往会使用与之作用类似的一些更宽松的条件, 其中之一是**局部紧致性** (locally compact), 即每个点都有紧致邻域 (注意, 不要求有紧致邻域构成的邻域基). 紧致性的最宽松的一个常用版本称为仿紧性.

定义 2.6.3 如果 X 的一个子集族 $\mathscr{U}$ 满足任取 $x \in X$, x 有一个邻域只与 $\mathscr{U}$ 中的有限多个成员相交非空, 则称 $\mathscr{U}$ 为一个 **局部有限** (locally finite) 子集族. 如果 X 的两个开覆盖 $\mathscr{U}$ 和 $\mathscr{V}$ 满足任取 $V \in \mathscr{V}$, 存在 $U \in \mathscr{U}$ 使得 $V \subseteq U$, 则称 $\mathscr{V}$ 为 $\mathscr{U}$ 的 **开加细** (open refinement). 如果 X 的任意开覆盖都有局部有限的开加细, 则称 X **仿紧** (paracompact).

对于这样的一个定义, 读者乍看上去肯定是没什么感觉的, 但是很多和紧致性相关的结论都有仿紧的版本, 而且仿紧要比紧致弱得多. 事实上, Stone 证明了任何度量空间都仿紧, 但是这个证明也必须要用到选择公理, 因此我们就不进一步讨论了.

最后, 我们来介绍一个对于商空间和商映射的讨论非常重要也非常好用的定理. 首先来证明一个命题:

命题 2.6.4 Hausdorff 空间的紧致子集是闭集.

证明 设 A 是 Hausdorff 空间 X 的紧致子集，我们来证明每个 $x \notin A$ 都是 A^c 的内点.

设 $x \notin A$. 任取 $y \in A$, 存在 x 和 y 的不相交开邻域 U_y, V_y. $\{V_y \mid y \in A\}$ 构成 A 的开覆盖，有有限子覆盖 $\{V_{y_1}, \cdots, V_{y_n}\}$. 因为每个 U_{y_i} 和 V_{y_i} 不相交，所以 $U = U_{y_1} \cap \cdots \cap U_{y_n}$ 和每个 V_{y_i} 都不相交. 这就说明 $U \subseteq A^c$, 即 x 是 A^c 的内点. 因此 A^c 是开集，即 A 是闭集. □

定理 2.6.2 设 X 是紧致空间，Y 是 Hausdorff 空间，而 $f: X \to Y$ 是连续映射.

(1) 如果 f 是满射，则 f 是商映射;
(2) 如果 f 是双射，则 f 是同胚.

证明 任取 X 的闭子集 A, 则 A 紧致，因此 $f(A) \subseteq Y$ 紧致，从而是 Y 中的闭集. 这说明紧致空间到 Hausdorff 空间的连续映射一定是闭映射. 因此，如果它是满射，则是商映射，而如果它是双射，则是同胚. □

这个结论在下一章将发挥重要作用：它让我们可以放心地 (即数学上严格地) 用容易理解和掌握的小块紧致空间粘出复杂的拓扑形状来，也可以反过来，把一个复杂的拓扑空间切割成若干个简单的小块然后加以研究.

例 5 由上述结论可知，从 $[0,1]$ 到 S^1 的任何连续满射都是商映射. 特别地，下述映射

$$f: [0,1] \to S^1, \ t \mapsto (\cos(2\pi t), \sin(2\pi t))$$

是商映射，于是 $[0,1]/\overset{f}{\sim}$ (即线段粘合两端) 同胚于圆周.

例 6 取平面上的有限多个互不相交的三角形 $\Delta_1, \cdots, \Delta_n$ (这里所谓的三角形都是指包含内部、边以及顶点的闭子集)，然后把每个三角形 Δ_i 用连续映射 f_i 映到 Hausdorff 空间 $\mathbb{E}^N$ 中. 令 $X = \Delta_1 \cup \cdots \cup \Delta_n$, 则可以定义一个连续映射 $f: X \to \mathbb{E}^N$, 使得每个 $f|_{\Delta_i} = f_i$. 因为 X 紧致，而 $\mathbb{E}^N$ 是 Hausdorff 空间，所以 f 是 X 到 $f(X)$ 的商映射. 这套语

言就严格地解释了 "在 $\mathbb{E}^N$ 中粘合 n 个三角形" 的操作.

习 题

1. 设 $\mathscr{C}$ 是紧致空间 X 中的一个闭子集族，并且任取 $\mathscr{C}$ 的有限子族 $\{C_1, \cdots, C_n\}$, $C_1 \cap \cdots \cap C_n \neq \varnothing$. 证明 $\cap \mathscr{C} \neq \varnothing$.

2. 设 A 是紧致空间 X 的一个包含无穷多个点的子集，证明 A 一定有聚点.

3. 证明：如果 Y 是紧致空间，则任取拓扑空间 X, 投射 $p: X \times Y \to X$, $(x, y) \mapsto x$ 把闭集映到闭集.

4. 设 X 是一个 Hausdorff 空间，取一个不属于 X 的元素 ω, 并在集合 $Y = X \cup \{\omega\}$ 上取子集族

$$\tau = \{U \subseteq Y \mid \text{或者 } U \text{ 是 } X \text{ 的开子集,}$$
$$\text{或者 } Y \setminus U \text{ 是 } X \text{ 的紧致子集}\}.$$

证明 τ 是个拓扑结构，并且 Y 在这个拓扑下紧致. Y 称为 X 的 **一点紧化** (one-point compactification).

5. 证明在商映射与商空间那一节举的例子

$$f: S^2 \to \mathbb{E}^4, \quad (x, y, z) \mapsto (y^2 - x^2, xy, xz, yz)$$

是一个从 S^2 到 $f(S^2)$ 的商映射.

6. 证明从 $[0,1]$ 到 $[0,1]^2$ 的任何连续满射 (即 Peano 曲线) 都不是单射.

§2.7 度量空间中的紧致性

度量空间是一类比较特殊而又比较常用的拓扑空间，其中的连续性可以用和我们在数学分析中学到的那些比较相近的方法去讨论. 特别地，在度量空间中人们往往用序列收敛的技术来讨论各种拓扑问题. 紧致性这个很抽象的概念，也可以换成另一个用序列收敛的方式定义的概念，那就是列紧.

§2.7 度量空间中的紧致性

实际上，在与紧致性有关联的，可以作为有界闭区间的推广的那堆性质里，列紧比紧致出现得更早，它是 Fréchet 在考虑函数序列的收敛性时从 Bolzano-Weierstrass 定理提炼出来的.

Bolzano-Weierstrass 定理 (Bolzano-Weierstrass theorem) 有界实数序列一定有收敛子列.

Fréchet 最初定义的"紧致性"实际上是"任何无穷子集都有聚点"，因为子集的聚点可以看成是子序列的极限的自然推广. 后来因为发现序列和极限对于刻画一般的拓扑结构并不好用，Alexandrov (Александров) 和 Urysohn 才把紧致换成了今天我们所熟悉的定义. 不过对于度量空间来说，紧致和列紧等价，这也就是本节要讲的最主要的结论. 这个证明有些复杂，粗线条的读者可以把它的证明和本书中那些打星号的章节一样对待，跳过去不看. 重点是要掌握其结论，因为对于分析学中用到的很多度量空间来说，列紧实在是比紧致要容易验证多了.

定义 2.7.1 如果拓扑空间 X 中的任意序列具有收敛子列，则称 X **列紧** (sequentially compact).

定理 2.7.1 一个度量空间列紧当且仅当它紧致.

因为这个定理的证明比较复杂，我们把它分成三步来完成. 第一步是证明紧致度量空间列紧，这是下述命题的简单推论：

命题 2.7.1 紧致第一可数空间列紧.

证明 任取紧致空间 X 中的序列 $\{x_n\}$. 首先我们断言存在一点 P，使得 P 的任意开邻域中均含 $\{x_n\}$ 的无穷多项. 这是因为否则的话，每个点都有一个开邻域只含 $\{x_n\}$ 的有限多项，这些开邻域构成 X 的覆盖，但是其任意有限子族只能覆盖住 $\{x_n\}$ 的有限项，这与 X 的紧致性矛盾.

现在取 P 的递降邻域基 $U_1 \supseteq U_2 \supseteq U_3 \supseteq \cdots$，在每个 U_i 中取序列中的一项 x_{n_i}，并确保序列 $\{n_i\}$ 随 i 严格递增（这可以做到是因为 U_i 含序列 $\{x_n\}$ 中的无穷多项）. 于是序列 $\{x_{n_i}\}$ 是 $\{x_n\}$ 的收敛子列，并且以 P 为极限. □

第二步，让我们来证明著名的 Lebesgue 引理.

命题 2.7.2 如果度量空间 X 的子集 A 满足

$$\cup \{B_\delta(a) \mid a \in A\} = X,$$

则称 A 为 X 的一个 δ-**网** (δ-net). 对于一个列紧度量空间 X，任取 $\delta > 0$ 均存在 X 的一个有限子集 A，使得 A 构成 X 的 δ-网.

证明 假设度量空间 X 上没有有限 δ-网，则可以归纳地构造一个没有收敛子列的序列 $\{x_n\}$ 如下. 假设已经取定 $x_1, \cdots, x_n$，因为有限集 $\{x_1, \cdots, x_n\}$ 不能是 δ-网，所以存在 $x_{n+1} \notin B_\delta(x_1) \cup \cdots \cup B_\delta(x_n)$. 这一构造过程可以无限进行下去，从而得到一个序列 $\{x_n\}$. 这个序列中任何两个点的距离都大于 δ，因此不可能收敛到任何一个点. 因此没有有限 δ-网的空间一定不列紧. □

命题 2.7.3 列紧度量空间上的连续函数一定取到最小值.

证明 设度量空间 X 列紧，取点列 $x_n \in X$ 使得

$$\lim f(x_n) = \inf f(X)$$

(注意这里并不需要排除 $\inf f(X) = -\infty$ 的情况)，然后取 $\{x_n\}$ 的收敛子列 $\{x_{n_k}\}$. 设 $x_{n_k} \to P \in X$，则 $f(x_{n_k}) \to f(P)$，而 f 在 P 点就达到了最小值. □

Lebesgue 引理 (Lebesgue number lemma) 在列紧度量空间 X 上任取开覆盖 $\mathscr{U}$，存在 $L > 0$，使得任取正实数 $\delta < L$ 及 $x \in X$，存在 $U \in \mathscr{U}$ 使得 $B_\delta(x) \subseteq U$.

证明 取 $f(x) = \sup\{d(x, U^c) \mid U \in \mathscr{U}\}$，则因为 $|f(x) - f(y)| \leq d(x, y)$，所以 f 是一个连续函数. 于是这个定义在列紧空间上的连续函数有一个最小值 L，我们称之为这个覆盖的 **Lebesgue 数** (Lebesgue number). 显然 $L > 0$，并且任取正实数 $\delta < L$ 以及 $x \in X$, $B_\delta(x)$ 都包含于某个 $U \in \mathscr{U}$. □

最后，让我们来证明本节主要定理剩下的那一半结论：

列紧度量空间紧致的证明 任取列紧度量空间 X 的一个开覆盖 $\mathscr{U}$. 取一个小于 Lebesgue 数 $L(\mathscr{U})$ 的正实数 δ, 则存在一个有限 δ-网 $\{a_1, \cdots, a_n\}$. 然后再对每个 a_i 取 $U_i \in \mathscr{U}$ 使得 $B_\delta(a_i) \subseteq U_i$, 则 $\{U_1, \cdots, U_n\}$ 就构成了 $\mathscr{U}$ 的一个有限子覆盖. 这说明 X 紧致. □

习 题

1. 考虑 $[0, 2]$ 的覆盖
$$\mathscr{U} = \{(x-1, x+1) \mid x \in \mathbb{Z}\},$$
求这个覆盖的 Lebesgue 数.
2. 考虑定义在 $[0, 1]$ 上的所有连续函数构成的空间 $C([0, 1])$, 其上可以定义度量 $d(f, g) = \sup\{|f(x) - g(x)| \mid x \in [0, 1]\}$. 证明这个空间不紧致.
3. 证明紧致度量空间可分.

*§2.8 维 数

在高等代数中我们学过线性空间的维数概念: 直线是一维的, 平面是二维的. 拓扑维数是这个概念的一种拓扑推广.

数学家们最初以为维数是一个非常简单的概念, 稍微把直线弯一弯可以变成曲线, 所以曲线应当是一维的; 稍微把平面弯一弯可以变成曲面, 所以曲面应当是二维的. 然而事情并不这么简单.

当你第一眼看一个正方形的时候, 很容易产生一种感觉, 就是正方形所含的点一定要比一条线段所含的点多. 但是 Cantor 却证明了线段 $[0, 1]$ 和正方形 $[0, 1]^2$ 的基数相等这样一个反直觉的结论. 实际上借助实数的小数表示很容易构造一个单射 $f: [0, 1]^2 \to [0, 1]$ 如下: 设 $x = a_0.a_1 a_2 \cdots, y = b_0.b_1 b_2 \cdots$ (每个 a_i 或 b_i 是一位数字), 就取
$$f(x, y) = 0.a_0 b_0 a_1 b_1 a_2 b_2 \cdots.$$
这说明 $\|[0,1]^2\| \leq \|[0,1]\|$. 另一方面显然 $g: [0,1] \to [0,1]^2, x \mapsto (x, 0)$ 也是单射, 这说明 $\|[0,1]^2\| \geq \|[0,1]\|$. 因此两者的基数相等.

于是 Peano 就开始考虑：既然有从线段到正方形的一一对应，那么这样的一一对应能否连续呢？Peano 没有找到连续的一一对应，但是却找到了连续的满射 (这依然是个非常令人吃惊的例子)，这就是所谓的 **Peano 曲线** (Peano curve). Peano 曲线是通过构造一系列一致收敛的越来越复杂的映射序列 f_n，然后取极限得到的. 每个 f_n 是由若干段匀速直线运动构成，从 f_n 构造 f_{n+1} 的时候把每一段匀速直线运动进行如下的替换：把画"一"字形的运动替换成由九段匀速直线运动拼接成的一笔画"中"字形的运动 (参见图 2.12).

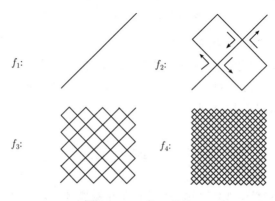

图 2.12 Peano 曲线

这个一致收敛的连续映射序列的极限 f 就称为 Peano 曲线. 当然你可以把直角转弯改成圆角转弯，让每个 f_n 看上去是个单射，但是得到的极限还是同样的那个连续满射.

实际上，后来 Hahn 和 Mazurkiewicz 还证明了一个更加令人吃惊的结果：如果 A 是一个度量空间的子集，那么它是 $[0,1]$ 在某个连续映射下的像集的充分必要条件是 A 紧致连通并且局部连通. 所以如果不对"曲线"这个词附加"单射"的要求的话，朴素的维数观点到这里就要彻底崩溃了.

好在如果我们只承认不和自己相交的曲线是曲线的话，情况就要好很多，因为线段到正方形的一一对应是不可能连续的 (参见紧致性那一节的习题). 一般地讲，流形的维数也是可以完全确定的，也就是说，任何两个不同维数的流形是不可能同胚的. 当然利用简单的点集拓扑工具只能证明一维流形和其他维数的流形不同胚 (参见连通性那一节的习题); 以后讲到基本群的应用时, 我们会证明二维流形和其他维数的流形不同胚; 更高维的情形就需要用到同调等更复杂的代数拓扑工具了.

如何定义一般空间的维数是一个很复杂的问题. 我们通常称为 "拓扑维数" 的那个概念来源于 Lebesgue 的一个定理.

定义 2.8.1 如果 $\mathscr{U}$ 是 X 的一个子集族, 称

$$\max\{n \mid 存在 x \in X 被 \mathscr{U} 中的 n 个元素包含\}$$

为 $\mathscr{U}$ 的 **最大覆盖次数** (maximum degree of covering).

Lebesgue 覆盖定理 (Lebesgue covering theorem) $\mathbb{E}^n$ 的任意开覆盖都有一个最大覆盖次数不超过 $n+1$ 的开加细.

证明 首先让我们来构造一个 $\mathbb{E}^n$ 的最大覆盖次数不超过 $n+1$ 的开覆盖 $\mathscr{W}$, 使得 $\mathscr{W}$ 的每个元素的直径不超过 1.

记 $A_k = \{(x_1, \cdots, x_n) \in \mathbb{E}^n \mid 恰好有 n-k 个 x_i 是整数\}$. 直观地看 A_0 是所有坐标都为整数的格点的集合; A_1 是一些互不相交的, 只有一个坐标不是整数的线段的并集; 一般地, A_k 也是一些互不相交的, 有 $n-k$ 个坐标为整数的 k 维立方体的并集. 并且 $\mathbb{E}^n = A_0 \cup \cdots \cup A_k$.

对于每个 A_k 存在一个开覆盖 $\mathscr{W}_k$, 它的元素是一些两两不相交的直径不超过 1 的开集, 并且每个开集覆盖住 A_k 的一个分支. 这个事实其实并不难理解, 只是要把 $\mathscr{W}_i$ 的公式显式地写出来会比较麻烦, 所以我们就不写了, 只对 $\mathbb{E}^2$ 的情形画个 $\mathscr{W}_i$ 中元素的示意图 (参见图 2.13) 供大家对比着去想象.

取 $\mathscr{W} = \mathscr{W}_0 \cup \cdots \cup \mathscr{W}_n$, 则因为每个 $\mathscr{W}_i$ 可以覆盖住 A_i, 所以 $\mathscr{W}$ 构成了 $\mathbb{E}^n$ 的一个覆盖. 注意, 任取 $\mathbb{E}^n$ 中的点 x, 每个开集族 $\mathscr{W}_i$ 中至多只有一个开集能包含 x, 因此 $\mathscr{W}$ 的最大覆盖次数至多是 $n+1$.

任取集合 $U \subseteq \mathbb{E}^n$ 及 $\varepsilon > 0$, 记

$$\varepsilon U = \{(\varepsilon x_1, \cdots, \varepsilon x_n) \in \mathbb{E}^n \mid (x_1, \cdots, x_n) \in U\}$$

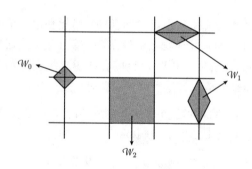

图 2.13 $\mathbb{E}^2$ 的分类覆盖方案

为将 U 等比例缩放 ε 倍得到的集合，并记
$$\varepsilon\mathscr{W} = \{\varepsilon U \mid U \in \mathscr{W}\},$$
则 $\varepsilon\mathscr{W}$ 也是 $\mathbb{E}^n$ 的一个最大覆盖次数不超过 $n+1$ 的开覆盖，并且每个开集的半径都不超过 ε.

任取 $\mathbb{E}^n$ 的开覆盖 $\mathscr{U}$. 对于每个正整数 i，考虑集合 $A_i = (-i,i)^n \setminus (-i+1, i-1)^n$，$\mathscr{U}$ 覆盖了 $\overline{A_i}$，因此可以取一个 $k_i \in \mathbb{N}$，使得 $\{U \in 2^{-k_i}\mathscr{W} \mid U \cap \overline{A_i} \neq \varnothing\}$ 构成这个覆盖的开加细，并且每个 $k_{i+1} \geq k_i$. 令 $\mathscr{V} = \bigcup_{i=1}^{\infty} \{U \in 2^{-k_i}\mathscr{W} \mid U \cap A_i \neq \varnothing, U \cap A_{i+1} = \varnothing\}$，则易验证 $\mathscr{V}$ 就是所求的开加细. □

实际上，这个定理的结论我们只叙述了一半，另一半是：$n+1$ 是最好的结果. 也就是说 $\mathbb{E}^n$ 中一定存在一个开覆盖 $\mathscr{U}$，它的任何开加细 $\mathscr{V}$ 的最大覆盖次数都至少是 $n+1$. 当 $n=1$ 时这是比较显然的，因为否则的话 $\mathscr{V}$ 中所含的开集就会互不相交地覆盖住 $\mathbb{E}^1$，这与 $\mathbb{E}^1$ 的连通性矛盾. 不过当 $n>1$ 时这需要花很多力气用代数拓扑的方法才能证明.

定义 2.8.2 如果存在非负整数 n 使得 X 的任意开覆盖有一个最大覆盖次数不超过 $n+1$ 的开加细，则称 X 为 **有限维空间** (finite dimensional space). 满足上述要求的最小整数 n 称为 X 的 **Lebesgue 覆盖维数** (Lebesgue covering dimension) 或 **拓扑维数** (topological dimension)，记为 $\dim X$.

例 1 上述关于 Lebesgue 覆盖定理的讨论说明：$\dim \mathbb{E}^n = n$. □

例 2　每个离散空间的拓扑维数都是 0.

证明　设 X 是一个离散空间，考虑全体单点集构成的集合族 $\mathscr{V} = \{\{x\} \mid x \in X\}$，则它是任何一个 X 的开覆盖的开加细，并且最大覆盖次数为 1. □

命题 2.8.1　如果 A 是有限维空间 X 的闭子集，则 A 也是有限维空间，并且 $\dim A \leq \dim X$.

证明　任取 A 的开覆盖 $\mathscr{U}_A$，考虑 X 的开覆盖

$$\mathscr{U}_X = \{U \subseteq X \mid U \text{ 开并且 } U \cap A \in \mathscr{U}_A\} \cup \{X \setminus A\},$$

则它有一个最大覆盖次数不超过 $\dim X + 1$ 的开加细 $\mathscr{V}_X$. 令

$$\mathscr{V}_A = \{U \cap A \mid U \in \mathscr{V}_X\} \setminus \{\varnothing\},$$

则 $\mathscr{V}_A$ 覆盖了 A，它是 $\mathscr{U}_A$ 的开加细，并且最大覆盖次数不超过 $\dim X + 1$. □

定理 2.8.1　如果 A, B 是有限维空间 X 的闭子集，并且 $X = A \cup B$，则 $\dim X = \max(\dim A, \dim B)$.

证明　记 $n = \max(\dim A, \dim B)$，由上一命题可知 $\dim X \geq n$，下面我们来证明 $\dim X \leq n$，即 X 的任意开覆盖有最大覆盖次数不超过 $n + 1$ 的开加细.

任取 X 的开覆盖 $\mathscr{U}$，集合族 $\mathscr{U}_A = \{U \cap A \mid U \in \mathscr{U}\}$ 构成 A 的开覆盖，有一个最大覆盖次数不超过 $n + 1$ 的开加细 $\mathscr{V}_A$. 对于每个 $V = W_V \cap A \in \mathscr{V}_A$（$W_V$ 是 X 中的开集），存在 $U_V \in \mathscr{U}$ 使得 $V \subseteq U_V \cap A$. 因此取开覆盖

$$\mathscr{V} = \{U_V \cap W_V \mid V \in \mathscr{V}_A\} \cup \{U \cap A^c \mid U \in \mathscr{U}\},$$

则 $\mathscr{V}$ 构成 $\mathscr{U}$ 的开加细，并且每个 A 中的点只被它的至多 $n + 1$ 个元素所包含.

同理可知，$\mathscr{V}$ 也有一个开加细 $\mathscr{W}$，使得每个 B 中的点只被它的至多 $n + 1$ 个元素所包含. 不过 A 中的点有可能被 $\mathscr{W}$ 的超过 $n + 1$ 个

元素所包含，为了解决这个问题，对于每个 $V \in \mathscr{V}$，取 $W_V = \cup \{W \in \mathscr{W} \mid W \subseteq V\}$，则集合族

$$\{W_V \mid V \in \mathscr{V}\}$$

依然是 $\mathscr{V}$ 的开加细，从而也是 $\mathscr{U}$ 的开加细，并且其最大覆盖次数不超过 $n+1$. □

Menger-Nöbeling 嵌入定理 (Menger-Nöbeling embedding theorem) 每个拓扑维数等于 n 的紧致度量空间都可以嵌入 $\mathbb{E}^{2n+1}$.

这是个非常深刻的定理. 它的证明虽然只用到点集拓扑，但还是比较复杂的，因为篇幅所限我们就不在这里介绍了. 注意，对于很多维数 n 都存在不能嵌入 $\mathbb{E}^{2n}$ 的 n 维紧致度量空间 (参见图 2.14)，不过这些反例都需要用代数拓扑的工具才能证明.

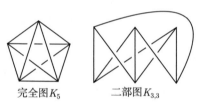

完全图 K_5　　二部图 $K_{3,3}$

图 2.14　不能嵌入 $\mathbb{E}^2$ 的一维紧致度量空间

最后说一些题外的话. 实际上有很多图形其拓扑维数并不能很好地反映其复杂的程度. 比如有些极端复杂的，用类似于构造 Peano 曲线的方法构造出来的"曲线"，你会觉得它的尺寸应该用某个维数介于 1 和 2 之间的尺子去量，尺子的维数大了就会量出零，而尺子的维数小了则会量出无穷大. 这种奇怪的图形被 Mandelbrot 命名为分形.

注意，分形既然强调的是应该用几维的尺度去测量一个图形的问题，所谓的"分形维数"也就不可避免地要与度量有关，而不是个拓扑不变量了.

我们知道 $\mathbb{E}^n$ 中半径为 ε 的实心球的体积为 $c_n \varepsilon^n$，这里 c_n 是半径为 1 的 n 维实心球的体积. 直观地看，对于一个比较规则的具有正的有限体积的图形 X，我们可以尝试用尽可能少的实心球去覆盖它. 当然一

开始重叠的部分可能会很多,但是如果让实心球的半径越来越小,最后这些实心球的体积之和就会逼近 X 的体积. 换句话说我们可以把

$$c_n \inf\{\varepsilon_1^n + \cdots + \varepsilon_k^n \mid B_{\varepsilon_1}(x_1) \cup \cdots \cup B_{\varepsilon_k}(x_k) \supseteq X\}$$

当做 X 的体积.

当我们不知道一个空间 X 的维数的时候,我们也可以先猜一下它的维数,然后按上式计算 X 的容积,猜小了应该算出无穷大,而猜大了则应该算出零.

定义 2.8.3 设 X 是度量空间. 任取 $A \subseteq X$ 及 $n \in [0, \infty)$, 称

$$H_n(A) = \inf \left\{ \sum_{U \in \mathscr{U}} (\operatorname{diam} U)^n \mid \cup \mathscr{U} \supseteq A \right\}$$

(其中 $\operatorname{diam} U = \sup\{d(x,y) \mid x, y \in U\}$) 为 A 的 n 维 **Hausdorff 测度**
(Hausdorff measure). 称

$$\dim_H(X) = \inf\{n \in [0, \infty) \mid H_n(X) = 0\}$$

为 X 的 **Hausdorff 维数** (Hausdorff dimension) 或 **分形维数** (fractal dimension). 这里我们规定空集的下确界为 $\inf \varnothing = +\infty$.

例 3 $\dim_H([0,1]^n) = n$. □

例 4 设 A 是我们讲闭集那节提到的 Cantor 三分集,则

$$\dim_H(A) = \frac{\ln 2}{\ln 3}.$$

证明 A 可以分成 $A_1 = \left[0, \frac{1}{3}\right] \cap A$ 和 $A_2 = \left[\frac{2}{3}, 1\right] \cap A$ 两个部分,每一个 A_i 都是由 A 缩小到原来的 $\frac{1}{3}$ 然后平移得到的,因此把 A 的覆盖整体缩小然后平移也可以得到 A_i 的覆盖.

记 $\|\mathscr{U}\|_n = \sum_{U \in \mathscr{U}} (\operatorname{diam} U)^n$. 上面的讨论说明如果可以构造一个 A 的覆盖 $\mathscr{U}$ 使得 $\|\mathscr{U}\|_n = \sigma$, 那么就可以分别构造 A_1 和 A_2 的覆盖然

后合并起来得到 A 的覆盖 $\mathscr{V}$ 使得 $\|\mathscr{V}\|_n = \dfrac{2}{3^n}\sigma$. 因此当 $\dfrac{2}{3^n} < 1$, 即 $n > \dfrac{\ln 2}{\ln 3}$ 时, $H_n(A) = 0$.

现在任取正实数 $n < \dfrac{\ln 2}{\ln 3}$, 我们来证明此时 $H_n(A) > 0$. 假设不是这样的, 则任取 $\varepsilon > 0$, 一定可以构造一个 A 的有限开覆盖 $\mathscr{U}$ 使得 $\|\mathscr{U}\|_n < \varepsilon$. 这是因为我们可以先构造一个覆盖 $\mathscr{V}$ 使得 $\|\mathscr{V}\|_n < \dfrac{1}{2^n}\varepsilon$. 然后对每个 $V \in \mathscr{V}$ 可以取一个包含 V 的半径为 $\operatorname{diam} V$ 的开区间 W, 则这些 W 合在一起就构成了 A 的一个开覆盖 $\mathscr{W}$, 使得 $\|\mathscr{W}\|_n < \varepsilon$. 因为 A 紧致, 所以在 $\mathscr{W}$ 中还可以再挑出一个 A 的有限子覆盖 $\mathscr{U}$. 显然它也满足 $\|\mathscr{U}\|_n < \varepsilon$.

现在取定 $\varepsilon = \dfrac{1}{3^n}$. 设 $\mathscr{U}$ 是满足条件 $\|\mathscr{U}\|_n < \varepsilon$ 的有限开覆盖中所含开集个数最少的一个. 每个 $U \in \mathscr{U}$ 都要满足 $\operatorname{diam} U < \dfrac{1}{3}$ (因为否则 $(\operatorname{diam} U)^n \geq \varepsilon$), 所以不可能同时与 A_1 和 A_2 相交非空, 于是 $\mathscr{U}$ 中一定有两个不相交的子族 $\mathscr{V}_1$ 和 $\mathscr{V}_2$ 分别覆盖 A_1 和 A_2, 其中一定有一个满足 $\|\mathscr{V}_i\|_n < \dfrac{1}{2}\varepsilon$. 显然我们可以把 $\mathscr{V}_i$ 放大 3 倍再平移, 得到 A 的有限开覆盖 $\mathscr{V}$, 这个 $\mathscr{V}$ 所含开集个数一定比 $\mathscr{U}$ 的少, 然而
$$\|\mathscr{V}\|_n = 3^n \|\mathscr{V}_i\|_n < \dfrac{3^n}{2}\varepsilon < \varepsilon.$$
矛盾说明假设不成立, 即 $n < \dfrac{\ln 2}{\ln 3}$ 时 $H_n(A) > 0$.

综上所述, $\dim_H(A) = \ln 2 / \ln 3$. □

采用类似的技术可以计算很多具有较强自相似性的图形的维数. 马马虎虎地讲, 如果一个图形 X 可以拆成 k 部分 $X_1, \cdots, X_k$ 的并集, 不同的 X_i "几乎不重叠", 并且每个 X_i 都是原图形缩放 λ_i 倍所得, 则 X 的 Hausdorff 维数 n 满足方程
$$\lambda_1^n + \cdots + \lambda_k^n = 1.$$

很显然, Hausdorff 维数不一定是整数, 所以也不一定与拓扑维数一致. 一般来讲, 当一个图形的这两种维数算出来不相同的时候 (比如 Cantor 三分集), 就称这个空间是一个 **分形** (fractal).

第三章 闭曲面的拓扑分类

在学习点集拓扑的时候,我们总是希望一个拓扑概念能适用的范围尽可能的广,但是在列出可数性、分离性、连通性、紧致性这四大类性质之后,大概有很多读者会有一种感觉,似乎直观想法能为我们提供的灵感也就这么多了. 这种认识当然是错误的,如果你的眼光只局限在点集拓扑上面,会错过拓扑学中很多精彩的东西.

这就像很多男士可能以为时装是女士的专利,他们在任何场合下穿西装打领带就行了,但其实有很多场合他们都可以穿别的东西,让自己更舒服一些或者看上去更英俊潇洒一些. 如果说连通性和紧致性是拓扑空间的西装和领带的话,那么研究流形的时候,就是可以脱掉西装扯掉领带,换上更舒服或者更帅气的服装的时候了.

当然一维流形就是曲线,在一条曲线之内可能玩不出什么花样. 但是对于二维流形,也就是曲面,我们就可以进行各种几何拓扑的"剪切粘贴"操作,并定义一些代数拓扑的不变量,包括 Euler 数,可定向性,以及 Betti 数,等等. 我们将通过介绍这些有趣的内容,为大家推开一扇更大的窗户,让大家看到拓扑学除了点集拓扑之外,还有很多更加奇妙的思想和方法.

需要特别说明一下的是,虽然闭曲面在解释很多概念和想法的时候已经算是最简单的情形了,但我们仍然不可避免地会在本章中遇到一些只能直接"宣布"其正确性而不能完整介绍其证明的论述,这也就是所谓的"跳步". 这有时是因为需要用到超出本书所讲范围的技术 (比如同调论或同伦论),有时是因为包含太多与主要内容无关的技术细节.

闭曲面的分类问题其实早在 Möbius 的论文中就有所讨论了,但他的分类只包括了那些可以很好地放在 $\mathbb{E}^3$ 里的闭曲面,而不包括任何不可定向闭曲面 (比如射影平面). Gauss 的另一个著名的学生 Riemann 在研究 Riemann 曲面的时候,实际上也相当于用分析的方法掌握了闭曲面的分类. 但是直到 1907 年 Dehn 和 Heegaard 才明确写出了第一个严格完整的证明. 三维以上闭流形的分类则要困难得多, 直到今天依然是拓扑学中的重要研究课题.

§3.1 拓扑流形

在前面讲分离公理的时候, 我们曾经简单地提到过不带边界的流形, 把它当作证明 Hausdorff 性质的重要性的例子. 流形就是每一点附近都可以拓扑上当作欧氏空间看待的 Hausdorff 空间. 这是一类很重要也很常用的拓扑空间, 比如我们所生活的这个物理学家所关心的时空, 经典力学会把时间和空间分别对待, 而空间本身就是一个 $\mathbb{E}^3$, 但是到了广义相对论里, 时间和空间总是合在一起处理的, 时空就是一个四维流形. 量子物理学家还会为时空加上更多的维度, 以便刻画我们看不见的微观世界, 比如超弦理论就需要一个十维流形, 然后才能在其中建立起同时和相对论及量子力学兼容的理论框架.

一维和二维的流形其实是很容易想象的. 一维流形就是曲线, 二维流形则是曲面. 曲面有可定向和不可定向之分, 最简单的不可定向带边曲面是著名的 Möbius 带, 最简单的不可定向闭曲面则是射影平面 $\mathbb{RP}^2$. Klein 在研究 Riemann 曲面的时候发现了第二个不可定向闭曲面, 那就是在科普文章中经常出现的 Klein 瓶. 与 Möbius 带不同的是, 所有的不可定向闭曲面都是不能嵌入三维欧氏空间的, 所以你只有掌握了商空间和商映射的拓扑语言后, 才能很好地"想象"它们.

定义 3.1.1 如果 Hausdorff 空间 M 的每个点都有开邻域同胚于 $\mathbb{E}_+^n = \{(x_1, \cdots, x_n) \in \mathbb{E}^n \mid x_n \geq 0\}$ 的开子集, 则称 M 为一个 **带边流形** (manifold with boundary), 简称 **流形** (manifold), 并称 n 为 M 的 **维数** (dimension), 记为 $\dim M$.

注意, 定义中的第二个"开"字是不能省略的: 考虑 $\mathbb{E}^1$, 它的每个点都有开邻域同胚于 $\mathbb{E}_+^2$ 的子集, 但是很显然我们不能把它当作二维流形看待. $\mathbb{E}_+^n$ 中的点有两类, 一类是满足 $x_n > 0$ 的点, 每个这样的点都有一个开球形邻域同胚于 $\mathbb{E}^n$, 另一类是满足 $x_n = 0$ 的点, 每个这样的点都有一个开的半球形邻域同胚于 $\mathbb{E}_+^n$. 因此, 有些书上会把流形定义中 "每个点有开邻域同胚于 $\mathbb{E}_+^n$ 的开子集" 这条换成下述与之等价的条件:

每个点有开邻域同胚于 $\mathbb{E}^n$ 或 $\mathbb{E}_+^n$.

例 1 球面 S^2 是二维流形.

证明 考虑 $p = (0,0,1)$ 的开邻域 $U = \{(x,y,z) \in S^2 \mid z > 0\}$, 则映射 $\varphi : (x,y,z) \mapsto (x, y+1)$ 把 U 同胚到 $\mathbb{E}_+^2$ 中的一个开圆盘 $B = \{(x,y) \mid x^2 + (y-1)^2 < 1\}$. 对于 S^2 上的其他任意一点 q, 高等代数的知识告诉我们存在正交变换 γ_q 把 q 变到 p. 令 $U_q = \gamma_q^{-1}(U)$, 则 U_q 也是 q 的开邻域, 并且 $\varphi \circ \gamma_q|_{U_q}$ 把 U_q 也同胚到开圆盘 B. 因此 S^2 是二维流形. □

类似地, n 维球面也都是 n 维流形.

定义 3.1.2 如图 3.1 所示, 如果 φ 是从 M 的开子集 U 到 $\mathbb{E}_+^n$ 的开子集 $\varphi(U)$ 的同胚, 则称 (U, φ) 为 M 上的一个 **局部坐标系** (coordinate chart). 如果流形 M 上有两个局部坐标系 $(U, \varphi_U), (V, \varphi_V)$, 则称

$$\gamma_{UV} : \varphi_U(U \cap V) \to \varphi_V(U \cap V), \quad x \mapsto \varphi_V(\varphi_U^{-1}(x))$$

为从 (U, φ_U) 到 (V, φ_V) 的 **坐标变换** (transition function).

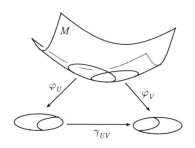

图 3.1 流形上的局部坐标系

命题 3.1.1 Hausdorff 空间 M 是流形的充分必要条件是: 存在 M 上的一族局部坐标系 $\mathscr{A}$, 使得 $\bigcup_{(U,\varphi) \in \mathscr{A}} U = M$. □

注意，坐标变换全都是 $\mathbb{E}^n$ 的开子集之间的同胚. 有的时候人们会取一套这样的局部坐标系 $\mathscr{A}$，并要求坐标变换满足一些附加的条件，然后把它称为 M 上的"某某结构". 比如说，如果坐标变换都是连续可微的，则称 $\mathscr{A}$ 为 M 上的一个微分结构，并称 $(M, \mathscr{A})$ 为一个微分流形. 于是没有取定任何"特殊结构"的流形也被称为**拓扑流形** (topological manifold).

定义 3.1.3 设 M 是一个 n 维流形. 如果 $x \in M$ 有开邻域 U 以及从 U 到 $\mathbb{E}^n$ 的开子集的同胚 φ，使得 $\varphi(x) = (0, \cdots, 0)$，则称 x 为 M 的**内点** (inner point 或 interior point). 所有内点构成的集合称为 M 的**内部** (interior). 如果 $y \in M$ 有开邻域 V 以及从 V 到 $\mathbb{E}^n_+$ 的开子集的同胚 ψ，使得 $\psi(y) = (0, \cdots, 0)$，则称 y 为 M 的**边界点** (boundary point). 所有边界点构成的集合称为 M 的**边界** (boundary)，记为 ∂M (参见图 3.2).

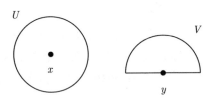

图 3.2　内点和边界点

注意，流形的内点与第一章中提到的一个空间中的子集的内点完全是两码事，虽然它们的名字是一样的. 比如考虑平面上的一条直线 $\ell = \{(x, y) \in \mathbb{E}^2 \mid y = 0\}$，作为流形来讲 ℓ 的每个点都是内点，但是作为 $\mathbb{E}^2$ 的子集来讲它的每个点都不是内点.

前面我们已经指出，一个流形上的每个点都有开邻域同胚于 $\mathbb{E}^n$ 或 $\mathbb{E}^n_+$，把这个同胚稍作调整就可以修改成内点或者边界点定义中要求的那种同胚. 实际上，可以证明下述命题成立.

命题 3.1.2 一个流形上的每个点如果不是内点，则一定是边界点；任何一点都不可能既是内点又是边界点.

不过"内点不是边界点"需要用代数拓扑的方法才能证明，所以只能请读者们相信它是对的，然后放心地去应用其结论. 以后讲到基本群的应用时,我们会对二维流形给出相应的证明,那个证明可以推广到一般的情形.

例 2 $\partial \mathbb{E}_+^n = \{(x_1, \cdots, x_n) \in \mathbb{E}_+^n \mid x_n = 0\}$. 实际上,我们可以直接验证不属于该子集的点都是内点,而属于该子集的点都是边界点,因此由前述命题可知,该子集就是流形的边界. □

同理可知,线段的边界是它的两个端点,圆周的边界是空集,而单位圆盘的边界是单位圆周.

命题 3.1.3 一维流形的边界是一个离散点集. 如果 $n > 1$,则 n 维流形的边界是个边界为空集的 $n-1$ 维流形.

证明 设 M 是 n 维流形,则任取 $x \in \partial M$,存在 x 的开邻域 U 以及一个从 U 到 $\mathbb{E}_+^n$ 的开子集 V 的同胚 φ,使得 $\varphi(x) = (0, \cdots, 0)$. 显然 V 也是一个 n 维流形,并且 $y \in U \cap \partial M$ 当且仅当 $\varphi(y) \in \partial V$. 然而

$$\partial V = \{(y_1, \cdots, y_n) \in V \mid y_n = 0\},$$

这就说明,x 在 ∂M 中有开邻域同胚于 $\mathbb{E}^{n-1}$ 的开子集. 因此,∂M 是没有边界点的 $n-1$ 维流形. □

最后,让我们来简单地看一下紧致流形. 每个紧致流形都是满足第二可数公理的正则 Hausdorff 空间 (参见本节末的习题),因此由 Urysohn 度量化定理可知,它一定可度量化. 另一方面,在上一章最后面我们曾经简单地介绍过拓扑维数的概念. 利用 Lebesgue 覆盖定理可以证明,每个紧致 n 维流形的拓扑维数一定等于 n. Menger-Nöbeling 嵌入定理指出,这样的度量空间一定可以嵌入 $\mathbb{E}^{2n+1}$ (当然,对于很多 n,紧致 n 维流形都可以嵌入更低维数的欧氏空间).

定义 3.1.4 边界为空集的紧致流形称为**闭流形** (closed manifold). 一维连通流形称为**曲线** (curve),一维连通闭流形称为**闭曲线** (closed curve),二维连通流形称为**曲面** (surface),二维连通闭流形称为**闭曲面** (closed surface).

例 3 任何一维紧致连通流形一定同胚于 S^1 或 $[0, 1]$.

特别地,这个例子说明闭曲线只有圆周这一个同胚类. 这个结论其

实还是很容易让人接受的,证明的大体思路是:任何一维紧致流形都可以由有限条线段粘合端点而得到,然后对线段的条数归纳一下就行了. 但是要想严格证明这个思路的前半句话,依然有很多技术上的困难需要去克服,因此我们就不去证明了. 进一步地,还可以证明任何一维连通流形如果满足第二可数公理,则一定同胚于 S^1, $[0,1]$, $[0,1)$ 或 $(0,1)$. 需要指出的是,不满足第二可数公理的一维连通流形("比直线还长的线")也确实是存在的,不过因为篇幅所限,我们就不讨论那些奇怪的空间了.

本章剩下的部分将致力于对闭曲面进行拓扑分类.

习　题

1. 请验证 $X = \{(x,y) \in \mathbb{E}^2 \mid x \geq 0, y \geq 0\}$ 是个二维带边流形,并求出它的边界.
2. 验证射影平面 $\mathbb{RP}^2$ 是个二维流形.
3. 考虑单位圆盘 $D^2 = \{(x,y) \in \mathbb{E}^2 \mid x^2 + y^2 \leq 1\}$,对于下述两种 $x \in D^2$ 的取值,请分别显式写出它在 D^2 上的一个开邻域 U 以及一个从 U 到 $\mathbb{E}^2$ 或 $\mathbb{E}^2_+$ 中开子集的同胚 φ,使得 $\varphi(x) = (0,0)$:
   (1) $x = (0,0)$;　　(2) $x = (1,0)$.
4. 证明一维流形的内点不是边界点.
5. 证明流形是正则空间,即任取闭集 A 及 $x \notin A$, A 和 x 有不相交的邻域.
6. 证明紧致流形满足第二可数公理.

§3.2　单纯复形

在引言中我们提到过,Gauss 的学生 Listing 在 1847 年发表的论文中,首次使用了"拓扑"这个专门术语称呼这门学科. Listing 的另一个重要贡献是单纯复形的概念.

单纯复形是组合拓扑的基本概念之一. 这其实是一个很容易理解的初等概念. 用一些线段首尾相接,可以得到复杂的曲线;用一些三角形沿着边粘合,可以得到复杂的曲面;点、线段、三角形这些不同维数的最简单几何形体推广了就是单纯形. 直观地看,这种描述复杂空间的方法就像是搭积木,搭出一个特定空间的方法记录成册就叫单纯复形,而所用的积木则是单纯形.

定义 3.2.1 设 $\mathbb{E}^m$ 中的 $n+1$ 个点 $P_0, \cdots, P_n$ ($n > 0$) 使得向量组 $\overrightarrow{P_0P_1}, \overrightarrow{P_0P_2}, \cdots, \overrightarrow{P_0P_n}$ 线性无关,则称这组点**处于一般位置** (in general position) 或**几何无关** (geometrically independent). 我们规定单独的一个点 P_0 (即 $n = 0$ 的情形) 也算是一组几何无关的点. 如果 $P_0, \cdots, P_n$ 是 $\mathbb{E}^m$ 中的一组几何无关的点,则称 $\mathbb{E}^m$ 的子集

$$\sigma = \{P \in \mathbb{E}^m \mid \overrightarrow{OP} = t_0\overrightarrow{OP_0} + \cdots + t_n\overrightarrow{OP_n},$$
$$t_0 + \cdots + t_n = 1, \ t_0 > 0, \cdots, t_n > 0\}$$

为 $\mathbb{E}^m$ 中的一个**几何开单纯形** (geometric open simplex),简称**几何单形** (geometric simplex). 称 $P_0, \cdots, P_n$ 为 σ 的**顶点** (vertex). 称 n 为 σ 的**维数** (dimension),记为 $\dim \sigma$. 称 σ 的闭包 $\bar{\sigma}$ 为 σ 对应的**几何闭单形** (geometric closed simplex).

注意,定义中用来放置几何单形的 $\mathbb{E}^m$ 的维数 m 与单形本身的维数 n 并没有直接关系 (当然 $m \geq n$ 是必须的). 另外请注意,也有很多文献中所谓的单形指的是闭单形,而不是开单形.

例 1 不难看出,零维几何单形就是单点集. 两个点几何无关当且仅当不重合,因此一维几何单形就是线段 (不含端点). 三个点几何无关当且仅当它们不共线,因此二维几何单形就是三角形 (不含边界). 四个点几何无关当且仅当它们不共面,因此三维几何单形就是四面体 (不含表面). 这些低维单形的样子参见图 3.3. □

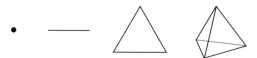

图 3.3 一些几何单形的例子

几何单形相互之间最基本的关系是"表面"或者"边界"的关系.

比如一个四面体，它本身是个三维几何单形，它有四个面，而每一个面也都是一个二维几何单形 (三角形). 这种相互关系可以用顶点集之间的包含关系来简单地刻画.

定义 3.2.2 设 σ 和 τ 是两个几何单形，并且 σ 的顶点集含于 τ 的顶点集之中，则称 σ 为 τ 的一个 **面** (face)，记做 $\sigma \preceq \tau$. 特别地，τ 也是自己的面，而不等于 τ 的面称为其 **真面** (proper face).

定义 3.2.3 设 K 是 $\mathbb{E}^m$ 中的几何单形构成的集合，满足条件:

(1) 任取 $\sigma \in K$, 它所有的面也都属于 K;
(2) 任取 $\sigma, \tau \in K, \sigma \cap \tau = \varnothing$;

则称 K 为一个 **几何单纯复形** (geometric simplicial complex)，简称 **几何复形** (geometric complex). K 中单形的顶点也称为 K 的 **顶点** (vertex). K 中所含单形的最大维数称为 K 的 **维数** (dimension), 记为 $\dim K$. $\mathbb{E}^m$ 的子空间 $\bigcup_{\sigma \in K} \sigma$ 称为 K 的 **多面体** (polyhedron 或 polytope), 记为 $|K|$.

注意，第二个条件说的是开单形不相交，如果换成闭单形来考虑，相当于要求任何两个闭单形如果相交，交集一定是某个公共面对应的闭单形. 图 3.4 显示了两个不符合要求的例子，其中 (a) 是两个二维单形相交非空，而 (b) 则是两个二维单形有相交非空的一维面.

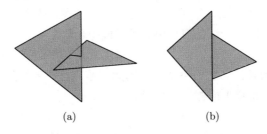

图 3.4 不符合规则的例子

本书中只讨论 **有限复形** (finite complex)，即 K 是有限集的情形. 如果 K 是无限集，通常需要添加一些附加条件才方便讨论 (比如要求每个单形 $\sigma \in K$ 只能是 K 中有限多个单形的面)，我们就不详细讨论无限复形了.

于是我们可以用三角形粘合出各种曲面, 或者使用更高维数的单形像搭积木一样搭出更高维数的流形. 其实几何单形比普通的积木包含更多的信息, 因为它连搭积木时这一块应该摆放在哪里都标出来了. 复形的作用就是记录下用了哪些积木. 注意, K 是单形的集合, 而其多面体 $|K|$ 才是拓扑空间.

其实对于拓扑学家来说, 积木的准确几何位置并不重要, 我们只要知道闭单形相互之间是怎么粘的, 就能知道多面体 $|K|$ 的拓扑类型了. 而要想知道闭单形是怎么粘合的, 我们只要知道那些单形的顶点是怎么粘合的就足够了. 比如说, 如果已知一个闭单形的顶点集是 $\{A, B, C\}$, 另一个闭单形的顶点集是 $\{B, C, D\}$, 那么这一定是两个三角形, 并且它们应当通过以 $\{B, C\}$ 为顶点集的线段 (公共边) 粘合. 这个想法再进一步发展就变成了抽象单形的概念.

定义 3.2.4 任何一个有限集 σ 称为一个 **抽象单形** (abstract simplex), 简称 **单形** (simplex). 称 σ 所含的元素为其 **顶点** (vertex). 如果 σ 的元素个数为 n, 则称 $n-1$ 为其 **维数** (dimension), 记为 $\dim \sigma$. 如果 σ 和 τ 是两个抽象单形, 并且 $\sigma \subseteq \tau$, 则称 σ 为 τ 的一个 **面** (face), 记做 $\sigma \preceq \tau$.

注意, 两个顶点决定一条线段, 三个顶点决定一个三角形, 因此单形的维数要比它的顶点个数少 1.

定义 3.2.5 设 K 是一个由抽象单形构成的集合, 并且满足任取 $\sigma \in K$, 它的所有面也属于 K, 则称 K 为一个 **抽象单纯复形** (abstract simplicial complex), 简称 **复形** (complex). K 中单形的顶点也称为 K 的 **顶点** (vertex). K 中所含单形的最大维数称为 K 的 **维数** (dimension), 记为 $\dim K$. 如果 K 的子集 K' 也构成复形, 则称之为 K 的 **子复形** (subcomplex).

如果 J 是一个几何复形, 取

$$K = \{\sigma \text{ 的顶点集} \mid \sigma \in J\},$$

则显然 K 就是一个抽象复形. 一般地，如果 J 是一个几何复形，K 是一个抽象复形，并且存在 J 的顶点集到 K 的顶点集的双射 φ，使得 $\{v_1,\cdots,v_k\}$ 是 J 中某个几何单形的顶点集当且仅当 $\{\varphi(v_1),\cdots,\varphi(v_k)\}$ 是 K 中的抽象单形，则称 J 为 K 的一个**几何实现** (geometric realization).

定理 3.2.1 设 K 是一个顶点集有限的抽象复形，则 K 一定有几何实现，并且它的任何两个几何实现的多面体相互同胚. 我们把 K 的任何一个几何实现的多面体都称为 K 的**多面体** (polyhedron 或 polytope)，并在需要的时候把它记为 $|K|$.

证明 设 K 的顶点集为 $V_K=\{P_1,\cdots,P_m\}$，在 $\mathbb{E}^m$ 中取

$$Q_1=(1,0,\cdots,0), Q_2=(0,1,\cdots,0),\cdots,Q_m=(0,0,\cdots,1),$$

并令 $V=\{Q_1,\cdots,Q_m\}$. 则 V 几何无关，因此决定了一个以 V 为顶点集的 $m-1$ 维几何单形 Σ. 显然 Σ 的面两两不相交，并且单形到其顶点集的对应是 Σ 的面到 V 的非空子集的双射.

任取 V_K 的子集 $A=\{P_{i_1},\cdots,P_{i_n}\}$，记以 $\{Q_{i_1},\cdots,Q_{i_n}\}$ 为顶点集的那个 Σ 的面为 σ_A，然后取

$$J=\{\sigma_A \mid A\in K\},$$

则 J 就是一个几何复形，而且是 K 的几何实现.

如果 J_1 和 J_2 是抽象复形 K 的两个几何实现，则它们的顶点集之间有一个双射，我们可以把这个双射线性地扩张到每个几何闭单形上，这样就得到了 $|J_1|$ 与 $|J_2|$ 之间的同胚. □

在这个证明里用于构造几何实现的 $\mathbb{E}^m$ 的维数比较大，不过 Menger 证明了每个 n 维有限复形都在 $\mathbb{E}^{2n+1}$ 中有一个几何实现 ($n=1$ 的情形见习题).

一般的拓扑空间并不都能切割成一个个类似于单形的小块，但是对于紧致带边曲面来说，却总是能够做到的. 首先在曲面上取一些点，然后在这些点之间连接一些互不相交的弧线，要求每条弧线的两个端点不

同,并且每对端点之间至多只连一条弧线. 这些弧线把曲面切割成一块块的区域. 如果切得足够细, 最终会有办法把每块区域切成一个"曲边三角形", 于是我们就可以从这些"曲边三角形"的顶点集 (抽象单形) 及其子集 (面) 构成的抽象复形结构上还原出最初的曲面来.

定义 3.2.6 如果 M 是一个拓扑空间, 并且存在抽象复形 K 使得 $M \cong |K|$, 则称 M 为 **可剖分空间** (triangulable), 称 K 为其 **单纯剖分** (triangulation), 也称 **三角剖分**.

例 2 环面是一个可剖分空间.

证明 我们知道环面可以由正方形将上下以及左右两边分别配对粘合而得到. 因此当我们想把环面切割成很多曲边三角形的时候, 这些"割痕"可以在正方形上画出来.

图 3.5 中左侧的示意图就是一个符合要求的切割方法. 这个图中的每个三角形对应环面上的一个曲边三角形, 每个三角形的边对应环面上的一条弧, 每个顶点对应环面上的一个点. 我们就可以把环面上的那些相对应的图形的顶点集选作 K 的单形, 从而构造出一个抽象复形 K 来. 注意, 在这个示意图中, 正方形的上下以及左右两对边是要配对粘合的, 因此示意图上相对应的位置, 比如两侧的边 AB, 实际上对应的是环面上的同一个位置.

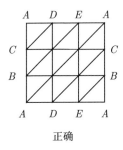
正确

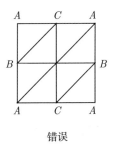
错误

图 3.5 环面的单纯剖分

环面可以按图 3.5 左侧的示意图被切成十八个曲边三角形. 反过来, 任取十八个互不相交的三角形, 也可以按该图所示的粘合规则拓地粘合,从而得到环面. 换言之,K 就是环面的一个单纯剖分.

值得一提的是,上图中右侧的示意图虽然看上去更简单一些,但却是一个错误的切法. 在该图中,左上角和右下角的两个三角形的顶点对应的是环面上完全相同的三个点,这会导致同一个抽象单形 $\{A,B,C\}$ 被用来标记两个不同的曲边三角形. 所以前面提到的那种构造曲面单纯剖分的技术有两个关键点要注意:一是要使得切出来的每一小块拓扑上同胚于一个三角形(即圆盘),并且边界恰好由三个顶点及三条连线(边)构成;二是需要任何两个这样的小块不能使用三个完全相同的顶点. 当这两条都被满足时,整个切割方案就能用一个抽象单纯复形 K 来记录,使得对 K 进行几何实现的时候,得到的多面体 $|K|$ 与 M 同胚.

定理 3.2.2 任何紧致曲面都有二维有限单纯剖分. □

注意,我们虽然在上面直接打了个"已证完"的标记,但并不是说这个结论是"显然的". 实际上,这个结论是 Radó 在 1925 年证明的,证明虽然只用到了很初等的拓扑技术,但是却相当复杂. 不过,这个证明与我们要讲的主要内容关系不大,所以我们就不具体介绍了,大家只需要知道这个结论即可.

有了这个定理,我们便知道每个紧致曲面都是由有限个三角形粘合边而得到的,而且边应该配对粘合. 如果把三个以上的三角形沿一个公共边粘合,粘出来的肯定不是流形. 我们将在讲完基本群后再证明这一几何直观. 现在暂时承认这一点,那么就可立刻得出下述推论.

推论 3.2.1 任何紧致曲面都可以由有限多个三角形将一部分边配对粘合而得到,而没有配上对的边以及它们的顶点粘合后得到的是该曲面的边界. □

这个定理的一维版本也是对的 (参见习题). 由此不难进一步证明,紧致 (连通) 曲线一定同胚于 S^1 或者 $[0,1]$.

Moise 证明了任何紧致三维流形也一定有一个三维有限单纯剖分. 但是稍微深入地思考一下就会明白,一个 n 维流形是否可剖分,以及如何剖分的问题,当 $n>3$ 时是相当不简单的. 这是因为,当用 $n-1$ 维子流形的"刀"去切 n 维流形的"豆腐"时,并没有一个直接有效的办法来判断切下来的小块是否同胚于 n 维单形.

数学家们已经找到了不可单纯剖分的四维闭流形的例子（比如 Freedman 发现的 "$E8$ 流形"）. 而对于一般的五维以上的流形, 这个问题还会变得更加困难. 所以对于具有有限单纯剖分的流形, 其研究方法和对一般拓扑流形的研究方法是不一样的.

习 题

1. 对任意维数 n 构造一个 S^n 的有限单纯剖分.
2. 设 J, K 是两个没有公共顶点的抽象复形, 令
$$J * K = \{\sigma \cup \tau \mid \sigma \in J, \tau \in K\} \cup J \cup K.$$
   (1) 证明 $J * K$ 也是一个抽象复形.
   (2) 证明 $\dim(J * K) = \dim J + \dim K + 1$.
3. 设 K 是一个抽象复形, m 是非负整数. 记
$$K^{(m)} = \{\sigma \in K \mid \dim \sigma \leq m\}.$$
   (1) 证明 $K^{(m)}$ 是 K 的 m 维抽象子复形.
   (2) 证明 $|K|$ 道路连通当且仅当 $|K^{(1)}|$ 道路连通.
4. 设 $p_n = (n, n^2, n^3) \in \mathbb{E}^3$, 而 e_{mn} 表示 $\mathbb{E}^3$ 中以 p_m 和 p_n 为顶点的一维几何开单形.
   (1) 证明：如果 $i, j, k, \ell \in \mathbb{N}$ 互不相同, 则 $e_{ij} \cap e_{k\ell} = \varnothing$.
   (2) 证明一维有限复形都可以用 $\mathbb{E}^3$ 中的几何复形实现.
5. 证明：紧致一维流形一定具有一维的有限单纯剖分.

§3.3 闭曲面的分类

前面已经介绍过, 闭曲线只有圆周一个同胚类, 而闭曲面的分类就要复杂多了. 最早试图分类的人是 Möbius, 在他的一篇文章里列出了所有 $\mathbb{E}^3$ 中的闭曲面. 尽管他是第一个讨论曲面的可定向性的人, 但他的文章中却没有讨论不可定向闭曲面的分类. 因为在他的时代, 人们还很难想象那样的完全无法嵌入 $\mathbb{E}^3$ 的曲面. 另一个试图分类闭曲面的人是

Riemann. 虽然他只是给出了一个 Riemann 曲面的清单，但这实际上已经包含了所有闭曲面. 不过一直到 Poincaré 发明基本群之后，Dehn 和 Heegaard 才写了闭曲面分类定理的一个严格完整的证明.

上一节提到，任何闭曲面都可以由有限多个三角形把边配对粘合得出. 当然这里所谓的粘合是一个拓扑的操作. 严格地说，就是要在若干个互不相交的三角形上定义一个可以将边配对粘合的等价关系，然后关于这个等价关系取商空间，得到闭曲面.

有趣的是，虽然从商空间的角度来看，曲面是从那个等价关系直接得到的，即所有点的粘合都是在同一瞬间完成的，但是我们却可以人为地设定一个"加工顺序"，把粘合过程想象成是那些边按这个顺序依次地粘合，并画出粘合过程中某些关键步骤的中间形态. 这可以帮助我们想象最后所得曲面的形状和性质.

现在假设已知一族有限多个三角形以及把边配对粘合的粘法，使得粘出来的结果是连通曲面. 那么可以首先挑选一个特定的三角形，然后从它出发一个个地粘三角形，使得每一步都是挑一个之前没用过的新的三角形，和已经粘好的那个多边形在一条公共边上粘合 (另外的两条边即使能粘合也先不粘)，得到一个新的多边形. 经过若干步后所有的三角形都用完，就得到了一个非常重要的中间形态，这个中间形态拓扑上就是平面内的一个正多边形，而在这个正多边形上把边配对用线性同胚粘合，就能得到最初被剖分的那个闭曲面.

注意，对于平面上的正多边形，两条边之间的线性同胚实际上只有两种：一种保向，一种反向. 边的线性同胚 $f: \overline{AB} \to \overline{CD}$ 保向的意思就是：沿着 $\overline{AB}$ 从 A 走到 B 的绕行方向 (顺时针或者逆时针) 与沿着 $\overline{CD}$ 从 C 走到 D 的绕行方向一致；反向则是指这两者的绕行方向相反. 如图 3.6 所示，要被保向同胚粘合的一对边称为 **同向对** (co-rotating pair)，此时我们可以将两条边都用同一个符号来标记，比如都标 a. 要被反向同胚粘合的一对边则称为 **反向对** (contra-rotating pair)，此时可以把其中一条边标 b，而把另一条边标 b^{-1}. 于是前述正多边形的边的粘合规则，其实可以用各边的标记简单地表示出来.

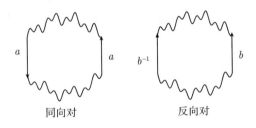

图 3.6 边的粘合规则与相应标记

定义 3.3.1 设 $n > 1$, P 是一个平面上的正 $2n$ 边形 (含其内部和边界),将其边分为 n 对,第 i 对的两条边用 a_i 或 a_i^{-1} 标记. 如果按前述方法将各边依标记配对粘合可以得到闭曲面 M,则称这个带标记的正 $2n$ 边形为 M 的**多边形表示** (polygonal presentation).

实际上正 $2n$ 边形都可以省略不画,只要从一条边开始沿逆时针方向绕一圈,依次记下各边的标记就足够了. 例如上图中的两个多边形表示就可以简单地记为 $a \cdots a \cdots$ 以及 $b \cdots b^{-1} \cdots$.

使用这种简化记号的另一个好处是,它也可以用来表示 $n = 1$ 的情形. 二边形本来是没有的,但是我们可以考虑把圆周分成长度相等的两段弧当作两条边. 这种"圆二边形"上只有两种本质不同的多边形表示,一个是 aa^{-1},粘出来是球面 S^2;另一个是 aa,粘出来是射影平面 $\mathbb{RP}^2$.

现在让我们用多边形表示来对闭曲面进行拓扑分类. 首先引进连通和的记号.

定义 3.3.2 设闭曲面 M 和 N 的多边形表示分别为 $a_{i_1}^{\varepsilon_1} \cdots a_{i_m}^{\varepsilon_m}$ 和 $b_{j_1}^{\delta_1} \cdots b_{j_n}^{\delta_n}$,$\varepsilon_i, \delta_j$ 都是 ± 1,并且那些 a_i 和 b_j 是两两不同的符号,则多边形表示为 $a_{i_1}^{\varepsilon_1} \cdots a_{i_m}^{\varepsilon_m} b_{j_1}^{\delta_1} \cdots b_{j_n}^{\delta_n}$ 的曲面称为 M 和 N 的**连通和** (connected sum),记为 $M \# N$ (参见图 3.7).

不难看出,把一个多边形表示的某个顶点"炸开"变成一条不与任何其他边粘合的新的边,相当于在闭曲面上打了一个洞,这个洞的边缘就是那个新得到的边 (把两端粘合). 因此连通和的几何直观就是在 M 和 N 上各挖去一个洞 (同胚于圆盘),然后把两者沿着洞的边界 (圆周) 粘

合. 可以证明, 这样粘合的结果是由 M 和 N 的拓扑类型完全决定的,
与多边形表示的选取无关.

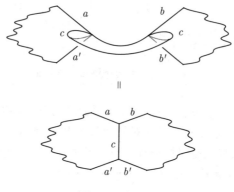

图 3.7 连通和

例 1 设 N 的多边形表示为 $b_{j_1}^{\delta_1} \cdots b_{j_n}^{\delta_n}$, 则 $S^2 \# N$ 的多边形表示为 $aa^{-1} b_{j_1}^{\delta_1} \cdots b_{j_n}^{\delta_n}$. 把其中的 aa^{-1} 先粘合, 不难看出, $S^2 \# N$ 与 N 同胚.

□

定义 3.3.3 设 $g > 0$, 则把多边形表示为

$$a_1 a_1 \cdots a_g a_g$$

的闭曲面称做 **亏格** (genus) 为 g 的 **不可定向闭曲面** (non-orientable closed surface), 记为 gP^2; 把多边形表示为

$$a_1 a_2 a_1^{-1} a_2^{-1} \cdots a_{2g-1} a_{2g} a_{2g-1}^{-1} a_{2g}^{-1}$$

的闭曲面称做 **亏格** (genus) 为 g 的 **可定向闭曲面** (orientable closed surface), 记为 gT^2 (参见图 3.8). 我们约定球面 S^2 是亏格为 0 的可定向闭曲面, 即 $S^2 = 0T^2$. 这两种多边形表示称为 **标准多边形表示** (canonical polygonal presentation).

不可定向闭曲面用 gP^2 来表示是因为, $1P^2$ 就是射影平面 $\mathbb{RP}^2$ (参见前面对于二边形的解释), 而且当 $g > 1$ 时, $gP^2 = (g-1)P^2 \# \mathbb{RP}^2$. 多边形表示为 aac 的紧致带边曲面 (注意, c 被粘成了边界圆周) 称为

交叉帽 (cross cap), 于是 gP^2 就是从球面开始做 g 次"挖去圆盘并沿圆盘边缘粘上交叉帽"的操作所得到的曲面.

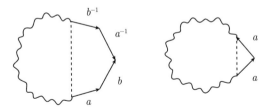

图 3.8 闭曲面的标准多边形表示

交叉帽这个有趣的名字来源于它同胚于 $\mathbb{RP}^2$ 挖去一个圆盘的这一事实. $\mathbb{RP}^2$ 是不能嵌入 $\mathbb{E}^3$ 的, 非要塞进来的话就必然要造成某些部分的交叉 (参见图 1.13), 然后可以在这种模型的远离那些交叉点的地方挖去一个圆盘, 把模型做成一个帽子. 交叉帽其实也同胚于 Möbius 带 (参见习题).

可定向闭曲面用 gT^2 来表示是因为, $1T^2$ 就是环面 T^2. 而且当 $g > 1$ 时, $gT^2 = (g-1)T^2 \# T^2$. 多边形表示为 $aba^{-1}b^{-1}c$ 的紧致带边曲面称为 **环柄** (handle), 显然环柄同胚于环面挖去一个圆盘. 于是 gT^2 就是从球面开始做 g 次"挖去圆盘并沿圆盘边缘粘上环柄"的操作所得到的曲面.

闭曲面分类定理 (classification theorem of closed surfaces) gT^2 $(g \geq 0)$ 以及 kP^2 $(k > 0)$ 不重复地列出了闭曲面的所有同胚类型. 简而言之, 闭曲面的同胚分类由其可定向性和亏格完全决定.

这个结论可以分为两部分, 一部分是说列表中的闭曲面两两不同胚, 这部分我们将等到学完基本群之后再去证明. 另一部分则是说, 任何闭曲面都与列表中的某一个闭曲面同胚, 这一部分的证明想法很明确, 就是利用图 3.9 所示的两种"手术"操作, 把一个多边形表示逐步整理, 并同时进行"化简", 最后变成标准多边形表示. 所谓的"化简"则是指把多边形表示中两条边有公共端点的那种反向对 (即紧挨着的 a 和 a^{-1}) 粘起来收到多边形里边去的操作. 化简成标准表示的算法涉及很多技术细节，在此我们就不详细叙述了，仅举一个简单的例子.

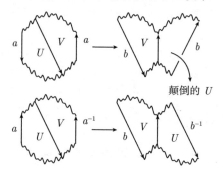

图 3.9 多边形表示上的手术

例 2 Klein 在研究 Riemann 曲面的时候用文字描述了一个非常有趣的闭曲面，这就是 **Klein 瓶** (Klein bottle). 它的多边形表示为 $aba^{-1}b$，如图 3.10 所示. 标记为 a 和 a^{-1} 的这两条边的粘合很好想象，将会得到一个管子. 但是再粘合上下两边，为了得到的是 $aba^{-1}b$ 而不是 $aba^{-1}b^{-1}$，需要在想象中把管子的上端"穿过"管子再和下端粘合. 这个操作在 $\mathbb{E}^3$ 中是无法实现的 (Klein 的论文里没有为这个曲面配插图，不知道是不是这个原因). 不过，我们却可以绕过这个困难，用"手术"把图 3.10 中左下侧的粘合方案修改成右下侧的粘合方案，从而得知 Klein 瓶的拓扑分类是 $2P^2$. □

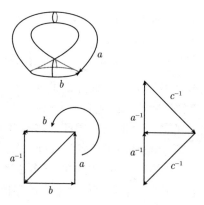

图 3.10 Klein 瓶

与闭曲面类似地,紧致带边曲面也有多边形表示 (只不过会有些边不需要粘合),并且也有如下的分类定理:挖去 m 个圆盘的内部的 gT^2 ($m \geq 0, g \geq 0$) 以及挖去 n 个圆盘的内部的 kP^2 ($n \geq 0, k > 0$) 不重复地列出了所有的紧致带边曲面. 于是两个紧致带边曲面 M 和 N 同胚当且仅当它们的边界连通分支数、可定向性以及亏格都相同.

习 题

1. 证明从有限多个几何闭单形的并集到一个流形的连续满射一定是商映射.
2. 证明在闭曲面的标准多边形表示中,所有顶点都要粘在一起.
3. 利用"手术"说明交叉帽同胚于 Möbius 带.
4. 列出正方形上的所有多边形表示,并对相应的曲面进行同胚分类.

§3.4 Euler 示性数

闭曲面分类定理的完整证明里,当然是包含一个把任意多边形表示整理成标准多边形表示的算法的. 但是如果已经有别的办法知道一个闭曲面是可定向还是不可定向的了,那么就有一个比整理多边形表示好得多的办法去判别其拓扑分类了,这个办法就是去计算 Euler 示性数.

一个曲面的多边形表示可以理解成一个广义的"多面体",多边形本身是它的"面",多边形的边配对粘合得到它的边,而多边形的顶点粘合之后形成它的顶点. 可以证明,粘合所得"多面体"的 (注意不是多边形的) 顶点数 − 边数 + 面数在多边形表示化标准多边形表示的过程中是不变的,这就是 Euler 数. 换言之,确定了是否可定向后我们只要分析一下粘出来的结果有几个顶点,就能从一个多边形表示的 Euler 数直接猜出它对应的标准多边形表示.

Euler 数是最早被发现的拓扑不变量. 虽然严格说来它并不是 Euler 定义的,但是其历史可以追溯到 Euler 的多面体定理,即对于任意一个

凸多面体，有

$$\text{顶点数} - \text{边数} + \text{面数} = 2.$$

简单的多面体我们就不再枚举了，有兴趣的读者可以找个老式的标准足球数一下. 足球的表面图案在 2006 年德国世界杯前一直是固定的一个 32 边形，一共有 20 个六边形和 12 个五边形，90 个边，以及 60 个顶点.

在引言中我们讲过，Euler 的证明需要假定该多面体凸，他本人并没有注意到这一点. 实际上只考虑凸多面体是从古希腊数学就开始的传统，古希腊人对美的追求使得他们从来没有关注过有坑甚至有洞的多面体. 当然简单的凹坑是没有关系的，但是后来 Lhuilier 指出，这个定理对于有"穿透性的洞"的多面体是不对的：如果这个多面体有 g 个"穿透性的洞"，则

$$\text{顶点数} - \text{边数} + \text{面数} = 2 - 2g.$$

定义 3.4.1 设 K 是个 n 维有限复形. 并且对于每个维数 i, K 中所含 i 维单形的个数为 m_i. 则称

$$\chi(K) = \sum_{i=0}^{n}(-1)^i m_i$$

为 K 的 **Euler 示性数** (Euler characteristic, 简称 **Euler 数**).

定理 3.4.1 Euler 数是拓扑不变量，即如果拓扑空间 M 有两个有限单纯剖分 K_1, K_2, 则 $\chi(K_1) = \chi(K_2)$.

注意，对于二维复形，其 Euler 数就是 Euler 那个公式左边的部分. Euler 数的拓扑不变性其实是同调的拓扑不变性的简单推论. 同调是一种广泛应用的代数拓扑不变量，但是解释起来还是比较复杂的，有兴趣进一步了解它的读者建议在学完本书第四章之后再去阅读相关的书籍. 因此我们就不解释这个定理是如何证明的了，而是介绍几个具体的计算和应用的例子.

例 1 设闭曲面 M 有一个 $2e$ 条边的多边形表示 (各边配对粘合成 e 条 M 上的曲线)，并且其各个顶点最后粘合成 v 个 M 上的点，则其 Euler 数 $\chi(M) = 1 - e + v$.

证明 相应于该多边形表示，可以取一个单纯剖分 K 如图 3.11 所示 (该图中画出的是 $e=4$ 的情形). K 含 $6e$ 个二维单形. 多边形上一共有 $10e$ 个一维单形, 但是最外圈的 $2e$ 条边要配对粘合成 e 个 K 的一维单形, 所以 K 含 $10e-2e+e = 9e$ 个一维单形. 多边形上一共有 $4e+1$ 个零维单形, 但是最外圈的 $2e$ 个顶点要粘合成 v 个 K 的零维单形, 所以 K 含 $4e+1-2e+v = 2e+1+v$ 个零维单形. 因此 Euler 数

$$\chi(M) = (6e) - (9e) + (2e+1+v) = 1 - e + v.$$ □

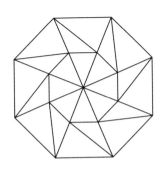

图 3.11 多边形表示对应的单纯剖分

我们知道, Euler 多面体定理考虑的二维对象是多边形而不是三角形. 利用上述例子的证明方法就可以说明, 计算 Euler 数的时候数多边形和数三角形的效果是一样的.

命题 3.4.1 假设把 f 个正多边形的边配对粘合可以得到一个闭曲面 M, 再假设这些多边形总共有 $2e$ 条边 (各边配对粘合成 e 条 M 上的曲线), 并且它们的所有顶点最后粘合成 v 个 M 上的点, 则其 Euler 数 $\chi(M) = v - e + f$. □

注意到, 在 gT^2 和 kP^2 的标准多边形表示中, 所有的顶点都是要粘合到一起的, 因此由上述命题中的公式可以计算出它们的 Euler 数如下.

例 2 $\chi(gT^2) = 2 - 2g$, $\chi(kP^2) = 2 - k$. 因此, 可定向闭曲面的方格和不可定向闭曲面的方格都可以与其 Euler 数相互决定. 但是请注意, 两种情形下的公式是不一样的. □

类似地可以证明,边界连通分支数为 m,亏格为 g 的可定向紧致带边曲面的 Euler 数为 $2 - 2g - m$;边界连通分支数为 n,亏格为 k 的不可定向紧致带边曲面的 Euler 数为 $2 - k - n$. 特别地,这说明如果 M 是边界非空的紧致带边曲面,则 $\chi(M) \leq 1$,并且 $\chi(M) = 1$ 当且仅当 M 同胚于圆盘.

最后,我们来看 Euler 数的一个有趣的应用. 在讲维数那一节我们曾经提到,拓扑维数是 n 的一个紧致 Hausdorff 空间一定可以嵌入 $\mathbb{E}^{2n+1}$ (或 S^{2n+1}),但是却不一定能够嵌入 $\mathbb{E}^{2n}$ (或 S^{2n}),并且还指出图 3.12 所示的两个一维紧致 Hausdorff 空间就不能嵌入 $\mathbb{E}^2$ (或 S^2). 下面让我们来证明这个结论.

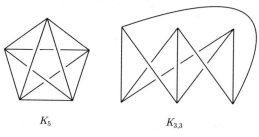

图 3.12 不能嵌入 E^2 的一维图形

例 3 完全图 K_5 和二部图 $K_{3,3}$ 不能嵌入 S^2.

证明 在开始证明之前需要解释一下,这个证明中有四个小细节 (在每一条的结尾我们都作了 (†) 的标记) 其实是需要用代数拓扑方法才能证明的,不过我们在这里只是想展示一下 Euler 数的用途,因此就直接承认它们的正确性了.

假设存在嵌入 $f : K_5 \to S^2$,则 $S^2 \setminus f(K_5)$ 的每个连通分支至少要与 K_5 的 3 条边相邻 (因为 K_5 中三条边才能构成闭合回路),并且 K_5 的每条边只与至多两个连通分支相邻 (†). 考虑到 K_5 一共有 10 条边,这就意味着 $S^2 \setminus f(K_5)$ 至多有 $2 \times 10 \div 3$ 个连通分支,也即至多有 6 个连通分支.

注意,$S^2 \setminus f(K_5)$ 的每个连通分支应该是一个圆盘 (†),于是我们就得出了一种用圆盘沿着边粘出 S^2 的方法,粘出来有 5 个顶点,10 条边, 至多 6 个面. 因此 Euler 数 $\chi(S^2) \leq 5 - 10 + 6 = 1$, 矛盾. 矛盾说明假设错误, K_5 永远不可能嵌入 S^2.

假设存在嵌入 $f: K_{3,3} \to S^2$, 则 $S^2 \setminus f(K_{3,3})$ 的每个连通分支至少要与 $K_{3,3}$ 的 4 条边相邻 (因为 $K_{3,3}$ 中四条边才能构成闭合回路), 并且 $K_{3,3}$ 的每条边只与至多两个连通分支相邻 (†). 考虑到 $K_{3,3}$ 一共有 9 条边, 这就意味着 $S^2 \setminus f(K_{3,3})$ 至多有 $2 \times 9 \div 4$ 个连通分支, 也即至多有 4 个连通分支.

类似于 K_5 的情形, 此时我们得出的也是一种用圆盘 (†) 沿着边粘出 S^2 的方法, 粘出来有 6 个顶点, 9 条边, 至多 4 个面. 因此 Euler 数 $\chi(S^2) \leq 6 - 9 + 4 = 1$, 矛盾. 矛盾说明假设错误, $K_{3,3}$ 也永远不可能嵌入 S^2. □

设 K 是一个 n 维复形的几何实现, 并且存在 S^{2n} 的一个单纯剖分的几何实现的子复形 J 以及同胚 $f: |J| \to |K|$, 使得它在 J 的每个单形上的限制都是线性映射, 则我们可以把这理解为 K 或它对应的抽象复形被 f "分段线性地嵌入了" S^{2n}. 图论中有一个著名的 Kuratowski 子图准则, 按照这种理解重新叙述一下就是: 一维复形 K 不能被分段线性地嵌入 S^2 当且仅当 K 有一个子复形是 K_5 或者 $K_{3,3}$ 的单纯剖分.

有趣的是, van Kampen 找到了一种可以用代数拓扑方法计算的不变量 $V(K)$, 使得如果 n 维复形 K 满足 $V(K) \neq 0$, 则 K 就不可能被分段线性地嵌入 S^{2n}, 而且当 $n \neq 2$ 时, $V(K) \neq 0$ 还是个充分必要条件. 不过他的证明有漏洞, 这个漏洞后来被 Shapiro 和吴文俊各自独立地补上了, 因此 $V(K)$ 被称为 van Kampen-Shapiro-Wu 嵌入不变量.

习 题

1. 设闭曲面 M 的多边形表示为 $abca^{-1}b^{-1}c^{-1}$, 求 $\chi(M)$. 如果告知你 M 是可定向闭曲面, 你能说出它的亏格吗?

2. 设闭曲面 M 是由四个三角形依图 3.13 将边配对粘合所得.

    (1) 证明这些三角形的所有顶点粘合成 M 上的三个点, 并由此求出 $\chi(M)$.

(2) 证明 M 同胚于射影平面.

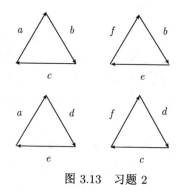

图 3.13 习题 2

3. 证明闭曲面的连通和满足公式

$$\chi(M\#N) = \chi(M) + \chi(N) - 2.$$

4. 证明如果 $M\#N$ 同胚于球面, 则 M 和 N 都同胚于球面.
5. 证明 $\chi(S^n) = 1 + (-1)^n$.

§3.5 可定向性

直观地说可定向性就是一个曲面是否能分出正反两面的性质. 这是一个非常有趣的拓扑性质. $\mathbb{E}^3$ 中标准位置的球面或者环面都是可以分出正反 (或者里外) 两面的. Möbius 带则是最著名的一个不可定向曲面 (但不是闭曲面). 在 Möbius 带上某点附近随意指定一下正反面, 然后想象一只蚂蚁从正面出发, 沿着带子爬一圈, 回来的时候就会出现在带子的背面.

有趣的是这个直观的解释和前面给的闭曲面分类清单中的命名方式其实是完全一致的: 属于 S^2 和 gT^2 $(g > 0)$ 系列的闭曲面都是能分出正反面的, 而属于 kP^2 $(k > 0)$ 系列的闭曲面都是不能分出正反面的. 不仅如此, 这还可以从多边形上迅速地看出来: 一个闭曲面可定向当且仅当它的多边形表示没有任何的同向对. 本节我们就来讨论一下闭曲面正反面的问题.

§3.5 可定向性 145

这个问题的主要困难在于，在 $\mathbb{E}^3$ 中是制作不出不可定向闭曲面的完全准确的模型的. 比如考虑 Klein 瓶，如果能作出这样的模型，就可以关一只蝴蝶进瓶子里，然后观察它贴着瓶子的表面飞行，从"里面"飞到"外面"来. 这是不可能的 (当然要严格证明还需要一些代数拓扑的工具). 通常人们展示的射影平面和 Klein 瓶的实物模型，都是要把曲面上的一部分和另一部分重叠交叉一下才行的.

不过，对于单纯复形，可以给"不可定向"这个直观的想法一个更具有可操作性的定义. 作为准备工作，我们先来想办法说清楚单形的定向.

考虑一个 $\mathbb{E}^3$ 中的三角形, 它有两个侧面，或者称为两种定向. 每个侧面可以用从这一侧冒出来的单位长法向量直接标注. 也可以用**右手螺旋法则** (right-hand rule) 间接标注，即伸出右手，让大拇指指向那个法向量所指的方向，然后弯曲其余四指，按这四指所指的旋转方向记录下三个顶点的一个排列顺序 (参见图 3.14). 当然不同的排列顺序可以对应同一种定向，但是易验证，两个排列对应同一种定向的充分必要条件是：它们之间只差一个偶置换.

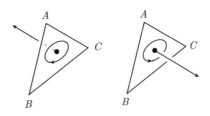

图 3.14 三角形正反面的直接和间接标注

用顶点的排列间接标注定向的好处是，它并不十分依赖于那个外在的 $\mathbb{E}^3$，所以可以轻易地推广到一般的抽象单形上去，而且在一维单形上，这恰好就是有向线段的概念.

定义 3.5.1 设 σ 是一个 n 维抽象单形. 在 σ 的顶点的不同排列之间定义一个等价关系如下：两个排列等价当且仅当它们之间只差一个偶置换. 每个等价类称为 σ 的一种**定向** (orientation). 顶点排列

$(P_0 \cdots P_n)$ 所对应的定向记为 $[P_0 \cdots P_n]$. 带定向的单形称为 **定向单形** (oriented simplex).

一个更几何些的理解如下. 把抽象单形换成其几何实现，则顶点的每个排列 $(P_0 \cdots P_n)$ 决定了平行于该几何单形的所有向量构成的线性空间的一个基 $(\overrightarrow{P_0 P_1}, \cdots, \overrightarrow{P_0 P_n})$. 利用高等代数的知识可以证明，区分定向，其实就是在这些基里作一个分类，使得两个基在同一个分类之中当且仅当相应基变换矩阵的行列式大于零. 在二维和三维的情形，这个差别其实就是左手坐标系与右手坐标系的差别.

命题 3.5.1 当 $n > 0$ 时，每个 n 维单形上都恰好有两种定向. 我们称这两种定向为 **相反定向** (reverse orientation)，并把与定向 $\vec{\eta}$ 相反的定向记为 $-\vec{\eta}$. □

注意，按照上面的定义，一个零维单形 $\{P\}$ 上就只能有一种定向 $[P]$. 但是出于技术需要，有时候我们也把形式表达式 $-[P]$ 当作是一种 (和 $[P]$ 相反的) 定向.

例 1 线段 $\overline{AB}$ 上的两个相反的定向是 $[AB]$ 以及 $[BA]$. $\triangle ABC$ 上的两个相反的定向是 $[ABC] = [BCA] = [CAB]$ 以及 $[CBA] = [BAC] = [ACB]$. □

定义 3.5.2 设 $\vec{\eta} = [P_0 \cdots P_n]$ 是 n 维单形 $\triangle$ 的一个定向，σ 是 $\triangle$ 的一个 $n-1$ 维面，并且 P_i 不是它的顶点，则称

$$(-1)^i [P_0 \cdots P_{i-1} P_{i+1} \cdots P_n]$$

为 σ 相对于 $\vec{\eta}$ 的 **诱导定向** (induced orientation).

高等代数中关于置换的知识告诉我们，这个定义是良定的，即如果把 $P_0, \cdots, P_n$ 的顶点编号作一个不改变定向的偶置换，不会改变算出来的诱导定向.

例 2 在线段 $\overline{AB}$ 上取定定向 $[AB]$，要想知道它在两个端点的诱导定向，只需令 $P_0 = A, P_1 = B$. 于是在端点 A 处的诱导定向是 $-[A]$，而在端点 B 处的诱导定向则是 $[B]$. □

用类似的方法也不难求出二维和三维单形的边缘.

上所有以 x_0 为基点的闭道路类构成的集合记为 $\pi_1(X, x_0)$.

下面来给集合 $\pi_1(X, x_0)$ 定义一个自然的乘法.

定义 4.4.3 设 a 是从 x 到 y 的道路, b 是从 y 到 z 的道路, 则称以两倍速度依次走完 a 和 b 的道路

$$c(t) = \begin{cases} a(2t), & \text{若 } 0 \leq t \leq \frac{1}{2}; \\ b(2t-1), & \text{若 } \frac{1}{2} \leq t \leq 1 \end{cases}$$

为 a 和 b 的 **乘积道路** (product path), 记为 ab.

命题 4.4.1 若 $a_1 \simeq a_2$ 是从 x 到 y 的道路, $b_1 \simeq b_2$ 是从 y 到 z 的道路, 则 $a_1 b_1 \simeq a_2 b_2$, 从而可以定义道路类的乘积

$$\langle a \rangle \langle b \rangle = \langle ab \rangle.$$

证明 设从 a_1 到 a_2 的定端伦移为 F, 从 b_1 到 b_2 的定端伦移为 G, 则可以定义一个从 $a_1 b_1$ 到 $a_2 b_2$ 的定端伦移

$$H(s, t) = \begin{cases} F(2s, t), & \text{若 } 0 \leq s \leq \frac{1}{2}; \\ G(2s-1, t), & \text{若 } \frac{1}{2} \leq s \leq 1. \end{cases}$$

从切片的角度来理解就是 $h_t = f_t g_t$. □

特别地, 任何两个以 x_0 为基点的闭道路类都可以作乘积, 并且乘积也是以 x_0 为基点的闭道路类.

定理 4.4.1 闭道路类的乘积在 $\pi_1(X, x_0)$ 上定义了一个群结构, 称这个群为 X 的以 x_0 为基点的 **基本群** (fundamental group).

证明 让我们按照定义群的那三条公理来逐条验证:

(1) 乘法满足结合律: 任取以 x_0 为基点的闭道路 a, b, c, $(\langle a \rangle \langle b \rangle)\langle c \rangle = \langle a \rangle (\langle b \rangle \langle c \rangle)$, 即

$$(ab)c \simeq a(bc).$$

直观地看, 这两条道路都是先沿着 a 走, 再沿着 b 走, 最后沿着 c 走, 只是在每段路上分配的时间不同而已. 因此我们只要想清楚时间分配

方案是如何连续地变过去的 (参见图 4.9), 就不难写出如下的伦移表达式:

$$H(s,t) = h_t(s) = \begin{cases} a\left(\dfrac{4s}{1+t}\right), & \text{当 } 0 \leq s \leq \dfrac{1+t}{4}; \\ b(4s-1-t), & \text{当 } \dfrac{1+t}{4} \leq s \leq \dfrac{2+t}{4}; \\ c\left(\dfrac{4s-2-t}{2-t}\right), & \text{当 } \dfrac{2+t}{4} \leq s \leq 1. \end{cases}$$

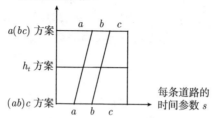

图 4.9 道路 $(ab)c$ 和 $a(bc)$ 的时间分配方案

(2) **乘法存在幺元 1**: 考虑 **点道路** (constant path) $e_{x_0}(t) \equiv x_0$, 则 $\langle e_{x_0} \rangle = 1$, 即任取以 x_0 为基点的闭道路 a,

$$ae_{x_0} \simeq a \simeq e_{x_0}a.$$

直观地看, ae_{x_0} 是很快地走完 a 后在 x_0 处等待一会儿, 只要慢慢增加走 a 的时间, 缩短等待的时间, 就可以连续地变成 a 了, 具体的伦移表达式为:

$$H(s,t) = h_t(s) = \begin{cases} a\left(\dfrac{2s}{1+t}\right), & \text{当 } 0 \leq s \leq \dfrac{1+t}{2}; \\ x_0, & \text{当 } \dfrac{1+t}{2} \leq s \leq 1. \end{cases}$$

这说明 $ae_{x_0} \simeq a$, 同理可知 $a \simeq e_{x_0}a$.

(3) **每个元素都有逆元**: 设 a 是以 x_0 为基点的闭道路, 考虑 **逆道路** (inverse path) $\overline{a}(t) \equiv a(1-t)$, 则 $\langle \overline{a} \rangle = \langle a \rangle^{-1}$, 即

的交换化系数矩阵是 $(0,\cdots,0)$, 这和 $<\alpha_1,\beta_1,\cdots,\alpha_g,\beta_g\mid 1>$ 的一样, 因此 $\pi_1(gT^2)$ 的交换化同构于 $\underbrace{\mathbb{Z}\oplus\cdots\oplus\mathbb{Z}}_{2g}$, 其秩为 $2g$, 没有挠系数.

另一方面,
$$\pi_1(kP^2)\cong<\alpha_1,\cdots,\alpha_k\mid\alpha_1\alpha_1\cdots\alpha_k\alpha_k>$$

的交换化系数矩阵是 $(2,\cdots,2)$, 这个矩阵可以经过整系数初等变换变成矩阵 $(2,0,\cdots,0)$, 而 $<\gamma,\alpha_1,\cdots,\alpha_{k-1}\mid\gamma^2>$ 的交换化系数矩阵也是 $(2,0,\cdots,0)$, 因此 $\pi_1(kP^2)$ 的交换化同构于 $\mathbb{Z}_2\oplus\underbrace{\mathbb{Z}\oplus\cdots\oplus\mathbb{Z}}_{k-1}$, 其秩为 $k-1$, 挠系数为 2.

在这些曲面的基本群的交换化中任取两个, 其秩和挠系数都不完全相同. 因此两两不同构, 从而相应的曲面两两不同胚. □

我们曾经利用道路连通性证明过 $\mathbb{E}^1$ 与高维欧氏空间不同胚, 因为 $\mathbb{E}^1\setminus\{0\}$ 不道路连通, 而当 $n>1$ 时 $\mathbb{E}^n$ 挖去任意一个点后仍然道路连通. 利用基本群理论可以证明, $\mathbb{E}^2$ 与高维欧氏空间不同胚. 更高维欧氏空间相互之间的不同胚也可以类似地证明, 当然, 这需要用到高维同调.

例 1 当 $n>2$ 时, $\mathbb{E}^n$ 与 $\mathbb{E}^2$ 不同胚.

证明 假设 $\mathbb{E}^2\cong\mathbb{E}^n$, 则存在 $x\in\mathbb{E}^n$, 使得 $\mathbb{E}^2\setminus\{(0,0)\}\cong\mathbb{E}^n\setminus\{x\}$. 但是前者可以形变收缩为圆周, 其基本群非平凡, 而后者可以形变收缩为 $n-1$ 维球面, 其基本群平凡. 这就导出了矛盾, 矛盾说明, $\mathbb{E}^2$ 和 $\mathbb{E}^n$ 不同胚. □

我们再来看一个第三章遗留下来的关于带边流形的问题. 回忆一下, n 维带边流形上的一个点 x 如果有开邻域同胚于 $\mathbb{E}^n$ 的开子集, 则被称为内点; x 如果有开邻域同胚于
$$\mathbb{E}^n_+=\{(x_1,\cdots,x_n)\in\mathbb{E}^n\mid x_n\geq 0\}$$

的开子集, 并且该同胚把 x 送到坐标原点, 则 x 被称为边界点. 这个定义符合我们的直观印象, 但是为什么一个点不会既是边界点又是内点呢? 邻域的形状是可以千奇百怪的, 所以仔细想一下就会发现, 这个问题并不像初看上去那么简单, 只证明 $\mathbb{E}^2$ 与 $\mathbb{E}^2_+$ 不同胚是不够的.

例 2 在 $\mathbb{E}^2_+$ 中坐标原点 $O = (0,0)$ 的任何邻域不能同胚于 $\mathbb{E}^2$ 的开子集. 特别地, 这说明二维带边流形上的任何点不能既是边界点又是内点.

证明 假设在 $\mathbb{E}^2_+$ 中有 O 的邻域 U 同胚于 $\mathbb{E}^2$ 的开子集, 在 U 内取一个更小的球形邻域 (半圆盘) $V \subseteq U$, 则 $V \setminus \{O\}$ 单连通, 从而 $f(V) \setminus \{f(O)\}$ 单连通. 但 $f(V)$ 是 $\mathbb{E}^2$ 中含 $f(O)$ 的开子集, 因此存在一个 $f(O)$ 的充分小的球形邻域 (圆盘) $W \subseteq f(V)$ (参见图 4.20).

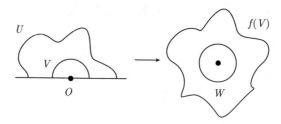

图 4.20 边界点处的局部坐标

∂W 同胚于圆周, 并且存在收缩映射 $r : f(V) \setminus \{f(O)\} \to \partial W$. 收缩映射诱导的基本群的同态一定是满同态 (这是连续映射诱导同态那节的习题), 但 r 是从单连通空间到非单连通空间的映射, 诱导的同态不可能满. 矛盾说明假设不成立. □

这个方法本质上对于高维情形也适用, 只需要把基本群换成高维同调群来计算.

在讨论接下去的几个例子之前, 让我们先复习一下圆周的基本群. 前面已经讲过 $\pi_1(S^1) \cong \mathbb{Z}$, 这个同构把每个闭道路类对应到它沿逆时针方向绕单位圆周的圈数. 如图 4.21 所示, 任取 $x_\theta = (\cos\theta, \sin\theta) \in S^1$, 以 x_θ 为基点的绕圆周 n 圈的闭道路可以取为

$$a_{n,\theta} : [0,1] \to S^1, \ t \mapsto (\cos(2\pi n t + \theta), \sin(2\pi n t + \theta)).$$

于是 $\pi_1(S^1, x_\theta) = \{\langle a_{n,\theta}\rangle \mid n \in \mathbb{Z}\}$, 并且 $\langle a_{n,\theta}\rangle = \langle a_{1,\theta}\rangle^n$.

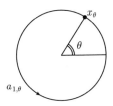

图 4.21 圆周基本群的生成元

定义 4.9.1 设连续映射 $f: S^1 \to S^1$ 满足
$$f_\pi(\langle a_{1,0}\rangle) = \langle a_{1,\theta}\rangle^n,$$
则称 n 为 f 的**映射度** (degree),记为 $\deg f$.

简单地讲,就是 f 把圆周在自己上面套了 $\deg f$ 圈. 这个定义实际上还可以向高维推广,把一个 S^n 到 S^n 的映射的映射度定义为它"将球面套在自己上面的层数",只不过这需要用高维的同调才好计算,我们就不进一步讨论了.

例 3 考虑映射
$$\mu_n: S^1 \to S^1, \quad (\cos\theta, \sin\theta) \mapsto (\cos(n\theta), \sin(n\theta)),$$
则道路 $\mu_n \circ a_{1,0} = a_{n,0}$,因此 $\deg \mu_n = n$. 几个特例是:

(1) μ_0 是常值映射:$\mu_0(x,y) = (1,0)$,而 $\deg \mu_0 = 0$;
(2) μ_1 是恒同映射:$\mu_1(x,y) = (x,y)$,而 $\deg \mu_1 = 1$;
(3) μ_{-1} 是反射:$\mu_{-1}(x,y) = (x,-y)$,而 $\deg \mu_{-1} = -1$. □

命题 4.9.1 $\deg(f \circ g) = (\deg f)(\deg g)$.

证明 设 $g((1,0)) = x_\phi$, $f(x_\phi) = x_\theta$,则
$$(f \circ g)_\pi(\langle a_{1,0}\rangle) = f_\pi(g_\pi(\langle a_{1,0}\rangle)) = f_\pi(\langle a_{1,\phi}\rangle^{\deg g})$$
$$= (f_\pi(\langle a_{1,\phi}\rangle))^{\deg g} = (\langle a_{1,\theta}\rangle^{\deg f})^{\deg g}.$$

因此按照映射度的定义,$\deg(f \circ g) = (\deg f)(\deg g)$. □

例 4 考虑圆周上的旋转
$$\rho_\theta: S^1 \to S^1, \quad (\cos\phi, \sin\phi) \mapsto (\cos(\phi+\theta), \sin(\phi+\theta)),$$

则 $\rho_\theta \circ a_{1,0} = a_{1,\theta}$,因此 $\deg \rho_\theta = 1$. 于是任取映射 $f : S^1 \to S^1$, $\deg(\rho_\theta \circ f) = \deg f$. □

命题 4.9.2 如果 $f \simeq g$,则 $\deg f = \deg g$.

证明 设 $H : S^1 \times [0,1] \to S^1$ 是从 f 到 g 的伦移,并且 H 在 t 时刻的切片为 $h_t : S^1 \to S^1$. 把每条道路 $h_t \circ a_{1,0}$ 旋转一下,使得基点转回 x_0 的位置,即取 θ_t 使得 $h_t(x_0) = x_{\theta_t}$,然后取

$$a_t = \rho_{-\theta_t} \circ h_t \circ a_{1,0},$$

则这些切片 a_t 就决定了一个闭道路的定端伦移:

$$\rho_{-\theta_0} \circ f \circ a_{1,0} \simeq \rho_{-\theta_1} \circ g \circ a_{1,0}.$$

因此 $\deg(\rho_{-\theta_0} \circ f) = \deg(\rho_{-\theta_1} \circ g)$. 结合上一个例子可知 $\deg f = \deg g$.

□

一个简单的推论就是两个映射度不同的映射一定不同伦. 最后,让我们用它来证明两个经典的结论.

Brouwer 不动点定理 (Brouwer fixed point theorem) 考虑单位闭实心球

$$D^n = \{(x_1, \cdots, x_n) \in \mathbb{E}^n \mid x_1^2 + \cdots + x_n^2 \leq 1\}.$$

则任取连续映射 $f : D^n \to D^n$,一定存在 $x \in D^n$ 满足 $f(x) = x$.

满足 $f(x) = x$ 的点 x 通常称为 f 的**不动点** (fixed point). 在连通性那一节的习题里,我们证明了 $n = 1$ 的情形. 可以用基本群理论证明 $n = 2$ 的情形. 实际上证明方法本质上对于高维情形也适用,只需要把圆周自映射的映射度换成高维球面自映射的映射度就行了 (当然,高维映射度需要用高维同调群来定义).

$n = 2$ 时的证明 假设 $f : D^2 \to D^2$ 无不动点,则可以定义连续映射

$$G : D^2 \to S^1, \quad x \mapsto \frac{x - f(x)}{\|x - f(x)\|}$$

(这里 $\|x\|$ 表示二维向量的长度). 令 $g = G|_{S^1}$. 一方面,可以定义伦移

$$H: S^1 \times [0,1] \to S^1, \ (x,t) \mapsto G(tx).$$

因为 $H(x,0) \equiv G(0)$, $H(x,1) = g(x)$, 所以 $\deg g = 0$.

另一方面, 在同伦那一节我们讲过, 两个映射 $u,v: X \to S^n$ 如果满足任取 $x \in X$, $u(x) \neq -v(x)$, 则 $u \simeq v$. 现在任取 $x \in S^1$, $g(x) \neq -x$, 因此 $g \simeq \mathrm{id}_{S^1}$, 从而 $\deg g = 1$. 这就导出了矛盾. 矛盾说明, f 一定存在不动点. □

代数基本定理 (fundamental theorem of algebra)　任取非零次复系数一元多项式 $f(z) = a_0 + a_1 z + \cdots + a_n z^n$, 一定存在复根 $z \in \mathbb{C}$, 使得 $f(z) = 0$.

证明　首先我们把复数集 $\mathbb{C}$ 理解成欧氏平面 $\mathbb{E}^2$, 每个复数 z 理解成平面上的点 $(\mathrm{Re}\, z, \mathrm{Im}\, z)$. 假设多项式 $f(z) = a_0 + a_1 z + \cdots + a_n z^n$ 没有复根, 则可以定义连续映射

$$\eta: S^1 \to S^1, \quad z \mapsto \frac{f(z)}{|f(z)|}.$$

任取 $(z,t) \in S^1 \times [0,1]$, $|a_0 + a_1 tz + \cdots + a_n t^n z^n| = |f(tz)| \neq 0$, 因此可以定义伦移

$$G: S^1 \times [0,1] \to S^1, \quad (z,t) \mapsto \frac{a_0 + a_1 tz + \cdots + a_n t^n z^n}{|a_0 + a_1 tz + \cdots + a_n t^n z^n|}.$$

注意到 $G(z,0) \equiv \dfrac{a_0}{|a_0|}$ 是常值映射, 而 $G(z,1) = \eta(z)$, 这就说明 $\deg \eta = 0$.

另一方面, 任取 $(z,t) \in S^1 \times [0,1]$, 当 $t \neq 0$ 时,

$$|a_0 t^n + a_1 t^{n-1} z + \cdots + a_n z^n| = \left|t^n f\left(\frac{z}{t}\right)\right| \neq 0.$$

而当 $t = 0$ 时,

$$|a_0 t^n + a_1 t^{n-1} z + \cdots + a_n z^n| = |a_n z^n| \neq 0.$$

因此也可以定义伦移

$$H: S^1 \times [0,1] \to S^1, \quad (z,t) \mapsto \frac{a_0 t^n + a_1 t^{n-1} z + \cdots + a_n z^n}{|a_0 t^n + a_1 t^{n-1} z + \cdots + a_n z^n|}.$$

注意到 $H(z,0) = \frac{a_n}{|a_n|}z^n$, 而 $H(z,1) = \eta(z)$, 这就说明 $\deg \eta = n$, 矛盾. 矛盾说明 f 一定有复根. □

最早证明代数基本定理的是 d'Alembert, 之后 Euler, Lagrange 也都给出过证明, 不过这些证明都有一些缺陷, 所以第一个看上去令人信服的证明是 Gauss 在其博士学位论文中给出的几何证明. 当然用现代数学的严格标准来看, Gauss 的证明其实也用到了一些特殊的几何事实, 这些几何事实虽然看上去很直观, 但却是需要证明的, 而且证明并不容易. 有趣的是, 已知的所有证明中没有一个是纯代数的方法, 代数拓扑学家 Serre 甚至曾宣称, 代数基本定理的所有证明本质上都是拓扑的.

习 题

1. 仿照 "内点不是边界点" 的证明, 证明三个交于一条公共边的三角形的并集不是流形, 换言之如果单纯复形 K 是一个曲面的单纯剖分, 则每个一维单形至多只能是两个二维单形的面.
2. 利用 Brouwer 不动点定理证明: 任取一个由非负实数构成的 3×3 可逆矩阵, 它一定有一个正的特征值.
3. 设 X 是闭圆盘的收缩核, 证明 X 上的任何连续自映射也一定存在不动点.

*§4.10 Jordan 曲线定理

S^1 到 X 的嵌入称为 X 上的一条 **简单闭曲线** (simple closed curve). 在平面 (或者球面) 上随意画一条简单闭曲线, 它会把平面 (或者球面) 分割成两个区域, 并且这两个区域都以该曲线为边界, 这个结论就是 Jordan 曲线定理. 这个结论看上去是如此的自然, 以至于有些读者也许会问: "难道这不是个几何常识吗？为什么还要去证明它？" 但是实际上要想用初等的方法证明它一点也不容易, Jordan 自己给出的证明就是错的, 在他提出之后过了十多年 Veblen 才给出了第一个正确的证明. 本节我们就来证明一下该定理, 作为本章介绍的基本群理论的最后一个应用的例子.

另一方面，S^2 上拿掉一条简单闭曲线后，剩下的两个部分的每一个看上去似乎都应该是一个圆盘. 这个结论的一种等价叙述称为 Schoenflies 定理.

Schoenflies 定理 (Schoenflies theorem) 设 $\gamma: S^1 \to S^2$ 是一个嵌入，则存在同胚 $\rho: S^2 \to S^2$, 把 $\gamma(S^1)$ 变到标准位置的赤道圆周.

实际上，Schoenflies 定理的证明要远比 Jordan 曲线定理麻烦得多，我们也不打算在这里讨论. 我们之所以提到它，是因为这也是一个你一眼看上去很容易相信它的正确性，但实际上却非常不容易证明的结论. 而且和 Jordan 曲线不同的是，如果你过分相信直觉，以为该定理的结论搬到三维空间也应该是正确的，那就犯错误了 (这从一个侧面也解释了数学家为什么要花力气去严格证明这些几何直观).

Alexander 构造了一个著名的反例，称为 **Alexander 角球** (Alexander horned sphere). 这是通过在球面的标准嵌入上进行一系列保持嵌入的调整，最后得到的一个极限映射 $\gamma: S^2 \to S^3$. 你可以想象一个牛角上相对的两个尖上各自长出两个角，形成两个对扣起来的有缺口的圆环，然后每个缺口处的两个尖上也依此处理，长出更多更细的角 (参见图 4.22). 虽然看上去不太像，但是这个 $\gamma(S^2)$ 确实仍然是一个嵌入. 不

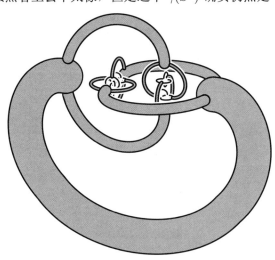

图 4.22 Alexander 角球

过因为嵌入的方式如此曲折, $S^3 \setminus \gamma(S^2)$ 的其中一个道路分支已经具有非平凡的基本群, 从而不同胚于三维实心球了.

为了把 Schoenflies 定理推广到高维, 需要对嵌入的曲折程度添加一些限制条件. 设 X 是一个 m 维流形, Y 是一个 n 维流形 $(n \geq m)$, 而 $\gamma: X \to Y$ 是一个嵌入. 如果任取 $x_0 \in X$, 存在 x_0 的邻域 U, $\gamma(x_0)$ 的邻域 V, 以及同胚 $\Gamma: U \times \mathbb{R}^{n-m} \to V$, 使得 $\Gamma(x, 0) \equiv \gamma(x)$, 则称 γ 为一个 **局部平坦** (locally flat) 的嵌入. Brown, Mazur, Morse 发现, 如果添加了局部平坦嵌入的要求, 就可以进行高维推广了.

广义 Schoenflies 定理 (generalized Schoenflies theorem)
设 $\gamma: S^n \to S^{n+1}$ 是一个局部平坦嵌入, 则存在同胚 $\rho: S^{n+1} \to S^{n+1}$, 把 $\gamma(S^n)$ 变到 S^{n+1} 中标准位置的 S^n.

我们对 Schoenflies 定理的讨论仅限于介绍其结论, 下面还是回到关于 Jordan 曲线定理的讨论上来. 让我们先对这个定理的前半段结论 (即简单闭曲线分割平面或者球面) 给出一个非常简洁的代数拓扑证明.

引理 4.10.1 设 A 紧致, $f: A \to S^2 \setminus \{p, q\}$ 连续, 并且 p, q 在 $S^2 \setminus A$ 的同一个道路分支内, 则 f 零伦.

证明 设 $a: [0, 1] \to S^2 \setminus A$ 是一条从 p 到 q 的道路. 为了画示意图方便, 首先取一个类似于球极投影的同胚 $\rho: S^2 \setminus \{q\} \to \mathbb{E}^2$ (相当于把 q 变到无穷远处), 使得 $\rho(p) = (0, 0)$. 记 $\tilde{a} = \rho \circ (a|_{[0,1)})$, $\tilde{f} = \rho \circ f$. 显然 $\tilde{a}([0, 1)) \cap \tilde{f}(A) = \varnothing$ (参见图 4.23).

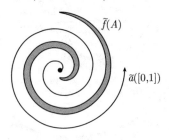

图 4.23 $\tilde{a}$ 与 $\tilde{f}$

既然一个点可以沿着 $\tilde{a}([0, 1))$ 移出 $\tilde{f}(A)$ 的包围, 自然可以反过

来，不碰到该点地用平移搬开 $\tilde{f}(A)$. 换成数学的语言，即可以定义一族映射

$$g_t : A \to \mathbb{E}^2 \setminus \{0,0\}, \quad g_t(x) = \tilde{f}(x) - \tilde{a}(t),$$

并且任取 $t \in (0,1)$, $g_t \simeq g_0 = \tilde{f}$.

$\tilde{f}(A)$ 紧致，因此是 $\mathbb{E}^2$ 中的有界闭子集. 不妨设任取 $y \in \tilde{f}(A)$, $\|y\| < M$. 存在 $t_0 \in (0,1)$，使得 $\|\tilde{a}(t_0)\| > M$. 于是可以定义一族映射

$$h_t : A \to \mathbb{E}^2 \setminus \{(0,0)\}, \quad h_t(x) = t\tilde{f}(x) - \tilde{a}(t_0),$$

并且 $g_{t_0} = h_1 \simeq h_0$. 但是 h_0 是常值映射，因此 g_{t_0} 零伦，从而 $\tilde{f} = g_0$ 零伦. □

Jordan-Brouwer 分割定理 (Jordan-Brouwer separation theorem) 设 $\gamma : S^1 \to S^2$ 是一个嵌入，则 $S^2 \setminus \gamma(S^1)$ 不道路连通.

证明 取 $p = (0,1)$, $x = (0,-1)$, 它们把圆周 S^1 分割成两个弧段 A 和 B, 即

$$A = \{(x,y) \in S^1 \mid x \geq 0\}, \quad B = \{(x,y) \in S^1 \mid x \leq 0\}.$$

它们都紧致，因此 $\gamma(A)$ 和 $\gamma(B)$ 也都紧致，说明它们都是 S^2 的闭子集. 取 $X = S^2 \setminus \gamma(A)$, $Y = S^2 \setminus \gamma(B)$, 则 X 和 Y 都是 $X \cup Y = S^2 \setminus \{\gamma(p), \gamma(q)\}$ 的开子集, 而 $X \cap Y = S^2 \setminus \gamma(S^1)$ (参见图 4.24).

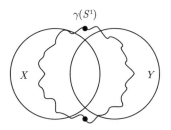

图 4.24 X, Y 以及 $\gamma(S^1)$

现在假设 $S^2 \setminus \gamma(S^1)$ 道路连通，则可以对这一对 X, Y 应用 van Kampen 定理. 设 $i : X \hookrightarrow X \cup Y$, $j : Y \hookrightarrow X \cup Y$ 是相应的含入映射.

取定基点 $x_0 \in X \cap Y$, 如果 $\pi_1(X, x_0)$ 的生成元集为 C, $\pi_1(Y, x_0)$ 的生成元集为 D, 则 $\pi_1(X \cup Y, x_0)$ 的生成元集就是 $i_\pi(C) \cup j_\pi(D)$.

但是由前述引理可知 i_π 和 j_π 都是零同态, 由此可知 $\pi_1(X \cup Y, x_0)$ 是平凡群, 与 $X \cup Y = S^2 \setminus \{\gamma(p), \gamma(q)\}$ 的事实矛盾. 矛盾说明假设错误, $X \cap Y$ 不道路连通. □

与 Schoenflies 定理不同的是, Jordan-Brouwer 分割定理的结论是可以直接推广到高维的, 也就是说, 如果 $\gamma: S^n \to S^{n+1}$ 是一个嵌入, 则 $S^{n+1} \setminus \gamma(S^n)$ 也一定不道路连通 (当然这需要用一些同调论的工具代替 van Kampen 定理才能证明).

Jordan 曲线定理比这个结论要稍微强一些, 它的证明也要复杂一些, 需要先做一些更细致的准备工作.

引理 4.10.2 考虑正方形 $X = [-1, 1]^2$. 设 $u: [0,1] \to X$ 是从 $(-1, 0)$ 到 $(1, 0)$ 的道路, $v: [0,1] \to X$ 是从 $(0, -1)$ 到 $(0, 1)$ 的道路, 则一定存在 $s, t \in [0, 1]$, 使得 $u(s) = v(t)$ (参见图 4.25).

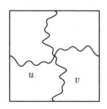

图 4.25 u 和 v 一定有交点

证明 假设任取 $s, t \in [0, 1]$, $u(s) \neq v(t)$, 则可以定义连续映射
$$H: [0,1]^2 \to S^1, \quad (s, t) \mapsto \frac{u(s) - v(t)}{\|u(s) - v(t)\|}.$$
考虑绕正方形 $[0, 1]^2$ 一圈的道路 $\gamma = abcd$, 这里
$$a: [0,1] \to [0,1]^2, \quad t \mapsto (t, 0);$$
$$b: [0,1] \to [0,1]^2, \quad t \mapsto (1, t);$$
$$c: [0,1] \to [0,1]^2, \quad t \mapsto (1-t, 1);$$
$$d: [0,1] \to [0,1]^2, \quad t \mapsto (0, 1-t).$$

γ 在 $[0,1]^2$ 中零伦，因此 $H \circ \gamma$ 在 S^1 中零伦，是一条圈数为零的道路.

另一方面，考察道路
$$H \circ a : [0,1] \to S^1, \quad t \mapsto \frac{u(t) - v(0)}{\|u(t) - v(0)\|},$$
它是从 $p = \left(-\frac{\sqrt{2}}{2}, \frac{\sqrt{2}}{2}\right)$ 到 $q = \left(\frac{\sqrt{2}}{2}, \frac{\sqrt{2}}{2}\right)$ 的道路，并且始终在上半圆周中走，因此定端同伦于从 p 到 q 的绕圆周 $\frac{1}{4}$ 圈的匀角速度运动. 同理可知，$H \circ b$, $H \circ c$, $H \circ d$ 也都定端同伦于绕圆周 $\frac{1}{4}$ 圈的匀角速度运动. 因此它们的乘积 $H \circ \gamma$ 定端同伦于绕圆周一整圈的匀角速度运动，这与 $H \circ \gamma$ 圈数为 0 矛盾.

矛盾说明假设错误，u 和 v 一定有交点. $\square$

Jordan 曲线定理 (**Jordan curve theorem**) 设 $\gamma : S^1 \to S^2$ 是一个嵌入，则 $S^2 \setminus \gamma(S^1)$ 恰好有两个道路分支 W_1, W_2，并且每个分支都以 $\gamma(S^1)$ 为边界，即 $\overline{W_i} \setminus W_i^\circ = \gamma(S^1)$, $i = 1, 2$.

证明 让我们来证明下述结论：设 $\gamma : S^1 \to \mathbb{E}^2$ 是一个嵌入，则 $\mathbb{E}^2 \setminus \gamma(S^1)$ 存在唯一一个有界道路分支 U，并且 U 以 $\gamma(S^1)$ 为边界，即 $\overline{U} \setminus U^\circ = \gamma(S^1)$. 这个结论和 Jordan 曲线定理是完全等价的，因为平面添加一个无穷远点 (一点紧化) 后就是球面.

首先证明 $\mathbb{E}^2 \setminus \gamma(S^1)$ 至少有一个有界道路分支 U. 取一个充分大的包含 $\gamma(S^1)$ 的圆盘 B，则 $\mathbb{E}^2 \setminus \gamma(S^1)$ 存在唯一一个道路分支包含 $\mathbb{E}^2 \setminus B$ (即无界分支)，除此之外的任何道路分支都包含在 B 内，它们都是有界分支. 由 Jordan-Brouwer 分割定理可知，$\mathbb{E}^2 \setminus \gamma(S^1)$ 有不止一个道路分支，因此至少有一个有界.

再来证明这样的 U 一定以 $\gamma(S^1)$ 为边界. 因为 $\mathbb{E}^2 \setminus \gamma(S^1)$ 的每个分支都是开集，所以 $U^\circ = U$，并且 $\overline{U}$ 不与其他分支相交，只能包含于 $\gamma(S^1) \cup U$. 这说明 $\partial U \subseteq \gamma(S^1)$.

假设这个包含是真包含而不是相等，则 $\gamma(S^1)$ 上有闭弧段 $J \cong [0,1]$，使得 $\partial U \subseteq J$. 由 Tietze 扩张定理，任何 J 到 $[0,1]$ 的连续映射可

以扩张为 $\mathbb{E}^2$ 到 $[0,1]$ 的连续映射,把 $[0,1]$ 换成与之同胚的 J 便知,存在连续映射 $g : \mathbb{E}^2 \to J$,使得 $g|_J = \mathrm{id}|_J$. 于是定义

$$h : \mathbb{E}^2 \to U^c, \quad x \mapsto \begin{cases} g(x), & x \in \overline{U}; \\ x, & x \notin U, \end{cases}$$

则 h 是一个从 $\mathbb{E}^2$ 到 U^c 的收缩映射. 注意,在介绍连续映射诱导的基本群同态的那一节,有一道习题是说这样的收缩不存在. 这个矛盾就说明假设不成立,即 $\partial U = \gamma(S^1)$.

最后再来证明只有一个有界分支. 首先在 $\gamma(S^1)$ 上取最左边的点 u 以及最右边的点 v. 它们把 $\gamma(S^1)$ 分割成两段弧 J_1, J_2. 在 u, v 中间画一条竖直的直线 ℓ,并在 $\ell \cap \gamma(S^1)$ 上取最上边的点 p 以及最下边的点 q (参见图 4.26).

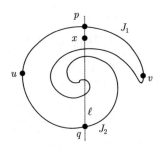

图 4.26 $\gamma(S^1)$ 上的各处标记

p, q 不会同时属于 J_1,因为否则的话从下方沿着 ℓ 走到 q,然后沿着 J_1 走到 p,再沿着 ℓ 走向上方的道路就与从 u 沿着 J_2 走到 v 的道路不相交,这与前述引理矛盾. 同理 p, q 也不会同时属于 J_2. 因此可以不妨假设 $p \in J_1, q \in J_2$. 假设 ℓ 上属于 J_2 的最上面的点为 q',ℓ 上属于 J_1 并且位于 q' 上方的最下面的点为 p',设线段 $\overline{p'q'}$ 的中点为 x. 让我们来证明 $\mathbb{E}^2 \setminus \gamma(S^1)$ 的每一个有界分支 U 都满足 $x \in U$.

假设 $x \notin U$,则线段 $\overline{p'q'}$ 整体与 U 不相交. 在 U 中取一个充分接近 u 的点 u',一个充分接近 v 的点 v',以及一条从 u' 到 v' 的道路 K. 则从下方沿着 ℓ 走到 q,再沿着 J_2 走到 q',再沿着 ℓ 走到 p',再沿着 J_1

走到 p, 最后沿着 ℓ 走向上方的道路就与从 u 先走到 u', 再沿着 K 走到 v', 最后再走到 v 的道路相交非空. 这与前述引理矛盾. 因此假设错误, 说明 $x \in U$, 从而只能有一个有界分支. □

更一般地, 利用同调论可以证明下述结论: 如果 $X \subseteq S^n$ 紧致, $S^n \setminus X$ 有 k 个道路分支, 则任取嵌入 $\gamma: X \to S^n$, $S^n \setminus \gamma(X)$ 也有 k 个道路分支.

第五章 复迭空间

复迭空间的历史也许可以追溯到 Gauss 的学生 Riemann. 我们知道复变函数 $f(z) = z^2$ 不是单射，所以对于任何非零复数，提到它的平方根总是有两种取法. 虽然如此，可以在每个非零复数 z 的一个充分小的邻域 U 内取定一个连续单射的复变函数 g, 使得在 U 内 $g(z)^2 \equiv z$, 这称为多值函数 f^{-1} 的单值分支. Riemann 提出了一种后来被称为 Riemann 曲面的构造，可以把对一个多值复变函数的讨论变成对 Riemann 曲面上的单值映射的讨论. 这些 Riemann 曲面就是复迭空间的原型.

Riemann 曲面的发现彻底终结了在此之前人们对于非欧几何的合理性的各种争议，因为借助 Riemann 曲面可以构造无数种和传统欧氏几何不一样的几何模型. Klein 在就职 Erlangen 大学教授时发表了一个著名的研究计划，这个研究计划把欧氏几何、射影几何以及 Riemann 曲面上的各种几何学整合到了一起，每一种几何学解释成对一种模型上的一类变换群的研究. 这就是著名的 Erlangen 纲领.

用来当作模型的空间都是很简单的空间. 比如对于 Riemann 曲面来说，Poincaré 单值化定理指出，可以用来当作模型的空间只有球面、平面和单位开圆盘这三种 (平面与单位开圆盘拓扑上是同胚的，但是作为 Riemann 曲面时需要考虑复变函数而不只是考虑连续映射，这时它们是两个不同的研究对象).

变换群体现的则是当作模型的空间的某种对称性. 有趣的是你总可以在模型空间中找出一些基本的区域，然后用变换群把它们移动到各处，形成铺满整个模型空间的平铺图案. 著名版画家 Escher 从数学家 Penrose 那里了解了这种构造，并创作了一系列作品展现双曲平面上的平铺图案，比如有一幅画就是用天使和魔鬼的形象没有缝隙地铺满整个圆盘.

与之类似，复迭的技术则是把一个空间的基本群解释成某种当作模

型的空间 (比如泛复迭空间) 上的一种变换群 (复迭变换群) 去研究，而后者往往会比原来的空间要直观得多，实际上圆周的基本群就是这样计算出来的.

顺便说一句，因为历史的原因"复迭"二字有多种并行的写法，也有很多书把它写成"复叠"或"覆叠"，本书采用最简化的写法其实只是因为：这样写板书的时候教师可以少写几笔.

*§5.1 群作用与轨道空间

每个几何图形都有一些对称性，这些对称性有时候能对理解该图形的几何和拓扑产生巨大的帮助. 从空间和映射的角度来理解，对称性就可以解释成一些满足特殊性质的自同胚，它们关于映射的复合运算构成群. 也就是说，几何空间的对称性可以通过群在空间上的作用来刻画.

在学习复迭空间之前，不妨简单熟悉一下这种对称性，为后面的理论建立一个直观的印象. 当然，跳过本节并不影响对后面内容的理解，或者你也可以选择在学完复迭变换后再回过头来看这些例子.

定义 5.1.1 设 X 是一个拓扑空间，用 $\operatorname{Aut} X$ 表示 X 的所有自同胚构成的群，群的乘法为映射的复合. 如果 G 是一个群，$q: G \to \operatorname{Aut} X$ 是一个同态，则称 q 为群 G 在 X 上的一个**群作用** (group action)，记为 $q: G \searrow X$. 称每个 $q(g)$ 为 g 在 X 上的**作用** (action).

任取 $g \in G$，$q(g)$ 是一个 X 到自己的同胚 (所以才称之为"作用")，它把每个点 $x \in X$ 变到 $q(g)(x) \in X$. 这个记号有些冗长，我们通常把 $q(g)(x)$ 就简记为 $g(x)$.

命题 5.1.1 设 $q: G \searrow X$. 在 X 上定义关系 $\overset{q}{\sim}$，使得 $x \overset{q}{\sim} y$ 当且仅当存在 $g \in G$ 满足 $y = g(x)$，则 $\overset{q}{\sim}$ 是一个等价关系.

证明 反身性：设 e 是群 G 的单位元，则显然 $e(x) = x$.

对称性：如果 $y = g(x)$，则 $x = g^{-1}(y)$.

传递性：如果 $y = g(x)$, $z = h(y)$，则 $z = (hg)(x)$.

二元关系 $\overset{q}{\sim}$ 满足上述三条性质，因此是个等价关系. □

定义 5.1.2 设 $q: G \searrow X$，定义等价关系 $\overset{q}{\sim}$，使得 $x \overset{q}{\sim} y$ 当且仅当存在 $g \in G$ 满足 $y = g(x)$. 我们称每个等价类 $\langle x \rangle$ 为 x 的**轨道** (orbit)，记为 $\mathscr{O}_x$，并称商空间 $X/\overset{q}{\sim}$ (取商拓扑) 为该群作用的**轨道空间** (orbit space)，记为 X/G.

换言之，$\mathscr{O}_x = \{g(x) \mid g \in G\}$, $X/G = \{\mathscr{O}_x \mid x \in X\}$.

例 1 考虑 $q: \mathbb{Z} \searrow \mathbb{E}^1$，对于每个整数 $n \in \mathbb{Z}$,
$$q(n): \mathbb{E}^1 \to \mathbb{E}^1, \quad x \mapsto x+n.$$
则 q 是一个群作用. 考虑映射
$$f: \mathbb{E}^1 \to S^1, \quad x \mapsto (\cos(2\pi x), \sin(2\pi x)),$$
这是一个连续满射，并且是一个开映射，因此是一个商映射. 并且 $f(y) = f(x)$ 当且仅当 $y = x+n, n \in \mathbb{Z}$，这说明 f 诱导的等价关系和群作用诱导的等价关系相同，因此 $\mathbb{E}^1/\mathbb{Z} = \mathbb{E}^1/\overset{f}{\sim} \cong S^1$. □

例 2 考虑 $q: \mathbb{Z} \oplus \mathbb{Z} \searrow \mathbb{E}^2$，对于每对整数 $m, n \in \mathbb{Z}$,
$$q(m,n): \mathbb{E}^2 \to \mathbb{E}^2, \quad (x,y) \mapsto (x+m, y+n).$$
与上例同理可知，$\mathbb{E}^2/(\mathbb{Z} \oplus \mathbb{Z}) \cong S^1 \times S^1 \cong T^2$. □

注意，那些作用把正方形推到全平面上的各个不同位置，形成了一幅平铺图案，如图 5.1 所示. 很多时候也可以反过来由平铺图案推测群作用.

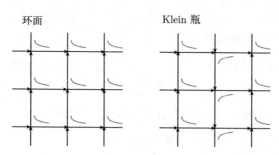

图 5.1 平面的平铺图案

例 3 考虑图 5.1 中右边的平铺图案,则所有把一个方块变成另一个方块,并且把水平箭头变成水平箭头,把竖直箭头变成竖直箭头 (要求箭头指向一致) 的平面等距变换构成一个群 G. 把每个方块按箭头所指方向粘合对边所得是一个 Klein 瓶,因此 $\mathbb{E}^2/G$ 同胚于 Klein 瓶. □

定义 5.1.3 设 $q: G \searrow X$ 是一个群作用.

(1) 如果任取 $x \in X$, $g(x) = x$ 蕴涵 $g = 1$, 即 G 中非平凡元素的作用都没有不动点,则称 q 为 **自由** (free) 群作用.

(2) 如果任取 $x, y \in X$, 存在 x 的邻域 U_x 和 y 的邻域 U_y, 使得

$$\{g \in G \mid g(U_x) \cap U_y \neq \varnothing\}$$

是有限集 (这里 $g(U) = \{g(x) \mid x \in U\}$), 则称 q 为 **纯不连续** (properly discontinuous) 群作用.

在前面的例子里我们看到,环面和 Klein 瓶都同胚于平面在某个自由并且纯不连续的等距变换群作用下的轨道空间,这里等距变换群作用的意思是说,群中任意元素的作用都是平面中的等距变换. 类似地,把上面这句话中的几何模型 (平面) 换成球面,就可以适用于球面和射影平面. 注意,环面和 Klein 瓶代表了所有 Euler 数为零的闭曲面,而球面和射影平面代表了所有 Euler 数大于零的闭曲面. 对于所有 Euler 数小于零的闭曲面来说,适合的几何模型则是 **双曲平面** (hyperbolic plane).

通常我们把双曲平面理解成不含边界的单位圆盘

$$\mathbb{H}^2 = \{z \in \mathbb{C} \mid |z| < 1\}$$

带上双曲度量

$$d(z_1, z_2) = \cosh^{-1}\left(1 + \frac{2|z_1 - z_2|^2}{(1 - |z_1|^2)(1 - |z_2|^2)}\right),$$

其中 $\cosh^{-1}$ 表示反双曲余弦,即任取实数 $t > 1$,

$$\cosh^{-1}(t) = \ln(t + \sqrt{t^2 - 1}).$$

这个空间称为双曲平面的 **Poincaré 圆盘模型** (Poincaré disc model), 不过提出这个模型的却不是 Poincaré 而是 Beltrami. 双曲度量的公式看上去很复杂, 对我们建立几何直观好像不是什么好事情, 但是双曲等距变换却非常容易刻画. 一个自同胚 $f: \mathbb{H}^2 \to \mathbb{H}^2$ 如果满足 $d(p, q) \equiv d(f(p), f(q))$, 则称之为 **双曲等距变换** (hyperbolic isometry). 可以证明, 任何一个双曲等距变换都具有

$$z \mapsto \frac{az + \bar{b}}{bz + \bar{a}} \text{ 或者 } z \mapsto \frac{a\bar{z} + \bar{b}}{b\bar{z} + \bar{a}}$$

的形式. 单位圆盘 $\mathbb{H}^2$ 的直径以及与边界圆周垂直的圆弧统称为 **双曲直线** (hyperbolic line), 双曲等距变换一定会把双曲直线变成双曲直线, 并且保持两条相交双曲直线的交角不变. 有了这个几何直观就可以理解下面的例子了. 不仅如此, 类似的技术还可以说明, 每个负 Euler 数的闭曲面都同胚于双曲平面在某个自由并且纯不连续的双曲等距变换群作用下的轨道空间.

例 4 在 Poincaré 圆盘中取六条双曲直线, 使得它们围出一个内角为 $\frac{\pi}{3}$ 的双曲正六边形 Δ. 按照 $3P^2$ 的标准多边形表示 $aabbcc$, 对该六边形各边如图 5.2 正中间六边形所示进行标记.

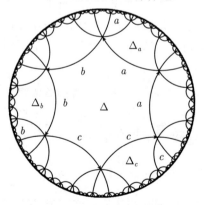

图 5.2 用双曲正六边形铺满 $\mathbb{H}^2$

取一个双曲等距变换 f_a, 把正右侧的 a 边变到右上侧的 a 边, 并把六边形 Δ 变到右上侧的六边形 Δ_a; 取一个双曲等距变换 f_b, 把左上侧

的 b 边变到正左侧的 b 边,并把六边形 Δ 变到正左侧的六边形 Δ_b; 取一个双曲等距变换 f_c,把左下侧的 c 边变到右下侧的 c 边,并把六边形 Δ 变到右下侧的六边形 Δ_c.

设 G 是所有由 f_a, f_b, f_c 以及它们的逆映射作有限次复合得到的双曲等距变换构成的群,则 Δ 在该群作用下形成了双曲平面的一个平铺图案. 因为涉及很多双曲几何的技术细节,具体的证明我们就不写了,但是由上述示意图不难看出,$G \searrow \mathbb{H}^2$ 是自由并且纯不连续的群作用,而 $\mathbb{H}^2/G$ 同胚于六边形 Δ 将边配对粘合所得的闭曲面,即 $3P^2$. □

在前几个例子证明商映射的时候 (比如上一个例子证明轨道空间同胚于用双曲正六边形粘出来的 $3P^2$),实际上都需要假设已知轨道空间是 Hausdorff 空间,然后才能从 "紧致空间到 Hausdorff 空间的连续满射是商映射" 推导出结论. 下面我们就来补充一下轨道空间满足 Hausdorff 性质的证明.

命题 5.1.2 设 X 是一个 Hausdorff 空间,$q: G \searrow X$ 是一个纯不连续的群作用,则轨道空间 X/G 也是 Hausdorff 空间. 如果 q 还是自由的,则粘合映射
$$p: X \to X/G, \quad x \mapsto \mathscr{O}_x$$
是局部同胚.

证明 任取 $x, y \in X$ 满足 $\mathscr{O}_x \neq \mathscr{O}_y$,纯不连续性说明存在 x 的邻域 U_x 和 y 的邻域 U_y,使得
$$A = \{g \in G \mid g(U_x) \cap U_y \neq \varnothing\}$$
是有限集. 因为 X 是 Hausdorff 空间,所以对于每一个 $g \in A$,由 $g(x) \neq y$ 可知,存在 x 的邻域 $V_{x,g}$ 以及 y 的邻域 $V_{y,g}$,使得 $g(V_{x,g}) \cap V_{y,g} = \varnothing$. 现在取
$$W_x = U_x \cap \left(\bigcap_{g \in A} V_{x,g} \right), \quad W_y = U_y \cap \left(\bigcap_{g \in A} V_{y,g} \right),$$
则 W_x 是有限多个 x 的邻域的交集,因此还是 x 的邻域;同理,W_y 也是 y 的邻域.

注意到，任取 $g \in G$, $g(W_x) \cap W_y = \varnothing$，因此 $p(W_x) \cap p(W_y) = \varnothing$，这就说明 $p(W_x)$ 和 $p(W_y)$ 是轨道空间中 $\mathscr{O}_x$ 和 $\mathscr{O}_y$ 的不相交的邻域，也就是说，X/G 是 Hausdorff 空间。

如果进一步假设群作用是自由的，则任取 $g \in G \setminus \{1\}$, $g(x) \neq x$。于是与上述讨论同理可知，任取 $x \in X$，存在 x 的开邻域 U，使得任取 $g \in G \setminus \{1\}$, $g(U) \cap U = \varnothing$。

注意到 $p^{-1}(p(U)) = \bigcup_{g \in G} g(U)$，因为每个 g 的作用都是 X 上的自同胚，所以这些 $g(U)$ 都是开集，从而它们的并集 $p^{-1}(p(U))$ 是开集。于是由商拓扑的定义可知，$p(U)$ 是 X/G 中的开集。这就说明 p 是开映射，而且连续，因此把 x 的邻域 U 同胚地映到 $p(x)$ 的邻域 $p(U)$。这就说明，p 是局部同胚。 □

特别地，上述命题说明如果 X 是一个 n 维流形，q 是一个自由并且纯不连续的群作用，则 X/G 也是一个 n 维流形。

我们引进自由这个概念其实是为了刻画轨道的匀齐性：如果不自由则含不动点的轨道比其他轨道所含的点数要少些，这样不同的轨道就必须要区别对待了。而纯不连续性则刻画了每个轨道上的点的分散程度：这些轨道上的点不仅自己很"分散"，而且也不会"聚集"到别的轨道上的点附近去。

前面讲的这些例子实际上就是复迭空间理论的来源，而且复迭中的正则复迭都对应着复迭变换群的群作用。不过在讨论正则复迭时，我们不是已知空间和群作用然后求轨道空间，而是从一个空间 X 出发去构造正则复迭空间 $\widetilde{X}$ 和复迭变换群 G，使得 $\widetilde{X}/G$ 同胚于 X，然后通过研究群作用来理解 X 的拓扑。

例 5 把 S^3 理解成长度为 1 的复二维向量构成的集合，即

$$S^3 = \{(z_1, z_2) \in \mathbb{C}^2 \mid |z_1|^2 + |z_2|^2 = 1\}.$$

取定两个互素的整数 n, k，定义映射

$$h: S^3 \to S^3, \quad (z_1, z_2) \mapsto (z_1 \mathrm{e}^{\frac{2\pi}{n}\mathrm{i}}, z_2 \mathrm{e}^{\frac{2k\pi}{n}\mathrm{i}}).$$

h 是紧致空间到 Hausdorff 空间的连续双射，因此由第二章的知识可知，h 是同胚. 同理可知 $h^2, \cdots, h^{n-1}$ 也都是同胚，而 $h^n = \mathrm{id}_{S^3}$. 因此可以定义群作用 $q : \mathbb{Z}_n \searrow S^3$，使得 $1 \in \mathbb{Z}_n$ 对应的作用 $q(1) = h$. 易验证这个群作用自由并且纯不连续，因此它的轨道空间 $L(n,k)$ 是一个闭三维流形. 这种流形称为**透镜空间** (lens space). 注意，$L(2,1)$ 就是实射影空间 $\mathbb{RP}^3$. □

最后，我们来看一个自由的连续群作用的经典例子，说明这样的作用不是不值得去研究，而是需要用到比基本群和复迭空间更加高深的代数拓扑工具.

例 6 把 S^1 理解成绝对值为 1 的复数构成的集合，即
$$S^1 = \{z \in \mathbb{C} \mid |z| = 1\},$$
则可以在其上把复数的乘法当做群的乘法，定义一个群结构. 另一方面，与上一个例子类似地把 S^3 理解成长度为 1 的复二维向量构成的集合，则可以定义群作用 $q : S^1 \searrow S^3$，使得每个 $z \in S^1$ 对应的作用是
$$q(z) : S^3 \to S^3, \quad (z_1, z_2) \mapsto (zz_1, zz_2).$$
显然每条轨道 $\mathscr{O}_{(z_1,z_2)}$ 同胚于圆周，而轨道空间 S^3/S^1 则同胚于球面. 为了能够想明白这是为什么，让我们把它分解成两部分
$$A = \{\mathscr{O}_{(z_1,z_2)} \mid |z_1| \leq |z_2|\}, \quad B = \{\mathscr{O}_{(z_1,z_2)} \mid |z_1| \geq |z_2|\},$$
然后考虑单位圆盘到它们的映射
$$f : D^2 \to A, \ z \mapsto \mathscr{O}_{(z,1)},$$
$$g : D^2 \to B, \ z \mapsto \mathscr{O}_{(1,z)}.$$
可以证明，f 和 g 都是紧致空间到 Hausdorff 空间的连续双射，因此都是同胚. 而且它们都把单位圆盘的边界圆周变到 $A \cap B$. 于是 S^3/S^1 就是 A, B 这两个圆盘沿着边界粘合所得，也就是说，它同胚于一个球面. □

该群作用诱导的商映射 $p : S^3 \to S^3/S^1 \ (\cong S^2)$ 称为 **Hopf 纤维化** (Hopf fibration). 在发现这个例子之前，数学家们曾经一度猜测 $m \neq n$

时从 S^m 到 S^n 的映射一定是零伦的，或者说 S^n 的同伦群只有第 n 维非平凡. Hopf 纤维化是第一个不零伦的例子，它说明即使是 $n=2$ 的情形，这个猜测也是完全错误的：球面的高维同伦群是很复杂的！不过不零伦的证明已经超出了本书的范围，需要用到一些同调论的工具，我们就不进一步介绍了.

§5.2 纤维化与复叠映射

想象我们有块团起来的棉布，想在这块布上画出一条连接两个点的最短弧线（要求笔尖始终在布上），初看上去像是一个不可能完成的任务，但是如果能找个地方把这块布摊开抻平，问题就迎刃而解了：可以在摊平的布上画一条连接这两个点的线段，然后再把布按原样团回去，得到的就是所求的最短弧线.

复叠空间就是这样的一种构造，它把一个基本群很复杂的空间 B 展开摊平，变成另外的一个空间 E，把关于 B 的基本群的计算变成 E 中的几何直观. 当然两个空间中的点是有对应关系的，这种对应关系用连续映射 $p: E \to B$ 来标记，p 也就是"揉成团"的那个操作. 更准确地讲，我们关心的是反过来的"展开"的操作.

因为要用 E 来研究 B 的基本群，所以这所谓的"展开"的操作必须要能把 B 中的道路展开成 E 中的道路，还要能把定端同伦的道路展开成定端同伦的道路. 纤维化是这种想法的最一般形式的数学表述，而复叠空间则是最简单直观的一种纤维化.

定义 5.2.1 设 $p: E \to B$ 连续. 如果连续映射 $f: X \to B$ 和 $f^{\uparrow}: X \to E$ 满足如下交换图表，即 $f = p \circ f^{\uparrow}$，则称 $f^{\uparrow}$ 为 f 关于 p 的**提升** (lift 或 lifting).

$$\begin{array}{ccc} & & E \\ & {}^{f^{\uparrow}}\nearrow & \downarrow p \\ X & \xrightarrow{f} & B \end{array}$$

提升并没有统一的记号，不同文献会采用不同的方式去标记，不过因为在交换图表里，人们总是喜欢把一个映射的提升画在这个映射的上方，所以本书采用加上箭头上标的形式去标记.

定义 5.2.2 设 $p: E \to B$ 连续. 称一个空间 X 关于 p 满足 **同伦提升性质** (homotopy lifting property), 如果它满足下述条件：任取连续映射 $f: X \to B$, 只要 f 有提升 $f^\uparrow$, 则从 f 开始的任意伦移 F 一定存在从 $f^\uparrow$ 开始的伦移作为其提升.

这几个映射之间的关系也可以用如下的交换图表来表示：

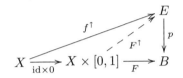

定义 5.2.3 设 $p: E \to B$ 连续. 如果任何空间 X 关于 p 均满足同伦提升性质，则称 p 为一个 **纤维化** (fibration). 称 E 为 **全空间** (total space), 称 B 为 **底空间** (base space), 称每个 $p^{-1}(b)$ 为 b 上的一根 **纤维** (fiber).

这样定义的纤维化有时也称为 **Hurewicz 纤维化** (Hurewicz fibration), 以区别于验证起来稍微容易一些的 **Serre 纤维化** (Serre fibration), 后者只要求所有维数的立方体 $[0,1]^n$ 关于 p 都满足同伦提升性质 (回想一下：B 里的 n 维道路就是 $[0,1]^n$ 到 B 的映射).

在代数拓扑中纤维化是个很重要的概念，不过遗憾的是，它的价值只有等到学习同调论和同伦论的时候大家才能明白，所以我们只能讨论最简单的一种纤维化，也就是复迭空间. 大概地讲，复迭空间就是每根纤维都是一堆离散的点的纤维化. 当然从历史的观点来看，纤维化理论要比复迭空间理论晚很多年才出现，复迭空间的思想来源于上一节讲的离散群作用的思想，所以它也有一个比纤维化更直观的定义.

定义 5.2.4 设 $p: E \to B$ 是一个连续满射，并且对于每个 $b \in B$ 存在其开邻域 U_b, 使得 $p^{-1}(U_b)$ 是一族互不相交的开集 $\{V_{b,\lambda}\}_{\lambda \in \Lambda}$ 的并，并且每个 $p|_{V_{b,\lambda}}: V_{b,\lambda} \to U_b$ 都是同胚，则称 (E, p) 为 B 上的 **复迭**

空间 (covering space),并称 p 为一个 **复迭映射** (covering map). 称 E 为其 **全空间** (total space),称 B 为其 **底空间** (base space),称这些 U_b 为 **均匀复迭邻域** (evenly-covered neighborhood),称每个 $p^{-1}(b)$ 为 b 上的 **纤维** (fiber).

注意,有的时候我们也用复迭空间这个词来指全空间. 当我们只写复迭二字的时候往往会更随意一些,既有可能指全空间也有可能指复迭映射. 一般来说这并不会带来什么问题,可以在需要的时候再进一步解释.

满射这个条件其实就是说均匀复迭邻域 U_b 的那一族原像集 $V_{b,\lambda}$ 不能是连一个集合都没有的空族,所以在往后遇到的例子中我们一般不需要特意去验证. 实际应用复迭空间的时候,E 和 B 往往都是道路连通并且局部道路连通的,此时满射的条件会被自动满足 (除非 E 是空集). 并且可以进一步把均匀复迭邻域 U_b 也都取成道路连通的,从而每个 $V_{b,\lambda}$ 恰好是 $p^{-1}(U_b)$ 的一个道路分支. 复迭空间的定义看上去似乎很长,掌握它的最好办法是看一个具体的例子.

例 1 考虑 $\mathbb{E}^1$ 到 $\mathbb{E}^3$ 的螺旋式嵌入

$$\gamma: \mathbb{E}^1 \to \mathbb{E}^3, \quad t \mapsto (\cos(2\pi t), \sin(2\pi t), t),$$

向 xy 平面的垂直投影 $\pi_{xy}: \mathbb{E}^3 \to \mathbb{E}^2, (x,y,z) \mapsto (x,y)$ 把螺线投影到圆周 (参见图 5.3). 不难验证,

$$q: \gamma(\mathbb{E}^1) \to S^1, \quad q(x,y,z) = (x,y)$$

以及 $p = q \cdot \gamma$ 都是一个复迭映射. $\qquad\square$

注意,复迭映射的几何直观是 "展开" 而不是简单地剪开摊平. 举个例子来说,考虑上面定义的复迭映射 $p: \mathbb{E}^1 \to S^1$,$p|_{[0,1]}$ 就只是一个普通的商映射而不是复迭映射,因为在 0 和 1 附近它并不是局部同胚.

复迭映射都是纤维化,实际上我们还可以证明下述更强的结论 (注意,这个结论比纤维化多了提升的唯一性).

§5.2 纤维化与复迭映射   233

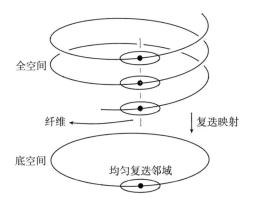

图 5.3 螺旋线到圆周的复迭

定理 5.2.1 设 $p: E \to B$ 是复迭映射. 设 $F: X \times [0,1] \to B$ 是从 $f: X \to B$ 开始的伦移, 而 $f^\uparrow: X \to E$ 是 f 关于 p 的提升, 则存在唯一一个从 $f^\uparrow$ 开始的伦移 $F^\uparrow: X \times [0,1] \to E$, 使得 $F^\uparrow$ 是 F 关于 p 的提升.

证明 确定 $F^\uparrow$ 的取值相当于要对每个 $x \in X$ 确定道路 $\varphi_x: [0,1] \to E, t \mapsto F^\uparrow(x,t)$ 的取法. 那么就让我们对照图 5.4 讨论一下该怎么取.

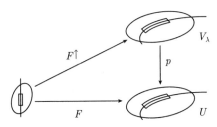

图 5.4 道路 φ_x 的选取

任取 $x \in X$, $\{F^{-1}(U) \mid U$ 是 B 中的均匀复迭邻域$\}$ 构成线段 $\{x\} \times [0,1]$ 的开覆盖. 于是由 Lebesgue 引理可知, 存在一个 Lebesgue 数 $\varepsilon > 0$, 使得当 $\dfrac{1}{n} < \varepsilon$ 时每一小段 $\{x\} \times \left[\dfrac{i}{n}, \dfrac{i+1}{n}\right]$ 都完整地包含于某个均匀复迭邻域的原像之中. 不仅如此, 因为这个原像是开集, 所以

由紧致性那一节讲过的管状引理可知，存在 $\{x\}$ 的开邻域 $W_{x,i}$，使得 $W_{x,i} \times \left[\dfrac{i}{n}, \dfrac{i+1}{n}\right]$ 也包含于它.

于是确定了 $F^\uparrow$ 在 $W_{x,i} \times \left\{\dfrac{i}{n}\right\}$ 的取值后，在 $W_{x,i} \times \left[\dfrac{i}{n}, \dfrac{i+1}{n}\right]$ 上存在唯一的一种方式对其进行连续扩张. 取 $W_x = W_{x,0} \cap \cdots \cap W_{x,n-1}$ 并对 i 归纳可知，确定了 $F^\uparrow$ 在 $W_x \times \{0\}$ 的取值后，在定义域中的整条管子 $W_x \times [0,1]$ 上存在唯一的一种方式对其进行连续扩张. 也就是说，存在唯一一个从 $f^\uparrow|_{W_x}$ 出发的 $F|_{W_x \times [0,1]}$ 的提升伦移.

因为 x 是任意选取的，这些 W_x 构成 X 的开覆盖，而且唯一性确保了当 $W_x \cap W_y \neq \varnothing$ 时，在 $(W_x \cap W_y) \times [0,1]$ 上两者的定义一致. 因此把它们合起来就可以得到整体的同伦提升. $\square$

特别地，当 $X = \{x_0\}$ 是单点集时，我们可以把一个伦移 $F: X \times [0,1] \to Y$ 理解成道路 $a(t) = F(x_0, t)$，而伦移的提升则对应于道路的提升，因此有下述的简单推论：

命题 5.2.1 设映射 $p: E \to B$ 是复迭映射，则任取 B 中的道路 $a: [0,1] \to B$ 以及 $e \in p^{-1}(a(0))$，存在唯一的 a 的提升 $a^\uparrow: [0,1] \to E$，使得 $a^\uparrow(0) = e$. $\square$

同理可知，在任何纤维化上道路都总是可以提升的. 不过当我们讨论同伦的提升以及道路的提升时都顺带指出了提升的唯一性，在复迭空间中还可以证明下述更一般的唯一性. 这是一般纤维化不具有的性质.

定理 5.2.2 设映射 $p: E \to B$ 是复迭映射，X 道路连通. 如果 $f_1, f_2: X \to E$ 都是 $g: X \to B$ 的提升，并且存在 $x \in X$ 使得 $f_1(x) = f_2(x)$，则 $f_1 \equiv f_2$.

证明 任取 $y \in X$，然后取一条从 x 到 y 的道路 $a: [0,1] \to X$. 我们看到道路 $f_1 \circ a$ 和 $f_2 \circ a$ 都是道路 $g \circ a$ 的提升，而且起点相同，因此由道路提升的唯一性可知，$f_1 \circ a \equiv f_2 \circ a$. 特别地，这说明 $f_1(y) = f_2(y)$. 于是由 y 的任意性可知，$f_1 \equiv f_2$. $\square$

复迭空间里的纤维都是离散空间，还可以进一步证明，如果底空间道路连通，则全空间中的任意两根纤维都是相互同胚的 (参见习题). 特别地，这说明底空间道路连通时，不同纤维中所含的点数相等. 一般的纤维化不具有这个性质，但是可以证明，在底空间道路连通的纤维化中，任意两根纤维都同伦等价.

定义 5.2.5 设复叠映射 p 的底空间道路连通. 如果每根纤维都是含 n 个点的有限集，则称 p 为 **有限复叠** (finite covering)，或者更具体地称为 n **层复叠** (n-fold covering, 也称 n **叶复叠** 或 n **重复叠**). 若每根纤维都是无限集，则称 p 为 **无穷复叠** (infinite covering).

例 2 前一个例题中，那个把直线无穷地缠绕在圆周上的复叠映射

$$p: \mathbb{E}^1 \to S^1, \quad t \mapsto (\cos(2\pi t), \sin(2\pi t))$$

就是一个无穷复叠. □

例 3 回想一下，我们在第一章中讲过 $S^1 \times S^1$ 同胚于环面. 把两个 p 作直积，则可以得到一个平面到 $S^1 \times S^1$ 的复叠映射

$$p \times p: \mathbb{E}^2 \to S^1 \times S^1, \quad (s, t) \mapsto (p(s), p(t)).$$

这也是一个无穷复叠 (参见图 5.5). 不难看出，$p \times p$ 在每一个正方形 $(s, s+1) \times (t, t+1)$ 上的限制都是同胚，换言之，该限制的完全像集就可以取为均匀复叠邻域. 这个复叠映射再复合上从 $S^1 \times S^1$ 到 T^2 的同胚，就得到了一个环面上的无穷复叠. □

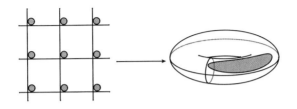

图 5.5 环面上的复叠

这个复叠的几何直观可以这样建立：每个正方形 $[n, n+1] \times [n, n+1]$ 把对边粘合可以得到环面，而我们做的不过是把所有这样的正方形一边

粘一边重叠到一起而已.

例 4 把圆周绕自己 n 圈的映射

$$f_n: S^1 \to S^1, \quad (\cos(2\pi t), \sin(2\pi t)) \mapsto (\cos(2n\pi t), \sin(2n\pi t))$$

是一个 n 层复迭. 任取 $x \in S^1$, $S^1 \setminus \{-x\}$ 就是它的一个均匀复迭邻域, 它在 f_n 下的原像是被 $f_n^{-1}(-x)$ 间隔开的 n 段弧 (参见图 5.6). □

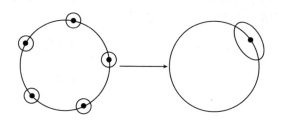

图 5.6 圆周上的有限复迭

例 5 球面粘合对径点可以得到射影平面, 即如果在 S^2 上定义一个等价关系 $\sim$, 使得 $x \sim y$ 当且仅当 $y = \pm x$, 则商空间 $S^2/\sim$ 同胚于 $\mathbb{RP}^2$. 商映射 $p: S^2 \to S^2/\sim$ 就是一个 2 层复迭. □

注意, 复迭映射的复合并不一定是复迭映射. 在 §4.8 中我们曾经提到过一个叫做 "夏威夷耳环" 的空间, 在这个空间 X 上就很容易做出一个复迭映射 $p: Y \to X$ 以及 Y 上的复迭映射 $q: Z \to Y$, 使得 $p \circ q$ 不是复迭映射. 想要让复迭映射的复合构成复迭映射, 一般来说需要附加 X 半局部单连通 (定义参见 §5.4) 的条件才行.

习　题

1. 设 $f: E \to B \times F$ 是同胚, $p: B \times F \to B$, $(x,y) \mapsto x$ 是投射. 证明 $p \circ f: E \to B$ 是一个纤维化.

2. 设 $p: E \to B$ 是复迭映射.

    (1) 任取 $x \in B$, 证明纤维 $p^{-1}(x) \subseteq E$ 是离散拓扑空间 (即每个单点集是开集);

(2) 证明如果 B 道路连通，则任取 $x, y \in B$, $p^{-1}(x) \cong p^{-1}(y)$.

3. 请画图描述出两个圆周的一点并 $S^1 \vee S^1$ 的两种全空间相互不同胚的 4 层复迭.

4. 设 $p: E \to B$ 是有限复迭，$q: \widetilde{E} \to E$ 也是复迭映射，证明 $p \circ q: \widetilde{E} \to B$ 是复迭映射.

5. 设 $p_1: E_1 \to B_1$, $p_2: E_2 \to B_2$ 都是复迭映射. 证明
$$p: E_1 \times E_2 \to B_1 \times B_2, \ (x_1, x_2) \mapsto (p_1(x_1), p_2(x_2))$$
也是复迭映射.

6. 设 X 是一个以 S^n 为复迭空间的 n 维流形，证明这个复迭一定是有限复迭.

§5.3 复迭空间的基本群

复迭空间的全空间看上去要比底空间大很多，如果要选取局部坐标系的话，要把底空间的局部坐标系和纤维的局部坐标系结合起来，才能确定全空间中的点的坐标. 但是这却并不意味着全空间比底空间复杂. 实际情况恰恰相反，所以我们总是用全空间的基本群以及纤维的结构来确定底空间的基本群.

一般来说，全空间的基本群同构于底空间的子群，而且基本群越简单的全空间越好用，有的时候全空间甚至是单连通的，这样的复迭空间称为泛复迭空间. 对于泛复迭空间来说，底空间的基本群就完全可以在一根纤维上标出来了.

首先我们来证明一个同伦提升性质的重要推论.

命题 5.3.1 若 $a \simeq b$, $a^{\uparrow}$, $b^{\uparrow}$ 是 a, b 的提升，并且 $a^{\uparrow}(0) = b^{\uparrow}(0)$, 则 $a^{\uparrow} \simeq b^{\uparrow}$. 换言之，可以把道路类提升为道路类.

证明 由同伦提升性质可知，从 a 到 b 的定端伦移 $H: a \simeq b$ 可以提升为一个从 $a^{\uparrow}$ 出发的伦移 $H^{\uparrow}$. 设 $H^{\uparrow}$ 在 t 时刻的切片为道路 $(h^{\uparrow})_t$, 则 H 定端就说明在 t 变化时，$(h^{\uparrow})_t$ 的起点始终只能在同一根纤维中移动，因此只能始终固定不动 (因为纤维都是离散空间). 同理 $(h^{\uparrow})_t$ 的终

点在 t 变化时也只能始终固定不动，因此 $H^\uparrow$ 是定端同伦. $(h^\uparrow)_1$ 和 $b^\uparrow$ 都是 b 的提升道路，并且起点相同，因此 $(h^\uparrow)_1 = b^\uparrow$，即 $a^\uparrow \simeq b^\uparrow$. □

注意，全空间的每个道路类 $\alpha^\uparrow$ 可以被复迭映射诱导的同态自然地送到一个底空间的道路类 $\alpha = p_\pi(\alpha^\uparrow)$，而 $\alpha^\uparrow$ 恰好就是 α 的提升道路类. 于是上面的讨论说明，p_π 是个单同态.

命题 5.3.2 设 $p: E \to B$ 是复迭映射，则 $\forall e \in E$,
$$p_\pi : \pi_1(E, e) \to \pi_1(B, p(e))$$
是单同态. □

为了叙述简便，我们记
$$H_e = p_\pi(\pi_1(E, e)),$$
则上述命题就是说，$\pi_1(E, e)$ 同构于 $\pi_1(B, p(e))$ 的子群 H_e.

例 1 任取 $m, n \geq 2$，秩为 m 的自由群 F_m 中必有子群同构于秩为 n 的自由群 F_n，而不是像线性空间或自由交换群那样，一个线性空间的维数 (或自由交换群的秩) 必定大于或等于其子空间的维数 (或子群的秩).

证明 任取 $n \geq 2$，则圆上镶嵌 (即一点并) $n-1$ 个小圆后得到的空间是 $S^1 \vee S^1$ 的复迭空间 (参见图 5.7). 这说明自由群 F_2 中有子群同构于自由群 F_n.

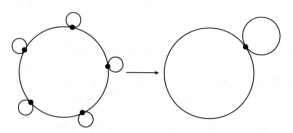

图 5.7 F_2 有子群同构于 F_n

任取 $m \geq 2$，显然，自由群 F_m 中有子群 G 同构于 F_2，而前述讨论

则说明 G 有子群同构于 F_n. □

全空间中的基点 e 可以有很多不同的选择，H_e 也会相应地跟着发生变化，但不同的 H_e 相互之间其实只差一个共轭 (回忆抽象代数中一个群 G 的两个子群 H, H' **共轭** (conjugate) 的意思是：存在 $g \in G$，使得 $H' = g^{-1} H g$).

命题 5.3.3 设 $p : E \to B$ 是复迭映射，$b \in B$，$e \in p^{-1}(b)$. 则任取 $\pi_1(B, b)$ 的子群 G，存在 $e' \in p^{-1}(b)$ 使得 $G = H_{e'}$ 的充分必要条件是：存在 $\alpha \in \pi_1(B, b)$，使得 $G = \alpha^{-1} H_e \alpha$.

证明 设 $a^\uparrow$ 是 e 到 $e' \in p^{-1}(b)$ 的道路，则沿 $a^\uparrow$ 推送基点可以把 $\pi_1(E, e)$ 送到 $\pi_1(E, e')$. 因此取 $\alpha = \langle p \circ a^\uparrow \rangle$，则 $H_{e'} = \alpha^{-1} H_e \alpha$ (参见图 5.8).

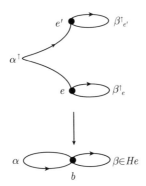

图 5.8 基点的影响

反过来，如果 $G = \alpha^{-1} H_e \alpha$，设 $\alpha = \langle a \rangle$，取 a 的一个从 e 出发的提升 $a^\uparrow$，设 $a^\uparrow$ 的终点为 e'. 则因为 $\alpha = \langle p \circ a^\uparrow \rangle$，由前一段落的推导可知，$H_{e'} = G$. □

定义 5.3.1 全空间单连通的复迭空间称为 **泛复迭空间** 或 **万有复迭空间** (universal covering space).

注意，单连通的定义里包含了道路连通的要求，所以泛复迭空间的全空间和底空间都必须是道路连通的.

很显然，当我们想用全空间的基本群以及纤维的结构来表达底空间的基本群时，泛复叠空间是最好用的特例。

定理 5.3.1 H_e 在 $\pi_1(B,b)$ 中的右陪集和 $p^{-1}(b)$ 的元素一一对应. 特别地，在泛复叠空间的情形，$\pi_1(B,b)$ 的元素和 $p^{-1}(b)$ 的元素一一对应.

证明 由前面的讨论可知，$\pi_1(B,b)$ 中的每个道路类 α 都存在唯一的一个从 e 出发的提升道路类 $\alpha^\uparrow$. 记 $\alpha^\uparrow$ 的终点为 $q(\alpha)$ (参见图 5.9). 这样就定义了一个映射 $q: \pi_1(B,b) \to p^{-1}(b)$. 而且 q 是一个满射，因为任取 $e' \in p^{-1}(b)$，取一条从 e 到 e' 的道路 $a^\uparrow$，然后令 $\alpha = \langle p \circ a^\uparrow \rangle$，则 $q(\alpha) = e'$. 下面我们来证明 $q(\alpha) = q(\beta)$ 当且仅当 $\alpha\beta^{-1} \in H_e$.

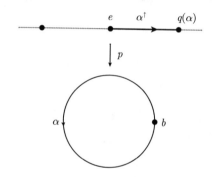

图 5.9 道路类、提升以及提升的终点

如果 $q(\alpha) = q(\beta)$，记 α 和 β 的从 e 出发的提升道路类为 $\alpha^\uparrow, \beta^\uparrow$，则两者终点相同，于是 $\alpha^\uparrow(\beta^\uparrow)^{-1}$ 有定义，并且是 $\alpha\beta^{-1}$ 的提升. 但这是一条以 e 为基点的闭道路，因此 $\alpha\beta^{-1} \in H_e$.

反过来设 α 的从 e 出发的提升道路为 $\alpha^\uparrow$，β^{-1} 的从 $\alpha^\uparrow$ 终点出发的提升道路为 $(\beta^{-1})^\uparrow$，则如果 $\alpha\beta^{-1} \in H_e$，$(\beta^{-1})^\uparrow$ 的终点就一定是 e. 此时 $((\beta^{-1})^\uparrow)^{-1}$ 是 β 的提升道路，并且两个端点都与 $\alpha^\uparrow$ 的相同，因此 $q(\alpha) = q(\beta)$.

总而言之，$q(\alpha) = q(\beta)$ 当且仅当 $\alpha\beta^{-1} \in H_e$，即 $H_e\alpha = H_e\beta$. 这说明从 $H_e\alpha$ 到 $q(\alpha)$ 的对应是一一对应. □

§5.3 复迭空间的基本群

下面来看一个泛复迭空间的经典应用. 大家应该还记得, 在第四章中我们只是直接给出了圆周的基本群同构于 $\mathbb{Z}$ 的结论, 然后说了一下同构的几何含义是闭道路绕圆周转的圈数, 但是并没有严格地证明过. 现在让我们来严格地证明它.

例 2 圆周 S^1 的基本群 $\pi_1(S^1) \cong \mathbb{Z}$.

证明 考虑上一小节定义的泛复迭映射

$$p : \mathbb{E}^1 \to S^1, \quad t \mapsto (\cos(2\pi t), \sin(2\pi t)).$$

在 S^1 中取定基点 $b = (1, 0)$, 则 $p^{-1}(b) = \mathbb{Z}$. 取定 $e = 0 \in p^{-1}(b)$, 则因为 H_e 是平凡群, 所以前述命题证明中定义的映射就变成了一个一一对应

$$q : \pi_1(S^1, b) \to \mathbb{Z}.$$

显然, $q(\alpha)$ 的直观含义就是 α 的 **圈数** (winding number).

任取 S^1 上两条以 b 为基点的闭道路 a, b, 设它们从 e 出发的提升道路为 $a^\uparrow, b^\uparrow$. 显然把 $b^\uparrow$ 向右平移 $q(\alpha)$ 就可以得到 b 的一条从 $q(\alpha)$ 出发的提升道路 $(b^\uparrow)'$, 而 $a^\uparrow (b^\uparrow)'$ 恰好是 ab 的提升. 因此 $q(\langle a \rangle \langle b \rangle) = q(\langle a \rangle) + q(\langle b \rangle)$, 即 q 是群的同构. □

不难看出, 这个圈数的概念实际上对 S^1 上的任何道路类都适用: 任取一条道路 a 及其提升道路 $a^\uparrow$, 我们可以把 $a^\uparrow(1) - a^\uparrow(0)$ 叫做圈数. 这个定义并不需要 a 是闭道路, 而且与提升起点的选取无关, 因为不同的提升道路其实只差一个平移而已.

例 3 类似的方法可以应用到泛复迭映射

$$p \times p : \mathbb{E}^2 \to S^1 \times S^1, \quad (s, t) \mapsto (p(s), p(t))$$

上去, 从而证明环面 $T^2 \cong S^1 \times S^1$ 的基本群同构于 $\mathbb{Z} \oplus \mathbb{Z}$. 每一条环面上的闭道路的提升道路, 其终点相对于起点的水平以及垂直位移, 也可以分别理解为这条闭道路沿经圆以及纬圆方向缠绕环面的"圈数"(参见图 5.10). □

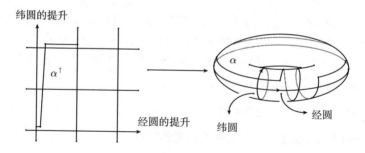

图 5.10 环面上闭道路的提升

例 4 考虑前一节定义的 2 层复迭 $p: S^2 \to \mathbb{RP}^2$,这也是一个泛复迭映射. 任取实射影平面上的一点 b, $p^{-1}(b)$ 只含一对对径点. 这说明 $\pi_1(\mathbb{RP}^2)$ 只含两个元素,即它同构于 $\mathbb{Z}_2$,并且在球面上任取一条连接这对对径点的道路 $a^\uparrow$,则 $\gamma = \langle p \circ a^\uparrow \rangle$ 就是实射影平面上唯一的那个非平凡道路类. □

上述方法其实是一个非常通用的方法,因为下一节我们就会看到,大部分实用的拓扑空间都具有泛复迭空间.

习 题

1. 设 E, B 道路连通,$p: E \to B$ 是复迭映射,并且 $p_\pi: \pi_1(E, e) \to \pi_1(B, p(e))$ 是同构. 证明 p 是同胚.

2. 设 $p: E \to B$ 是泛复迭映射. 证明它是有限复迭当且仅当 $\pi_1(B)$ 是有限群.

3. 设 $p: E \to B$ 是泛复迭映射. 证明任取 $b \in B$,存在 b 的邻域 U,使得包含映射诱导的基本群同态 $i_\pi: \pi_1(U) \to \pi_1(B)$ 是平凡同态.

4. 设 $G = <a, b \mid >$ 是秩为 2 的自由群,找出 G 的三个元素,使得它们恰好生成 G 的一个秩为 3 的自由子群.

5. 设 $a: [0,1] \to S^1$ 是一条圈数为 n 的闭道路. 证明任取 $x \in S^1$,$a^{-1}(x)$ 至少包含 n 个点.

*§5.4 泛复迭空间的存在性

在上一节中我们看到，通过把底空间中以 b 为基点的闭道路类 $\alpha \in \pi_1(B,b)$ 提升为全空间中从 e 出发的道路类 $\alpha^\uparrow$，并标记出 $\alpha^\uparrow$ 的终点 $\alpha^\uparrow(1)$，我们可以在泛复迭空间中直观地"看见"基本群中的元素. 不仅仅是基本群中的元素，底空间中的任何从 b 出发的道路类都唯一决定了其从 e 出发的提升道路类，然后又进一步决定了该提升道路类的终点.

这样实际上是建立了一个空间 B 中从 b 出发的道路类的集合 Ω_b 和它的泛复迭空间 E 中的点的一一对应. 这个观点反过来应用，则可以得到泛复迭空间的一种构造方法，那就是在 Ω_b 上选取合适的拓扑结构，然后把它变成 B 的复迭空间. 不过我们需要在 B 上附加一点点限制条件.

定义 5.4.1 如果拓扑空间 X 中的每个点 x 存在道路连通邻域 U，使得包含映射 $i : A \hookrightarrow X$ 诱导的基本群的同态 $i_\pi : \pi_1(U,x) \to \pi_1(X,x)$ 是平凡同态，则称 X **半局部单连通** (semi-locally simply connected).

直观地讲，半局部单连通就是要求 X 中任何"尺寸充分小"的道路都零伦，因此实际应用中自然产生的空间大多数都是半局部单连通的.

例 1 如果 X 中的每一点 x 都有一个邻域 U，使得 $\{x\}$ 是 U 的形变收缩核，那么这个邻域一定道路连通并且基本群平凡. 因此，这样的 X 半局部单连通. 特别地，这说明流形以及有限单纯复形都是半局部单连通的. □

例 2 一个著名的反例是我们在第四章讲 Seifert-van Kampen 定理时提到的夏威夷耳环

$$X = \bigcup_{n=1}^{\infty} \left\{ (x,y) \in \mathbb{E}^2 \mid \left(x - \frac{1}{n}\right)^2 + y^2 = \frac{1}{n^2} \right\}.$$

因为在 X 中坐标原点 $O = (0,0)$ 的任何邻域内都包含一个不零伦的小圆，所以它不半局部单连通. 注意，虽然这个空间看上去很像可数无穷多个圆周的一点并 $\bigvee_{n=1}^{\infty} S^1$，但后者半局部单连通，因此两个空间并不同胚。 □

前面讲过在应用复迭空间理论时通常不希望底空间看上去太"奇怪"，那会给我们的计算和论证带来很多麻烦。所谓的"不奇怪"，数学上来说就是希望底空间道路连通并且局部道路连通。注意，如果 X 局部道路连通，则我们可以在 x 的任何一个邻域 U 内取一个更小的道路连通开邻域 V。也就是说，局部道路连通并且半局部单连通空间 X 中的每个点 x 存在道路连通的开邻域 U，使得包含映射 $i: A \hookrightarrow X$ 诱导的基本群的同态 $i_\pi : \pi_1(U, x) \to \pi_1(X, x)$ 是平凡同态。

定理 5.4.1 设空间 B 道路连通并且局部道路连通，则存在 B 上的泛复迭映射当且仅当它半局部单连通。

证明 假设存在泛复迭映射 $p : E \to B$。任取 $b \in B$ 及其均匀复迭邻域 U，取 $p^{-1}(U)$ 的一个分支 V，并定义 i 的提升

$$i^\uparrow : U \to E, \quad x \mapsto (p|_V)^{-1}(x),$$

则因为 $\pi_1(E)$ 平凡，所以 $(i^\uparrow)_\pi$ 是平凡同态，从而 $i_\pi = p_\pi \circ (i^\uparrow)_\pi$ 也平凡。这就说明 B 半局部单连通。

反过来，假设 B 半局部单连通，取定基点 $b \in B$，并考虑从 b 出发的所有道路类构成的集合 Ω_b，定义映射

$$p : \Omega_b \to B, \quad p(\alpha) = \alpha \text{ 的终点}.$$

这个道路类构成的集合以及这些道路类与 B 中的点的对应关系，是理解我们这个证明的关键。实际上，下面我们就会为 Ω_b 定义一个拓扑，使得 p 成为泛复迭映射。

由半局部单连通的假设，任取 $x \in B$，B 中有一个 x 的道路连通开邻域 V_x，使得含入映射 $i : V_x \hookrightarrow B$ 诱导的基本群同态 $i_\pi : \pi_1(V_x, x) \to \pi_1(B, x)$ 平凡。这意味着任取 V_x 中起点为 x 并且终点相同的两条道路 w_1, w_2，则 $w_1(w_2)^{-1}$ 在 B 中零伦，即 w_1 与 w_2 在 B 中定端同伦。

于是，任取道路类 $\alpha \in \Omega_b$，设其终点为 x，如果定义

$$U_\alpha = \{\alpha\beta \mid \beta \text{ 是 } V_x \text{ 中起点为 } x \text{ 的道路在 } B \text{ 中的道路类}\},$$

则 $p_\alpha : U_\alpha \to V_x$，$\gamma \mapsto p(\gamma)$ 是一一对应，因此可以在 U_α 上定义一个拓扑 τ_α 如下：

$$\tau_\alpha = \{A \subseteq U_\alpha \mid p(A) \text{ 是 } B \text{ 的开子集}\},$$

使得 p_α 变成同胚.

我们可以把这些 U_α 上的拓扑整合到一起，得到 Ω_b 上的一个拓扑，构造方法如下：在 Ω_b 上规定一个基准开邻域结构 $\mathcal{N}$，使得 α 的基准开邻域就是所有那些 τ_α 中含 α 的集合，即

$$\mathcal{N}(\alpha) = \{A \in \tau_\alpha \mid \alpha \in A\}.$$

注意，当 $A \in \tau_\alpha$ 时任取 $\beta \in A$，则 $A \cap U_\beta \in \tau_\beta$，这就说明 α 的基准开邻域如果含 β，则一定也包含 β 的基准开邻域，因此 $\mathcal{N}$ 确实是一个基准开邻域结构.

将 Ω_b 赋以 $\mathcal{N}$ 生成的拓扑，则易验证 p 是从 Ω_b 到 B 的连续开映射，并且如果道路类 $\alpha \in \Omega_b$ 的终点是 x，则 p 把 U_α 同胚地变到 V_x. 当 $\alpha_1, \alpha_2 \in \Omega_b$ 都是以 x 为终点的道路类但 $\alpha_1 \neq \alpha_2$ 时，任取 $y \in V_x$ 以及 V_x 中从 x 到 y 的道路类 β_1, β_2，$\alpha_1\beta_1 = \alpha_1\beta_2 \neq \alpha_2\beta_2$，这说明 $U_{\alpha_1} \cap U_{\alpha_2} = \varnothing$. 因此，

$$p^{-1}(V_x) = \cap \{U_\alpha \mid \alpha \in \Omega_b \text{ 以 } x \text{ 为终点}\},$$

并且每个这样的 U_α 是 $p^{-1}(V_x)$ 的一个道路分支.

综上所述，$p : \Omega_b \to B$ 是个复迭映射，而且 Ω_b 是道路连通并且局部道路连通的. Ω_b 局部道路连通是因为每个 U_α 都是局部道路连通的. 而 Ω_b 道路连通是因为，任取一条从 b 出发的道路 $w : [0, 1] \to B$，定义道路 $w_s : [0, 1] \to B$，$w_s(t) = w(st)$，则

$$w^\uparrow : [0, 1] \to \Omega_b, \ t \mapsto \langle w_t \rangle$$

就是一条从 $\langle w \rangle$ 到以 b 为基点的点道路类 $\langle e_b \rangle$ 的道路.

最后，我们来证明 Ω_b 单连通. 任取 Ω_b 中以 $\langle e_b \rangle$ 为基点的闭道路 $\gamma : [0,1] \to \Omega_b$, 考虑 B 中的闭道路 $w = p \circ \gamma$. 定义道路 $w_s : [0,1] \to B$, $w_s(t) = w(st)$, 则
$$w^\uparrow : [0,1] \to \Omega_b, \ t \mapsto \langle w_t \rangle$$
就是一条从 b 出发的 w 的提升道路. 由提升的唯一性可知 $\gamma = w^\uparrow$, 特别地, 这说明 $\langle w \rangle = w^\uparrow(1) = \gamma(1) = \langle e_b \rangle$, 即 w 零伦, 从而其提升道路 γ 也零伦. 因此, Ω_b 单连通, p 是泛复迭映射. □

例 3 任何紧致带边流形都是道路连通、局部道路连通并且半局部单连通 (因为每个点都有一个单连通的坐标邻域) 的空间, 因此一定有泛复迭空间. 另一方面, 上一个例子中的夏威夷耳环空间道路连通并且局部道路连通, 但是不半局部单连通, 因此没有泛复迭空间. □

当然, 知道泛复迭空间存在并不意味着就能画出泛复迭空间的样子来, 很多时候这是需要比较高的技巧和想象力的. 我们在第一节中介绍的那些轨道空间提供了很多重要的例子. 当单连通流形 M 上有一个自由并且纯不连续的群作用 $G \searrow M$ 时, M 到轨道空间 M/G 的商映射就是泛复迭映射.

例 4 因为球面 S^2 单连通, 所以它是球面 S^2 和射影平面 $\mathbb{RP}^2$ 的泛复迭空间. 借助第一节中介绍的那两种平面的平铺图案, 我们可以得到从平面 $\mathbb{E}^2$ 到环面 T^2 或者 Klein 瓶的泛复迭映射. 第一节中还有一个例子是双曲平面 $\mathbb{H}^2$ 里双曲正六边形构成的一个平铺图案, 它对应的群作用的轨道空间是 $3P^2$, 也就是说这是一个从 $\mathbb{H}^2$ (拓扑上是一个不含边界的圆盘) 到 $3P^2$ 的泛复迭映射. 采用类似的技术还可以构造从 $\mathbb{H}^2$ 到任意一个标准多边形表示有六条以上的边的闭曲面的泛复迭映射. □

仿照泛复迭空间存在性定理的证明, 还可以证明下述更一般的结论, 即对于一个有泛复迭空间的空间, 它的基本群的每个子群也对应一个复迭空间. 具体的证明过程我们就不重复叙述了.

定理 5.4.2 设 B 道路连通、局部道路连通并且半局部单连通, 则任取 $b \in B$ 及 $\pi_1(B,b)$ 的子群 G, 存在复迭映射 $p : E \to B$ 以及 $p^{-1}(b)$

中的一点 e, 使得 $p_\pi(\pi_1(E,e)) = G$. □

当然, 真的用来实现 G 的复迭空间往往也是很难构造的, 读者需要多了解一些例子才能慢慢地建立起几何直观.

例 5 考虑两个圆周的一点并 $X = S^1 \vee S^1$. 它的泛复迭空间 $X^\uparrow$ 是图 5.11 中 (a) 部分的对接在一起的四枝无限分叉的"天线", 因此我们就把它叫做**天线空间** (antenna space). 泛复迭映射 p 会把 $X^\uparrow$ 中的每个交叉点都变到 X 的两个圆的公共点上, 这些交叉点把 $X^\uparrow$ 分割成无穷多条横着和竖着的线段, p 会把每条横着的线段盘到 X 的第一个圆周上, 并把每条竖着的线段盘到 X 的第二个圆周上.

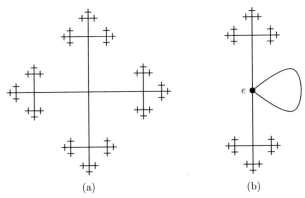

图 5.11 $S^1 \vee S^1$ 上的复迭空间

设绕第一个圆周一圈的道路类为 α, 绕第二个圆周一圈的道路类为 β. 我们知道 $\pi_1(X) \cong <\alpha, \beta\ |\ >$. 如果考虑 α 生成的同构于 $\mathbb{Z}$ 的子群, 对应的复迭空间则应该是图 5.11 中 (b) 部分的样子.

类似地, 还可以考虑其他元素生成的同构于 $\mathbb{Z}$ 的子群. 它们对应的复迭空间也是在圆周上找一些点, 然后在每个点处安装两支无限分叉的 "天线". □

注意, 上例中 α 生成的同构于 $\mathbb{Z}$ 的子群所对应的复迭空间, 它与之前我们接触过的各种类似于轨道空间的例子不同, 不具有那些轨道空间的例子的 "匀齐性": 圆周上的那个交叉点 e 是独一无二的, 任何全空间的自同胚都不能移动 e.

§5.5 映射提升定理

我们之前接触到的大多数结论,都是通过拓扑空间上的某些结构推演基本群上的结构. 而映射提升定理是个很不一样的结论,它是通过基本群满足的关系反过来确定拓扑空间之间的关系. 这个定理非常有用,比如说可以用来讨论复迭空间的等价分类,证明一个空间的泛复迭空间只有一个等价类. 还可以证明一个空间的泛复迭空间是"最上面"的复迭空间,即它可以复迭任何其他的复迭空间,这也是"泛"这个修饰词想要表达的意思. 还有一个有趣的应用是: 复迭空间不改变任何高于二维的同伦群,它就是用来化简基本群的.

映射提升定理 (lifting criterion) 设 X 道路连通并且局部道路连通, $f: X \to B$ 连续, 取定 $x \in X$, $b = f(x)$, 以及 $e \in p^{-1}(b)$, 则存在提升 $f^{\uparrow}$ 使得 $f^{\uparrow}(x) = e$ 的充分必要条件是

$$f_\pi(\pi_1(X, x)) \subseteq p_\pi(\pi_1(E, e)).$$

注意,由复迭空间中的提升的唯一性可知,上述定理中的 f 如果有两个提升都把 x 送到 e, 则这两个提升一定完全相等.

映射提升定理实际上也可以理解成: 下述两个交换图表中虚线箭头的存在性相互等价.

$$\begin{array}{ccc} & & (E, e) \\ & {}^{f^{\uparrow}}\nearrow & \downarrow p \\ (X, x) & \xrightarrow{f} & (B, b) \end{array} \quad \Longleftrightarrow \quad \begin{array}{ccc} & & \pi_1(E, e) \\ & {}^{f^{\uparrow}_\pi}\nearrow & \downarrow p_\pi \\ \pi_1(X, x) & \xrightarrow{f_\pi} & \pi_1(B, b) \end{array}$$

左边的是一个拓扑空间范畴里的交换图表,而右边的则是一个群范畴里的交换图表. 之前我们介绍的大部分结论都是在说"如果拓扑上发生什么事情则相应的基本群会发生什么事情", 这个定理则是反过来的. 当然了,定理中给出的充分必要条件比上面由交换图表给出的条件还要更容易验证些.

§5.5 映射提升定理

定理的证明 如果存在提升 $f^\uparrow$ 使得 $f = p \circ f^\uparrow$，并且 $f^\uparrow(x) = e$，则 $(f^\uparrow)_\pi(\pi_1(X,x)) \subseteq \pi_1(E,e)$，因此，
$$f_\pi(\pi_1(X,x)) = p_\pi((f^\uparrow)_\pi(\pi_1(X,x))) \subseteq p_\pi(\pi_1(E,e)).$$

反之，假设 $f_\pi(\pi_1(X,x)) \subseteq p_\pi(\pi_1(E,e))$，任取 $y \in X$，取一个从 x 到 y 的道路类 α，可以把 $f^\uparrow(y)$ 就定义为道路类 $\beta = f_\pi(\alpha)$ 的从 e 出发的提升道路类 $\beta^\uparrow$ 的终点．

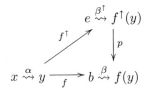

这样定义的 $f^\uparrow(y)$ 与 α 的选取无关．这是因为如果有两个从 x 到 y 的道路类 α_1, α_2，则 $\alpha_1 \alpha_2^{-1} \in \pi_1(X,x)$，因此由假设条件可知 $\beta_1 \beta_2^{-1} \in H_e$，它的提升一定是一个闭道路．这就说明 β_1 和 β_2 的从 e 出发的提升 $\beta_1^\uparrow$ 和 $\beta_2^\uparrow$ 一定具有相同的终点．

最后让我们来证明 $f^\uparrow$ 的连续性．任取 $y \in X$，设 V 是 B 中含 $f(y)$ 的一个均匀复迭邻域，$V^\uparrow$ 是 $p^{-1}(V)$ 的含 $f^\uparrow(y)$ 的分支，从而 $p|_{V^\uparrow}: V^\uparrow \to V$ 是同胚．设 U 是包含于 $f^{-1}(V)$ 中的一个 y 的道路连通邻域，由下面的交换图表

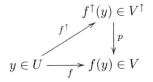

我们看到 $f^\uparrow|_U = (p|_{V^\uparrow})^{-1} \circ (f|_U)$，因此 $f^\uparrow$ 在 y 处连续．由 y 的任意性可知，$f^\uparrow$ 处处连续． □

掌握映射提升定理最重要的是会应用它而不是会证明它．下面我们就来看几个有趣的应用．

例 1 考虑之前定义过的泛复迭映射 $p: S^2 \to \mathbb{RP}^2$．任取映射 $f: \mathbb{RP}^2 \to \mathbb{RP}^2$．因为 S^2 的基本群平凡，所以 $f \circ p$ 满足映射提升定理

的要求. 于是任取 $x \in S^2$ 及 $y \in p^{-1}(f \circ p(x))$, 存在唯一提升 h 满足

$$\begin{array}{ccc} S^2 & \dashrightarrow{h} & S^2 \\ {\scriptstyle p}\downarrow & {\scriptstyle f\circ p}\searrow & \downarrow{\scriptstyle p} \\ \mathbb{RP}^2 & \xrightarrow{f} & \mathbb{RP}^2 \end{array}$$

显然, 如果把 y 换成纤维中的另一个点 $-y$, 只需把 h 换成 $-h$, 而 h 和 $-h$ 就是全部满足上述交换图表的连续映射. □

下一个例子指出, 复迭映射的底空间和全空间具有相同的高维同伦群, 也就是说它"展开"的只是基本群. 要"展开"高维道路类需要更复杂的代数拓扑工具.

例 2 让我们回忆一下: 高维同伦群 $\pi_n(X, x_0)$ 中的每一个元素可以理解成一个把 $(1, 0, \cdots, 0)$ 变到 x_0 的连续映射 $h: S^n \to X$ 的定端同伦类. 设 $p: E \to B$ 是一个复迭映射, 而 $n > 1$. 选定基点 $b \in B$ 以及 $e \in p^{-1}(b)$, 则

$$p_\pi: \pi_n(E, e) \to \pi_n(B, b), \quad \langle h \rangle \mapsto \langle p \circ h \rangle$$

是一个一一对应.

证明 任取连续映射 $f: S^n \to B$ 使得 $f(1, 0, \cdots, 0) = b$, 因为 S^n 的基本群平凡, 所以存在唯一提升 $f^\uparrow: S^n \to E$ 满足 $f^\uparrow(x) = e$.

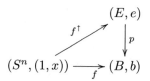

不仅如此, 如果 $f \simeq g$, 并且伦移过程中 x 的像始终不动, 则伦移可以提升为从 $f^\uparrow$ 开始的伦移, 而且它也保持 x 的像始终不动, 从而伦移的终止状态一定是 $g^\uparrow$. 因此 p_π 把 $f^\uparrow$ 的定端同伦类对应为 f 的定端同伦类, 并且是一个一一对应. □

可以证明, 这个 p_π 实际上是两个同伦群的同构. 特别地, 如果 $p: E \to B$ 是个复迭映射, 并且 E 可缩 (这是泛复迭空间的一种特例),

则因为 E 的高维同伦群平凡，所以 B 的高维同伦群也平凡. 除了 S^2 和 $\mathbb{RP}^2$ 两个空间以 S^2 为泛复迭空间外，其他所有闭曲面的泛复迭空间拓扑上都同胚于 $\mathbb{E}^2$，于是它们的高维同伦群均平凡.

出乎意料的是，看上去非常简单的 S^2 在代数拓扑中却一点也不简单，实际上 $\pi_3(S^2)$ 就不是平凡的，而且第一节讲的 Hopf 纤维化 $p: S^3 \to S^2$ 就诱导了从 $\pi_3(S^3) \cong \mathbb{Z}$ 到 $\pi_3(S^2)$ 的同构. 不过这个证明需要用到纤维化的同伦正合序列 (可以理解成复迭空间理论的某种高维推广)，因为篇幅所限我们就不讲了.

顺便说一句，当 $m < n$ 时，$\pi_m(S^n)$ 平凡，$\pi_n(S^n) \cong \mathbb{Z}$；而当 $m > n > 1$ 时，$\pi_m(S^n)$ 的规律很复杂，相应的计算都需要用到同伦论中的一些很高深的工具.

映射提升定理的另一个有趣的应用则是证明泛复迭空间是"最上层"的复迭空间，即它可以复迭任何其他的复迭空间.

命题 5.5.1 设 B 道路连通并且局部道路连通，$p: E \to B$ 是泛复迭映射，则任取复迭映射 $q: F \to B$，存在复迭映射 $p^\uparrow: E \to F$，满足 $p = q \circ p^\uparrow$.

证明 因为 E 单连通，所以 p 满足映射提升定理的要求，它关于复迭映射 q 存在提升 $p^\uparrow$.

现在任取 $b \in B$，取它关于 (E, p) 的均匀复迭邻域 V 以及关于 (F, q) 的均匀复迭邻域 W，因为 B 局部道路连通，所以可以取一个更小的道路连通邻域 $U \subseteq V \cap W$. 则 $p^\uparrow$ 把 $p^{-1}(U)$ 的每个道路分支同胚到 $q^{-1}(U)$ 的一个道路分支. 因此它是复迭映射，而且每个 $q^{-1}(U)$ 的道路分支都是其均匀复迭邻域. □

定义 5.5.1 设 $(E_i, p_i)(i = 1, 2)$ 都是 B 上的复迭空间. 若有连续映射 $h: E_1 \to E_2$ 满足 $p_1 = p_2 \circ h$，则称 h 为复迭空间的**同态**

(homomorphism). 如果 h 还是同胚 (从而 h^{-1} 也是复迭空间的同态)，则称 h 为复迭空间的 **同构** (isomorphism)，并称这两个复迭空间 **等价** (equivalent)。

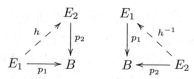

注意，如果 (E_1, p_1) 与 (E_2, p_2) 等价，则 E_1 和 E_2 一定同胚，但是反之则不一定成立 (参见习题)。

命题 5.5.2 设 E_1, E_2 道路连通并且局部道路连通，则 (E_1, p_1) 与 (E_2, p_2) 等价的充分必要条件是它们决定的 $\pi_1(B, b)$ 的子群共轭类相同。特别地，这说明一个空间的任何两个泛复迭空间等价。

证明 如果 $h: E_1 \to E_2$ 是同构，取定基点 $e_1 \in p_1^{-1}(b)$ 以及 $e_2 = h(e_1)$，则 $h_\pi: \pi_1(E_1, e_1) \to \pi_1(E_2, e_2)$ 是同构，因此，

$$(p_1)_\pi(\pi_1(E_1, e_1)) = (p_2)_\pi \circ h_\pi(\pi_1(E_1, e_1))) = (p_2)_\pi(\pi_1(E_2, e_2)).$$

改变基点选取，只会得到共轭类中的其他子群，因此两者相应的子群共轭类总是相同的。

反过来，如果两个共轭类相同，则有 $e_i \in E_i$ 使

$$(p_1)_\pi(\pi_1(E_1, e_1)) = (p_2)_\pi(\pi_1(E_2, e_2)).$$

我们看到 p_1 关于 p_2 满足映射提升定理的要求，因此存在提升 $h: E_1 \to E_2$ 满足 $p_1 = p_2 \circ h$, $h(e_1) = e_2$。同理也存在提升 $g: E_2 \to E_1$ 满足 $p_2 = p_1 \circ g$, $g(e_2) = e_1$。

因为 $g \circ h$ 及 id_{E_1} 都可以看做是 p_1 关于 (E_1, p_1) 的提升，而且在 e_1 上取值相同，所以 $g \circ h = \mathrm{id}_{E_1}$。同理可知 $h \circ g = \mathrm{id}_{E_2}$。因此 h 是同构。 □

例 3 设 $p: E \to B$ 是一个复迭映射，并且 E 和 B 都是道路连通并且局部道路连通的空间，则任取一个 B 中的单连通开子集 U，含入映

射 $i: U \hookrightarrow B$ 一定可以提升，而且前面的讨论说明它的任何一个提升都是嵌入 (否则的话，U 这个单连通空间就会有一个和它自己不一样的泛复迭空间). □

有趣的是这实际上为我们几何地构造复迭空间 (特别是有限复迭) 提供了方便. 比如说，我们可以在 B 里找一个极大的单连通开子集 U，它关于 p 的原像是一些互不相交并且同胚于 U 的子集 V_λ 的并，再把这些 V_λ "拼接" 起来，就可以构造出 E 了。

习 题

1. 证明任取连续映射 $f: \mathbb{R}P^2 \to T^2$，f 一定零伦.
2. 设 X, Y 道路连通并且局部道路连通，Y 的泛复迭空间可缩，并且连续映射 $f: X \to Y$ 诱导的基本群的同态平凡. 证明 f 零伦.
3. 设 E, F, B 道路连通并且局部道路连通，设 $p: E \to B$ 和 $q: F \to B$ 是 B 的两个复迭映射，而 $h: E \to F$ 是复迭空间的同态. 证明 h 也是复迭映射.
4. 证明环面上存在两个不同构的复迭空间 $p: E \to T^2$, $q: F \to T^2$，使得 E 与 F 同胚.
5. 设 $p: X^\uparrow \to X$ 和 $q: Y^\uparrow \to Y$ 都是泛复迭映射，并且 X 和 Y 同伦等价. 证明 $X^\uparrow$ 可缩当且仅当 $Y^\uparrow$ 可缩.

§5.6 复 迭 变 换

考察用复迭空间计算圆周基本群的那个例子，把基本群和一条纤维中的点对应起来的观点虽然很直观，但是有个很大的缺点，就是它不能表现出群的结构 (即道路的乘法)，而且也受全空间中基点的选择方式的影响.

一个更好的办法是对任意圆周上的道路 a, 取该道路的一个提升 $a^\uparrow$, 然后把提升终点相对于起点的偏移量 $q(a) = a^\uparrow(1) - a^\uparrow(0)$ 定义为该道路绕圆心旋转的圈数. 这样定义的圈数对于不封闭的道路也有良好的定

义. 不仅如此，当道路 b 的起点是道路 a 的终点时易验证

$$q(ab) = q(a) + q(b).$$

我们可以再稍微修正一下对这个定义的理解，把 a 对应到 $\mathbb{R}$ 上的平移变换

$$\delta_a : \mathbb{R} \to \mathbb{R}, \quad x \mapsto x + q(a),$$

即"依圈数平移". 我们看到 a 是闭道路当且仅当 δ_a 把每根纤维变到它本身.

复叠变换就是这种闭道路类对应的变换的推广. 任取一个均匀复叠邻域 U，我们知道 $p^{-1}(U)$ 是全空间中的一堆同胚于 U 并且两两不相交的子集的并集，如果把这些子集想象成一叠扑克牌的话，复叠变换就像是一个洗牌的操作. 关于复叠变换的最实用的结论就是：泛复叠空间的复叠变换群与底空间的基本群同构.

定义 5.6.1 设 $p : E \to B$ 是复叠映射. 如果 E 的自同胚 $h : E \to E$ 满足 $p \circ h = p$, 则称之为 (E, p) 的一个 **复叠变换** (deck transformation 或 covering transformation). (E, p) 的所有复叠变换关于映射的复合运算构成一个群，称为 **复叠变换群** (deck transformation group 或 covering transformation group), 记做 $\mathscr{D}(E, p)$.

注意，在一些老版的书里复叠变换有时也会被很文雅地称为 **升腾**. 显然复叠变换也可以理解成复叠映射的提升，因此由提升的唯一性可知，复叠变换由其在一点处的取值唯一决定，即：

命题 5.6.1 如果两个复叠变换 $h_1, h_2 \in \mathscr{D}(E, p)$ 在一点 $e \in E$ 处满足 $h_1(e) = h_2(e)$, 则 $h_1 \equiv h_2$. □

命题 5.6.2 存在复叠变换 $h \in \mathscr{D}(E, p)$ 使得 $h(e) = e'$ 的充分必要条件是：$p(e') = p(e)$ 并且 $p_\pi(\pi_1(E, e')) = p_\pi(\pi_1(E, e))$.

注意，两个 p_π 是不同的同态，因为定义域就完全不同. 该命题的结论实际上是在说，下述两个交换图表中，虚线箭头所代表的复叠变换 h 以及同构 h_π 的存在性是互相等价的：

$$\begin{array}{ccc} (E,e') \xrightarrow{h} (E,e) & & \pi_1(E,e') \xrightarrow{h_\pi} \pi_1(E,e) \\ p\downarrow \quad\quad \downarrow p & \Longleftrightarrow & p_\pi\downarrow \quad\quad\quad \downarrow p_\pi \\ (B,b) \xrightarrow{\mathrm{id}} (B,b) & & \pi_1(B,b) \xrightarrow{\mathrm{id}_\pi} \pi_1(B,b) \end{array}$$

证明 若有 $h \in \mathscr{D}(E,p)$ 使 $h(e) = e'$, 则因为 $p \circ h = p$, 所以 $p(e') = p(h(e)) = p(e)$. 因为 h 是同胚, 所以 h_π 是同构, $\pi_1(E,e') = h_\pi(\pi_1(E,e))$. 因此,

$$p_\pi(\pi_1(E,e')) = p_\pi(h_\pi(\pi_1(E,e))) = p_\pi(\pi_1(E,e)).$$

反过来, 如果 $p(e') = p(e)$ 并且 $p_\pi(\pi_1(E,e')) = p_\pi(\pi_1(E,e))$, 则由 $p_\pi(\pi_1(E,e)) \subseteq p_\pi(\pi_1(E,e'))$ 以及映射提升定理可知, 存在 p 的提升 $h: E \to E$ 使得 $h(e) = e'$.

$$\begin{array}{ccc} (E,e') & & (E,e) \\ {}^h\nearrow \quad \downarrow p & & p\downarrow \quad \nwarrow^g \\ (E,e) \xrightarrow{p} (B,b) & & (B,b) \xleftarrow{p} (E,e') \end{array}$$

同理可知, 存在 p 的提升 $g: E \to E$ 使得 $g(e') = e$. 注意到 $g \circ h$ 和 id_E 都是 p 的提升, 并且 $g \circ h(e) = e$. 因此 $g \circ h = \mathrm{id}_E$. 同理 $h \circ g = \mathrm{id}_E$. 这说明 h 是同胚, $g = h^{-1}$, 因此 $h \in \mathscr{D}(E,p)$. □

推论 5.6.1 设 $p: E \to B$ 是泛复迭映射, 则存在复迭变换 $h \in \mathscr{D}(E,p)$ 使得 $h(e) = e'$ 的充分必要条件是 $p(e') = p(e)$. □

对于一般的复迭映射, 命题 5.6.2 中的条件并不总是成立的, 也就是说有的时候使得 $h(e) = e'$ 的 h 可能不存在. 这会给复迭变换的应用带来很多麻烦, 因此应用复迭变换理论的时候, 通常我们只考虑所谓的"正则复迭映射".

定义 5.6.2 设复迭映射 $p: E \to B$ 满足 $p_\pi(\pi_1(E,e))$ 是 $\pi_1(B,b)$ 的正规子群, 即任取 $\alpha \in \pi_1(B,b)$,

$$\alpha^{-1} p_\pi(\pi_1(E,e)) \alpha = p_\pi(\pi_1(E,e)),$$

则称 p 为一个 **正则** (normal 或 regular) 的复叠映射.

因为在同一根纤维中选取不同的基点 e 计算 $p_\pi(\pi_1(E,e))$ 时，所得结果只差一个共轭. 因此正则复叠有下述几种简便的判别方法：

命题 5.6.3 对于复叠映射 $p: E \to B$，取定 $b \in B$，则下述三个条件相互等价：

(1) p 是正则复叠映射；

(2) 任取 $e, e' \in p^{-1}(b)$，$p_\pi(\pi_1(E,e)) = p_\pi(\pi_1(E,e'))$；

(3) 任取 $e, e' \in p^{-1}(b)$，存在唯一 $h \in \mathscr{D}(E,p)$ 使得 $h(e) = e'$. □

特别地，这个结论说明对于正则复叠映射来说，复叠变换群可以和一根纤维中的点建立一一对应 (把每个 h 对应到 $h(e)$). 前面我们讲过泛复叠空间的底空间的基本群和一根纤维中的点一一对应，现在就可以用复叠变换群来代替那根纤维去建立一一对应，而且下面我们将证明，这个对应是群的同构.

注意，不正则的复叠空间其实还是很常见的，比如前面讲泛复叠空间存在性的那一节最后的例子就是不正则的. 正则复叠只是看上去最整齐、最好用的一类复叠而已.

例 1 考虑图 5.12 所示的复叠映射，它把全空间中标记为 $\alpha_1, \alpha_2, \alpha_3$ 的弧段映到底空间中标记为 α 的圆周，并把全空间中标记为 $\beta_1, \beta_2, \beta_3$ 的弧段映到底空间中标记为 β 的圆周. 这个复叠也不是正则复叠.

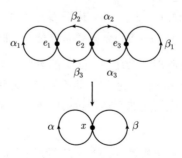

图 5.12 非正则的复叠映射

§5.6 复叠变换

证明 考虑 α 的提升. 以 e_1 为起点的提升是闭道路类 α_1, 因此 $\alpha \in p_\pi(\pi_1(E, e_1))$. 而以 e_2 为起点的提升则是不闭的道路类 α_2, 因此 $\alpha \notin p_\pi(\pi_1(E, e_2))$. 由命题 5.6.3 的判别条件 (2) 可知, 这不是正则复叠. □

下面假设 $p: E \to B$ 是正则复叠空间, $e \in E$, $b = p(e)$, 则此时任取 $e' \in p^{-1}(b)$, 存在唯一复叠变换 $h_{e'} \in \mathscr{D}(E, p)$ 把 e 送到 e'. 类比本节开头我们介绍的圆周上闭道路类的圈数定义, 就可以定义广义的"依圈数平移"规则为如下映射:

$$q: \pi_1(B, b) \to \mathscr{D}(E, p).$$

如果闭道路类 $\alpha \in \pi_1(B, b)$ 的从 e 出发的提升以 e' 为终点, 则取 $q(\alpha) = h_{e'}$.

引理 5.6.1 设 $p: E \to B$ 是正则复叠映射, 取定 $e \in E$ 及 $b = p(e)$. 则如上定义的映射 q 是一个满同态.

证明 首先证明 q 是满射. 任取复叠变换 $h \in \mathscr{D}(E, p)$, 不妨设 $h(e) = e'$, 取 E 中一条从 e 到 e' 的道路类 $\alpha^\uparrow$, 再取 $\alpha = p_\pi(\alpha^\uparrow)$, 则显然 $\alpha \in \pi_1(B, b)$, 并且 $q(\alpha) = h$.

再来证明 q 是同态. 任取 B 中的两条以 b 为基点的闭道路类 α, β, 设它们的以 e 为起点的提升分别为 $\alpha^\uparrow$ 和 $\beta^\uparrow$. 考虑复叠变换 $h = q(\alpha)$, 则道路类 $h_\pi(\beta^\uparrow)$ 以 $\alpha^\uparrow$ 的终点 $h(e)$ 为起点, 并且也是 β 的提升 (参见图 5.13 所示的天线空间, 即 $S^1 \vee S^1$ 的泛复叠空间).

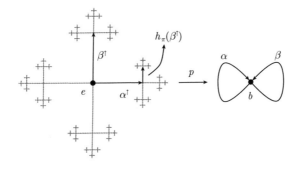

图 5.13 天线空间中的复叠变换

于是 $\alpha^\uparrow h_\pi(\beta^\uparrow)$ 就是 $\alpha\beta$ 的以 e 为起点的提升道路类. 复迭变换 $q(\alpha\beta)$ 就是把 e 变到该道路类终点的复迭变换. 注意, $q(\beta)$ 把 e 变到 $\beta^\uparrow$ 的终点, 因此 $q(\alpha) \circ q(\beta)$ 把 e 变到 $h_\pi(\beta^\uparrow)$ 的终点, 这和 e 在 $q(\alpha\beta)$ 下的像是一样的. 因此 $q(\alpha\beta) = q(\alpha)q(\beta)$, 说明 q 是同态. □

注意, 这个 q 实际上还是和基点的选择有关的. 比如说, 如果在图 5.13 的天线空间中, 考虑从 $\beta^\uparrow$ 的终点出发的 α 的另一个提升, 则把这个提升道路的起点送到终点的复迭变换就不等于 h, 因为它会把 $\beta^\uparrow$ 送到别的位置.

在上一章中我们复习群的基本知识时讲过, 设 $q: G \to H$ 是满同态, 则其核
$$\mathrm{Ker}\, q = \{u \in G \mid q(u) = 1\}$$
是 G 的正规子群, 所有核的陪集构成商群
$$G/\mathrm{Ker}\, q = \{u(\mathrm{Ker}\, q) \mid u \in G\},$$
并且群的第一同构定理指出:
$$\bar{q}: G/\mathrm{Ker}\, f \to H, \quad u(\mathrm{Ker}\, q) \mapsto q(u)$$
是群的同构.

定理 5.6.1 设 $p: E \to B$ 是正则复迭映射, 则任取 $b \in B$ 以及 $e \in p^{-1}(b)$, 复迭变换群
$$\mathscr{D}(E, p) \cong \pi_1(B, b)/p_\pi(\pi_1(E, e)).$$
特别地, 如果 p 是泛复迭映射, 则 $\mathscr{D}(E, p) \cong \pi_1(B, b)$.

证明 由前面那个命题以及群的第一同构定理我们知道, "依圈数平移" 规则 $q: \pi_1(B, b) \to \mathscr{D}(E, p)$ 是满同态, 并且
$$\mathscr{D}(E, p) \cong \pi_1(B, b)/(\mathrm{Ker}\, q).$$
群 $\mathscr{D}(E, p)$ 中的单位元是 id_E, 一个复迭变换等于 id_E 当且仅当它把 e 还变到 e 本身. 因此, 由 q 的定义可知 $q(\alpha) = \mathrm{id}_E$ 当且仅当 α 的以 e 为起点的提升是闭道路类, 即 $\alpha \in p_\pi(\pi_1(E, e))$. 因此 $\mathrm{Ker}\, q = p_\pi(\pi_1(E, e))$.

□

这个结论让我们终于绕回了第一节介绍的那种几何直观：如果 $p: E \to B$ 是个正则复叠，$\mathscr{D}(E, p)$ 是相应的复叠变换群，则 B 就可以看成 E 关于 $\mathscr{D}(E, p)$ 这个群作用的轨道空间.

习　　题

1. (1) 写出一个从 $\mathbb{E}^2 \setminus \{0\}$ 到自身的 4 重正则复叠.
   (2) 证明 $\mathbb{E}^2 \setminus \{0\}$ 上的任何复叠映射都是正则的.

2. (1) 参照第一节例 3 中的平铺图案描述一下 Klein 瓶的泛复叠映射.
   (2) 证明在 Klein 瓶上任取一条闭道路 a，如果 a^2 零伦，则 a 一定也零伦.

3. 设 $p: E \to B$ 是正则复叠映射. 如果 $f_1: X \to E$, $f_2: X \to E$ 都是 $g: X \to B$ 的提升，证明存在复叠变换 $h: E \to E$，使得 $f_2 = h \circ f_1$.

4. 写出环面 T^2 上的两个不同伦的自同胚，并证明它们确实相互不同伦.

名 词 索 引

δ- 网	112
ϵ-δ 语言	19
σ- 局部离散	91
σ- 局部有限	91

A

abel 群	169
aleph 数	36
Alexander 角球	215

B

Banach-Tarski 悖论	17
Betti 数	152
Bing 度量化定理	91
Bing 房子	166
Bing-Nagata-Smirnov 度量化定理	91
Bolzano-Weierstrass 定理	111
Brouwer 不动点定理	212
半局部单连通	243
包含	9
包含映射	12
包含于	9
闭包	30
闭道路	174, 177
闭道路类	174, 177
闭集	29
闭链	151
闭流形	125
闭曲面	125
闭曲面分类定理	137, 208
闭曲线	125

闭映射	57
必要条件	8
边	4
边界	32, 124
边界点	124
边缘链	151
边缘算子	150
标准多边形表示	136
表出	195
并集	9
并集公理	14
补集	10
不动点	212
不交并	34
不可定向	7, 148
不可定向闭曲面	136

C

Cantor 三分集	29
Cantor 悖论	13
Cantor-Schröder-Bernstein 定理	34
差集	10
常值映射	38
乘法	168
乘积道路	99, 175
乘积空间	45
乘积拓扑	45
充分条件	8
充要条件	8
抽象单纯复形	129

抽象单形	129	第二可数公理	76
稠密	31	第二可数空间	76
处于一般位置	127	第一可数公理	73
传递性	41, 62	第一可数空间	73
纯不连续	225	第一同构定理	172
D		点	18
De Morgan 定律	10	点道路	99, 176
带边流形	122	点集拓扑学	2
代数基本定理	213	典型对	88
代数拓扑学	2	顶点	4, 127~129
单纯剖分	131	定端伦移	174
单连通	93, 180	定端同伦	174, 177
单射	11	定向	145
单同态	170	定向单形	146
单位球面	42, 51	定义域	10, 185
单位圆周	51	度量	25
单形	129	度量空间	25
当且仅当	8	度量拓扑	25
导集	30	对称性	25, 41, 62
道路	99	对径点	60
道路分支	99, 102	对象	185
道路类	174	多边形表示	135
道路连通	100	多面体	128, 130
道路连通分支	102	**E**	
道路连通覆盖	100	Euler 多面体定理	5
道路连通子集	100	Euler 路径	5
道路伦移	174	Euler 示性数	140
道路同伦	174, 177	Euler 数	5, 140
等价	61, 186, 252	**F**	
等价关系	61	反变函子	187
等价类	61	反极限	191
等价条件	8	反身性	41, 62
笛卡儿积	12	反向对	134
底空间	231, 232	范畴	185

泛复迭空间	239
泛射	185
仿紧	108
分离公理	14, 77
分量	49
分形	120
分形维数	119
覆盖	105
覆盖维数	116
复迭	235
复迭变换	254
复迭变换群	254
复迭空间	231
复迭映射	232
复合泛射	185
复合映射	12
复形	129
负元	169

G

共变函子	186
共轭	239
关系	195
广义 Schoenflies 定理	216
归纳定义原理	36
轨道	224
轨道空间	224

H

Hausdorff 测度	119
Hausdorff 空间	78
Hausdorff 维数	119
Heine-Borel 定理	104
Hilbert 空间	88
Hopf 纤维化	229
Hurewicz 纤维化	231

含入映射	12
函子	186
核	171
恒同泛射	185
恒同映射	12, 38
环柄	137
环面	53
换位子	197
换位子群	197

J

Jordan 曲线定理	219
Jordan-Brouwer 分割定理	217
基本群	175
基点	174, 177
基数	13, 33
基准开邻域	20
基准开邻域结构	20
极限	74, 190
极限点	30
集合	8
集合族	9
几何闭单形	127
几何单纯复形	128
几何单形	127
几何复形	128
几何开单纯形	127
几何实现	130
几何无关	127
加法	169
简单闭曲线	214
交叉帽	137
交换化	197
交换化系数矩阵	197
交换律	169

交换群	169
交换图表	160, 188
交换图范畴	188
交集	9
结合律	168, 185
紧致	105
紧致子集	105
局部道路连通	103
局部紧致性	108
局部离散	91
局部连通	97
局部平坦	216
局部有限	91, 108
局部坐标系	123
聚点	30
均匀复迭邻域	232

K

Königsberg 七桥问题	4
Klein 瓶	138
开覆盖	105
开集	22
开加细	108
开映射	57
可定向	7, 148
可定向闭曲面	136
可度量化	82
可分	31
可逆映射	11
可剖分空间	131
可数	24, 36
可数邻域基	73
可数拓扑基	75
可缩	165
可拓扑区分	78

空集	8
空集公理	15
空间	18
空字	191, 194
亏格	136

L

Lebesgue 覆盖定理	115
Lebesgue 覆盖维数	116
Lebesgue 数	112
Lebesgue 引理	112
离散拓扑	23
连通	92
连通分支	96
连通覆盖	95
连通和	135
连通子集	92
连续	19, 38
连续统假设	37
连续映射	38
链	150
列紧	111
邻域	19, 20
邻域基	72
邻域结构	22
零伦	159
零元	169
流形	79, 122
伦移	157, 162

M

Möbius 带	7, 43, 63
Menger-Nöbeling 嵌入定理	118
满射	11
满同态	170
幂集	9

幂集公理	14
面	128, 129

N

Nagata-Smirnov 度量化定理	91
挠系数	198
挠元	170
内部	27, 124
内点	27, 124
逆道路	99, 176
逆泛射	186
逆映射	11
逆元	168

O

欧氏度量	25
欧氏空间	26
欧氏直线	21

P

Peano 曲线	114
Poincaré 猜想	163
Poincaré 圆盘模型	226
平凡群	168
平凡同态	170
平凡拓扑	23
平凡子群	168
平环	42, 63

Q

起点	99
嵌入	54
强拓扑	56
强形变收缩	164
强形变收缩核	164
切片	157
球极投影	42
球形邻域	25

曲面	125
曲线	125
圈数	179, 241
全集	9
全空间	231, 232
群	168
群的运算	168
群作用	223

R

Riemann 映射定理	93
Russell 悖论	9, 13
弱拓扑	45

S

Schoenflies 定理	215
Seifert-van Kampen 定理	192
Serre 纤维化	231
Sorgenfrey 直线	21
三角不等式	25
三角剖分	131
商集	63
商空间	63
商群	171
商拓扑	63
商映射	57
射影平面	60
生成	22, 75, 194
生成关系组	195
生成元组	194
升腾	254
实射影空间	67
实射影平面	60
势	13, 33
收敛	31
收缩核	164

收缩映射	66, 164
属于	8
数学归纳法	16
双角锥	68
双曲等距变换	226
双曲平面	225
双曲直线	226
双射	11

T

Tietze 扩张定理	86
Tychonoff 定理	108
T_0 公理	78
T_1 公理	80
T_2 公理	78
T_3 公理	80
T_4 公理	80
提升	230
替换公理	16
天线空间	247
贴空间	70
同调	152
同调类	152
同构	170, 186, 252
同构泛射	186
同伦	157, 161
同伦不变性	183
同伦等价	163
同伦逆	163
同伦群	178
同伦提升性质	231
同胚	3, 40
同态	170
同态基本定理	171, 173
同向对	134
投射	47

透镜空间	229
图	4
推送同构	178
拓扑	22
拓扑不变量	44
拓扑等价	40
拓扑概念	44
拓扑基	75
拓扑结构	3, 22
拓扑空间	3, 22
拓扑流形	124
拓扑维数	116
拓扑性质	3, 43
拓扑学	2
拓扑学家的正弦曲线	101
拓扑锥	68

U

Urysohn 度量化定理	82, 88, 90
Urysohn 引理	83

V

Van Kampen 定理	201

W

外延公理	14
外直和	198
万有复迭空间	239
微分拓扑学	2
维数	79, 122, 127~129, 150
无交并	69
无穷复迭	235
无穷公理	15
无限循环群	169
无序对公理	14

X

夏威夷耳环	206

纤维	231, 232
纤维化	231
限制映射	52
相对伦移	162
相对同伦	161
相反定向	146
相容	147
像	11
像集	11
协变函子	186
形变收缩	164
形变收缩核	164
选择公理	16

Y

幺元	168
一般拓扑学	2
一般线性群	169
一点并	64, 203
一点紧化	110
一一对应	11
映射	10
映射度	211
映射类	159
映射提升定理	248
映射柱	70
映射锥	70
有限闭覆盖	53
有限表出群	195
有限覆盖	105
有限复迭	235
有限复形	128
有限生成交换群基本定理	198
有限生成群	194
有限生成自由群	195

有限维空间	116
有限循环群	169
右陪集	170
右手螺旋法则	145
诱导定向	146
诱导同态	181
余极限	190
余集	10
余可数拓扑	24
余有限拓扑	24
余锥	189
元素	8
圆束	203
原像	11
原像集	11
约化	191, 194
约化字	192, 194

Z

Zermelo-Fraenkel 集合论	14
粘合映射	63
粘接引理	53
真面	128
真子集	9
整系数初等变换	198
正定性	25
正规 Hausdorff 空间	80
正规空间	80
正规子群	170
正极限	191
正则	256
正则公理	16
正则空间	80
直和	198
直积	12, 173

直线伦移	157
值域	10, 185
秩	195, 199
中心投影	41
中心直线	67
终点	99
锥	189
子覆盖	105
子复形	129
子集	9
子集族	20
子空间	51
子空间拓扑	51
子群	168
自然同态	171
自由	225
自由积	192, 196
自由群	194
自由图范畴	188
自由元	170
字	191, 194
字长	194
踪	157
最大覆盖次数	115
左陪集	170
作用	223
坐标变换	123

习题提示与解答

下面我们将为本书中的每一道习题提供一个简略的提示. 注意这并不是"标准答案", 因为很多题都有多种解答方法, 而我们只是对其中最容易理解的一种思路给出了提示. 另外请注意这些是提示而不是完整的答案, 很多题目只指出了思考的关键点, 读者应当仿照正文相关例题把具体内容写出来, 才算是一个完整的答案.

要想学会游泳, 只在岸上比划而不下水是不行的, 下水以后过于依赖游泳圈也是不行的. 学习拓扑也是同样的道理, 而且本书中的大部分习题并不是很难, 因此希望读者最好不要养成习题一不会做就马上看答案的习惯 (当然, 此时回去重读一遍正文中的例题是可以的), 更不要先看答案再照着做习题. 只有等到做完习题以后才可以核对答案.

第 一 章

§1.1

1. 直接验证 $\mathscr{N}$ 符合基准开邻域结构的定义.

2. 直接验证 $\mathscr{M}$ 符合基准开邻域结构的定义.

3. $\{a,b\}$ 的拓扑结构一定要含 $\varnothing$ 和 $\{a,b\}$, 因此只有四种可能:

   $\{\varnothing, \{a,b\}\}, \{\varnothing, \{a\}, \{a,b\}\}, \{\varnothing, \{b\}, \{a,b\}\}, \{\varnothing, \{a\}, \{b\}, \{a,b\}\}.$

   这四个集合族都是拓扑结构.

4. 直接验证 τ 满足三条拓扑公理.

5. 直接验证 d 符合度量的定义 (实际上正定性和对称性是显然的). 然后由 $\{x\} = B_{\frac{1}{2}}(x)$ 说明每个子集都是度量拓扑中的开集.

6. 任取 x 的关于 d_1 (或 d_2) 的球形邻域 U 及 U 中一点 y, 存在 y 关于 d_2 (或 d_1) 的球形邻域 $V \subseteq U$, 因此一个子集是若干关于 d_1 的球形邻域的并集当且仅当它是若干关于 d_2 的球形邻域的并集.

§1.2

1. (1) 由命题 1.2.3 可知 $(A^\circ)^c = \overline{A^c}$.
   (2) $A^\circ \subseteq A \subseteq \overline{A}$, 因此 $\partial A = \varnothing$ 当且仅当 $A^\circ = A = \overline{A}$, 而这等价于要求 A 既开又闭.

2. 在度量拓扑中 U 是 p 的邻域当且仅当存在 $B_\varepsilon(p) \subseteq U$. 由此可以直接验证 $D^\circ = B_1((0,0))$, 而 $\overline{D} = D$.

3. $d(x,A) = 0$ 说明任何 $B_\varepsilon(x) \cap A$ 都非空, 即 $x \in \overline{A}$.

4. 根据内点和聚点的定义分别写出 $x \in (A \setminus B)^\circ$ 和 $x \in A^\circ \setminus \overline{B}$ 的充要条件, 然后说明这两个条件等价.

5. 根据内点和聚点的定义分别写出 $x \in \overline{A} \setminus B$, $x \in \overline{A \setminus B}$, 以及 $x \in \overline{A} \setminus B^\circ$ 的充要条件, 然后说明这三个条件之间的蕴涵关系. 反例可取 $A = [0,1]$, $B = [0,1)$.

6. 考察正文中定义 Cantor 三分集的那一串闭集 A_n.
   (1) 假设有 $x \in [0,1]$ 不是 $[0,1] \setminus A$ 的聚点, 则存在 $\varepsilon > 0$ 使得 $(x-\varepsilon, x+\varepsilon)$ 包含于每个 A_n, 由此导出矛盾.
   (2) 任取 $x \in A$ 及 $\epsilon > 0$, 开区间 $(x - \varepsilon, x + \varepsilon)$ 一定包含某个 A_n 的某段闭区间 $[u,v]$, 而 $u, v \in A$. 由此说明 x 是 A 的聚点.

§1.4

1. 假设有同胚 $f: \mathbb{Q}_e \to \mathbb{Q}_d$, 则因为 $\{f(0)\}$ 是 $\mathbb{Q}_d$ 中的开集, 所以 $\{0\} = f^{-1}(\{f(0)\})$ 是 $\mathbb{Q}_e$ 中的开集, 矛盾.

2. 直接验证任取 $x \in X$, $\varepsilon > 0$, $g^{-1}(B_\varepsilon(g(x)))$ 是 x 的邻域.

3. 直接验证这两种情形开集的完全原像都一定是开集.

4. 令 $g(x) = d(x,A)$, 然后利用度量的三角不等式说明任取 $x \in X$, $\varepsilon > 0$, $B_\varepsilon(x) \subseteq g^{-1}(B_\varepsilon(g(x)))$, 从而 $g^{-1}(B_\varepsilon(g(x)))$ 是 x 的邻域.

5. 注意任取 $A \subseteq X$, $f(\overline{A}) \subseteq \overline{f(A)}$ 当且仅当 $\overline{A} \subseteq f^{-1}(\overline{f(A)})$. 然后证明这等价于要求闭集的原像闭, 即 f 连续.

6. (1) 利用 $\overline{A}$ 是包含 A 的最小闭集这一点, 说明题目条件等价于要求闭集的原像闭.

(2) 利用 A° 是被 A 包含的最大开集这一点, 说明题目条件等价于要求开集的原像开.

§1.5

1. 注意 $(\bigcup_{\lambda \in \Lambda} U_\lambda) \times (\bigcup_{\mu \in M} V_\mu) = \bigcup_{\lambda \in \Lambda,\ \mu \in M} (U_\lambda \times V_\mu)$, 因此如果 U 和 V 分别是 X 和 Y 上的开集, 则 $U \times V$ 可以写成若干个 $U_\lambda \times V_\mu$ 的并集, 其中每个 U_λ 和 V_μ 分别是 X 和 Y 上的基准开邻域. 而乘积拓扑中的开集又都是这种 $U \times V$ 的并集, 因此乘积拓扑由 $\mathcal{N}$ 生成.

2. 借助上一题的结论给出这两个拓扑空间的基准开邻域结构, 然后直接验证 $f: (x, (y, z)) \mapsto ((x, y), z)$ 及 f^{-1} 都满足 "基准开邻域的原像是邻域" 的条件.

3. (1) 注意 $(U \times V) \cap (A \times B) = (U \cap A) \times (V \cap B)$, 由此说明 $(x, y) \in \overline{A \times B}$ 当且仅当 $x \in \overline{A}$ 并且 $y \in \overline{B}$.
   (2) 注意 $U \times V \subseteq A \times B$ 当且仅当 $U \subseteq A$ 并且 $V \subseteq B$, 由此说明 $(x, y) \in (A \times B)^\circ$ 当且仅当 $x \in A^\circ$ 并且 $y \in B^\circ$.

4. 利用度量满足的三角不等式, 说明如果 $d(x, y) = c$ 而 $\varepsilon \in (0, c)$, 则 $d^{-1}((c - \varepsilon, c + \varepsilon)) \supseteq B_{\frac{\varepsilon}{2}}(x) \times B_{\frac{\varepsilon}{2}}(y)$, 因此是 (x, y) 的邻域.

5. 利用乘积拓扑的定义直接验证开集的原像是开集.

6. (1) 直接验证 $h_+: \mathbb{E}^2 \to \mathbb{E}^1$, $(x, y) \mapsto x + y$ 以及 $h_\times: \mathbb{E}^2 \to \mathbb{E}^1$, $(x, y) \mapsto xy$ 连续, 然后应用第 5 题结论.
   (2) 由 §1.4 第 2 题可知 $h: X \to \mathbb{E}^1$, $x \mapsto \frac{1}{g(x)}$ 连续, 然后应用本题第 (1) 问结论.

§1.6

1. 注意 y 在 Y 中是聚点当且仅当任取 y (关于 X 的拓扑) 的邻域 U, $(U \cap Y) \cap (A \setminus \{y\}) \neq \varnothing$. 然后对比 X 中聚点的定义证明结论.

2. (1) 注意 $y \in \overline{A}_Y$ 当且仅当任取 y 的邻域 U, $(U \cap Y) \cap A \neq \varnothing$. 对比一下 $\overline{A}$ 的定义.
   (2) 注意 $y \in A_Y^\circ$ 当且仅当存在 y 的邻域 U, $U \cap Y \subseteq A$. 对比一下 A° 的定义.

3. γ_f 的两个分量连续，因此 γ_f 连续. 而 γ_f 在完全像集上的逆映射为 $h : \gamma_f(X) \to X$, $(x, y) \mapsto x$, 因此也连续.

4. 可以取 $(0, 0), (0, 1), (1, 0)$ 三点连线构成的直角三角形 D 以及正方形 $Q = \partial([0, 1] \times [0, 1])$, 定义映射 $f : D \to Q$ 如下:
$$f((x, y)) = \begin{cases} (x, y), & \text{当 } x = 0 \text{ 或者 } y = 0; \\ (2x, 1), & \text{当 } x + y = 1 \text{ 并且 } x \leq y; \\ (1, 2y), & \text{当 } x + y = 1 \text{ 并且 } x \geq y. \end{cases}$$
然后利用粘接引理说明 f 及其逆均连续.

5. 任取 $x \in X$, 设 U 是它的一个只与 $\mathscr{C}$ 中的有限个元素 $C_1, \cdots, C_n$ 相交非空的开邻域. 粘接引理说明 $f|_{C_1 \cup \cdots \cup C_n}$ 连续, 于是其限制映射 $f|_U$ 连续, 从而 f 在 x 处连续.

§1.7

1. 直接验证复合映射满足商映射的定义.

2. 直接验证 $f|_{f^{-1}(U)}$ 满足商映射的定义.

3. 直接验证 r 满足商映射的定义.

4. 考虑 $f : \mathbb{E}^1 \to S^1$, $x \mapsto (\cos(2\pi x), \sin(2\pi x))$. 验证 f 既是满射, 又是开映射, 并且 $f(x) = f(y)$ 当且仅当 $x \sim y$.

5. 考虑 $g : [0, 1] \times [0, 1] \to S^1 \times S^1$, $(x, y) \mapsto (f(x), f(y))$, 这里 $f(x) = (\cos(2\pi x), \sin(2\pi x))$, 则 g 是商映射, 并且它诱导的等价关系 $\stackrel{g}{\sim}$ 就是题目中描述的粘合规则. 注意: 题目只要求"阐述"而没有要求严格证明 g 是商映射, 是因为这最好是用后面的定理 2.6.2 来证明.

6. 可以取 $p : \mathbb{E}^2 \to \mathbb{E}^1$, $(x, y) \to x$, 然后取
$$A = \{(x, y) \in \mathbb{E}^2 \mid xy = 1 \text{ 或者 } x = y = 0\}.$$

第 二 章

§2.1

1. (1) 直接验证如果 $x \in Y \subseteq X$ 关于 X 的拓扑有可数邻域基 $\mathscr{N}_x$, 则它关于 Y 的拓扑有可数邻域基 $\{U \cap Y \mid U \in \mathscr{N}_x\}$.

   (2) 直接验证如果 $x \in X$ 和 $y \in Y$ 分别有可数邻域基 $\mathscr{M}_x$ 和 $\mathscr{N}_y$, 则 $(x, y) \in X \times Y$ 有可数邻域基 $\{U \times V \mid U \in \mathscr{M}_x, V \in \mathscr{N}_y\}$.

2. 设 $U_1, U_2, \cdots$ 是 x 的可数个邻域, 则 $\bigcap\limits_{n=1}^{\infty} U_n$ 是不可数集. 从中取一点 $y \neq x$, 则 $\mathbb{R} \setminus \{y\}$ 是 x 的邻域, 但是不包含任何一个 U_n.

3. (1) 直接验证如果 $\mathscr{B}$ 是 X 的可数拓扑基, $Y \subseteq X$, 则 $\{U \cap Y \mid U \in \mathscr{B}\}$ 是 Y 的可数拓扑基.
   (2) 直接验证如果 $\mathscr{A}$ 和 $\mathscr{B}$ 分别是 X 和 Y 的可数拓扑基, 则 $\{U \times V \mid U \in \mathscr{A}, V \in \mathscr{B}\}$ 是 $X \times Y$ 的可数拓扑基.

4. 结合拓扑基的定义去验证开集的原像是开集.

5. 设 A 是 X 的可数稠密子集, 则每个 $U \in \mathscr{U}$ 至少要包含一个 A 的点, 而每个 $a \in A$ 只能在至多一个 $\mathscr{U}$ 的元素内. 因此可以建立从 A 的一个子集到 $\mathscr{U}$ 的双射.

§2.2

1. (1) 若 $x, y \in X$ 有不相交的邻域 U, V, 并且 $x, y \in Y \subseteq X$, 则在子空间 Y 中有不相交的邻域 $U \cap Y, V \cap Y$.
   (2) 若 $x_1, x_2 \in X$ 有不相交的邻域 U_1, U_2, $y_1, y_2 \in Y$ 有不相交的邻域 V_1, V_2, 则 $(x_1, y_1), (x_2, y_2) \in X \times Y$ 有不相交的邻域 $U_1 \times V_1, U_2 \times V_2$.

2. 任取 $x \notin \text{Fix } f$, 则 x 和 $f(x)$ 有不相交的邻域 U, V, 于是 $U \cap f^{-1}(V) \subseteq (\text{Fix } f)^c$ 也是 x 的邻域, 说明 x 不是 $\text{Fix } f$ 的聚点.

3. 设 U, V 分别是 $x, y \in X$ 的邻域, 则 U 和 V 不相交当且仅当 $U \times V \subseteq \Delta^c$. 由此说明 X 是 Hausdorff 空间当且仅当 Δ^c 是开集.

4. B 是与 A 不相交的闭集当且仅当 B^c 是 A 的开邻域.

5. 从 A 和 B^c 开始应用两次第 4 题中的结论.

6. 若 Y 是 X 的闭子空间, 则 Y 的不相交的闭子集 A, B 也是 X 的闭子集, 有不相交的邻域 U, V, 于是 $U \cap Y, V \cap Y$ 是关于子空间拓扑的不相交的邻域.

§2.4

1. (1) 没有非空真子集.
   (2) 单点集既开又闭.

2. $[0,1]$ 连通说明乘积空间 $[0,1] \times [0,1]$ 连通, 而 $D^2 \cong [0,1] \times [0,1]$.

3. 假设 A 有不相交的非空闭子集 U, V 使得 $U \cup V = A$. 则 U, V 也是 X 的闭子集. 不妨设连通子集 $A \setminus A^\circ \subseteq V$, 则 $U \subseteq A^\circ$, 所以 U 和 $W = V \cup (A^\circ)^c$ 是 X 的不相交的非空闭子集, 并且 $U \cup W = X$.

4. $g : [0,1] \to \mathbb{E}^1, x \mapsto f(x) - x$ 连续, $g([0,1])$ 连通.

5. Y 的每个点 y 的任何一个邻域 V 内都包含一个圆盘型邻域 W, 使得 W 和 $W \setminus \{y\}$ 都连通. 而 X 的每个点 x 有一个线段型邻域 U, 使得包含于 U 内的任何 x 的邻域去掉 x 后不连通.

6. 如果一个连通分支包含至少两个点 $x < y$, 则一定包含区间 $[x,y]$, 结合 C 的定义说明这是不可能的.

7. 取定 $x_0 \in X$, 则 $f : X \to \mathbb{E}^1, y \mapsto d(x_0, y)$ 连续, 因此 $f(X)$ 是一个包含不可数多个点的区间.

§2.5

1. 可以用数学归纳法: S^1 道路连通, 而 S^{n+1} 是 $S^n \times [-1,1]$ 在一个连续满射下的完全像集.

2. 直接用定义验证 $([0,1] \times [0,1]) \setminus \{(\frac{1}{2}, \frac{1}{2})\}$ 道路连通, 然后设法说明 $T^2 \setminus \{x\}$ 是它在一个连续满射下的完全像集.

3. 设 U 是一个道路分支, V 是所有其他道路分支的并集, 设法说明 U 和 V 都是开集.

4. 取定 $x_0 \notin A$, 则任取 $y \in A$, 有一条从 y 到 x_0 的道路 $a_y : [0,1] \to X$. 设 $t_y = \sup\{t \in [0,1] \mid a_y([0,t]) \subseteq A\}$, 则 $a_y(t_y) \in A \setminus A^\circ$, 并且它与 y 属于同一个道路分支.

5. 设 $a : [0,1] \to X$ 是从 x_1 到 x_2 的道路, $b : [0,1] \to Y$ 是从 y_1 到 y_2 的道路, 则 $a \times b : [0,1] \to X \times Y, t \mapsto (a(t), b(t))$ 是从 (x_1, y_1) 到 (x_2, y_2) 的道路.

6. (1) 假设 f 在 t_0 的任何邻域上都不恒等于 x, 则存在收敛到 t_0 的序列 s_n, 使得每个 $f(s_n) \neq x$. 于是 $A = \{f(s_n) \mid n \in \mathbb{N}\}$ 是闭集, 而 $f^{-1}(A)$ 却不含其聚点 t_0, 因此不是闭集.

   (2) 第 (1) 问的结论说明每条道路都是点道路.

7. 任取 $x, y \in A$, 存在一条从 x 到 y 的道路. 设法证明如果这条道路不在 A 内, 则它以一段从 x 跑到 $A \cap B$ 里的道路开始, 并以一段从 $A \cap B$ 里跑到 y 的道路结束, 从而可以修改中间部分得到从 x 到 y 的 A 中的道路, 说明 A 道路连通.

§2.6

1. 假设 $\bigcap \mathscr{C} = \varnothing$, 则 $\{X \setminus C \mid C \in \mathscr{C}\}$ 构成 X 的开覆盖, 一定有有限子覆盖, 而有限子覆盖对应的那些 C 相交非空, 矛盾.

2. 假设 A 没有聚点, 则每个点 $x \in X$ 都有一个开邻域 U_x 使得 $U_x \cap A \subseteq \{x\}$. 这些 U_x 构成 X 的开覆盖, 一定有有限子覆盖, 而有限子覆盖仅能覆盖 A 的有限多个点, 矛盾.

3. 任取闭集 $A \subseteq X \times Y$, 对开集 $W = A^c$ 应用引理 2.6.1, 从而说明 $p(A)$ 是闭集.

4. (1) 首先证明当 $Y \setminus U$ 是 X 的紧致子集时, $\omega \in U$, 并且 $U \setminus \{\omega\}$ 是 X 的开子集, 然后利用这一点直接验证 τ 满足定理 1.1.1 的三条拓扑公理.
   (2) 任取 Y 的开覆盖 $\mathscr{B}$, 首先找到开集 $U \in \mathscr{B}$ 使得 $\omega \in U$, 然后考虑 $Y \setminus U$, 它是 X 的紧致子集, 因此可以被开覆盖 $\mathscr{A} = \{U \setminus \{\omega\} \mid U \in \mathscr{B}\}$ 的有限子族覆盖.

5. 注意紧致空间到 Hausdorff 空间的连续满射一定是商映射.

6. 注意紧致空间到 Hausdorff 空间的连续满射如果还是单射, 则一定是同胚. 然后利用连通性说明 $[0,1] \not\cong [0,1]^2$.

§2.7

1. 直接验证 $\sup\{d(x, U^c) \mid U \in \mathscr{U}\} = \max(x - [x], [x] + 1 - x)$, 其中 $[x]$ 表示不超过 x 的最大整数, 由此得出 Lebesgue 数为 $\frac{1}{2}$.

2. 注意紧致度量空间列紧, 然后构造函数序列 $f_n(t) = \cos(2^{n+1}\pi t)$, 任取 $m \neq n \in \mathbb{N}$, $d(f_m, f_n) = 1$, 说明 $C([0,1])$ 不列紧.

3. 对每个 $n \in \mathbb{N}$, 取 $\delta = \dfrac{1}{n+1}$ 并构造有限 δ-网 A_n, 然后说明 $\bigcup\limits_{n=0}^{\infty} A_n$ 是可数稠密子集.

第 三 章
§3.1

1. 注意有同胚 $f: X \to \mathbb{E}_+^2$, $(r\cos(\theta), r\sin(\theta)) \mapsto (r\cos(2\theta), r\sin(2\theta))$. 然后可以直接验证 X 是带边流形, 而 $\partial X = f^{-1}(\partial \mathbb{E}_+^2)$.

2. 当 $\varepsilon > 0$ 充分小时任取 $\ell \in \mathbb{RP}^2$, $B_\varepsilon(\ell)$ 同胚于开圆盘.

3. (1) 考虑 $U = B_1(x)$, $\varphi: U \to \mathbb{E}^2$, $y \mapsto y$.
   (2) 考虑 $U = B_1(x)$, $\varphi: U \to \mathbb{E}_+^2$, $(s, t) \mapsto (t, s - \sqrt{1-t^2})$.

4. 如果 x 是内点, 则存在邻域 U 使得任何包含于 U 的邻域去掉 x 后不连通, 而边界点则没有这样的邻域.

5. 注意 X 正则当且仅当任取 $x \in X$ 及其开邻域 U, 存在 x 的开邻域 V 使得 $\overline{V} \subseteq U$. 然后利用 $\mathbb{E}_+^1$ 的正则性证明结论.

6. 如果 M 是紧致 n 维流形, 则可以被有限多个开集 $U_1, \cdots, U_n$ 覆盖, 使得每个 U_i 同胚于 $\mathbb{E}_+^n$ 的开子集. 可以对每个 U_k 取一个可数拓扑基 $\mathscr{B}_k$, 然后验证 $\mathscr{B}_1 \cup \cdots \cup \mathscr{B}_n$ 构成 M 的可数拓扑基.

§3.2

1. 取定顶点集 $V = \{v_0, \cdots, v_{n+1}\}$, V 的所有非空真子集构成的集合族 K 就是 S^n 的有限单纯剖分.

2. (1) 注意每个抽象单形是一个顶点集, 利用集合的包含关系直接验证 $J * K$ 中抽象单形的面也在 $J * K$ 中.
   (2) 注意 $\dim \sigma$ 等于 σ 的元素数减 1, 因此当抽象单形 σ 和 τ 没有公共顶点时 $\dim(\sigma \cup \tau) = \dim \sigma + \dim \tau + 1$.

3. (1) 直接验证 $K^{(m)}$ 中抽象单形的面也在 $K^{(m)}$ 中.
   (2) 换成考虑几何复形. 设 K 是几何复形, 高于 1 维的闭单形构成 $|K|$ 的道路连通覆盖, 因此定理 2.5.1 说明当 $|K^{(1)}|$ 道路连通时 $|K|$ 道路连通. 反过来, 如果 $\dim K = n$, 并且 $|K|$ 道路连通, 任取一条两端不在 n 维开单形内的道路, 可以修改成两端相同但是不进入 n 维开单形内的道路, 这说明 $|K^{(n-1)}|$ 道路连通. 归纳可得 $|K|$ 连通蕴涵 $|K^{(1)}|$ 道路连通.

4. (1) 注意 $e_{ij} \cap e_{k\ell}$ 里的点可以写成 $(1-s)p_i + sp_j = (1-t)p_k + tp_\ell$, 然后验证这个关于 s 和 t 的线性方程组无解.

   (2) 可以把顶点实现为 $p_0, p_1, \cdots$, 然后在那些互不相交的 e_{ij} 里挑一部分实现所有的一维单形.

5. 设 M 是紧致一维流形, 找一族 $(U_1, \varphi_1), \cdots, (U_n, \varphi_n)$ 使得每个 φ_i 是 $\overline{U_i}$ 到 $[0,1]$ 的同胚并且 $U_1, \cdots, U_n$ 构成 M 的有限开覆盖, 然后归纳地证明 $\varphi_i(\overline{U_i} \setminus (\overline{U_1} \cup \cdots \cup \overline{U_{i-1}}))$ 只能是有限段区间. 注意, 沿着这个思路做下去, 实际上可以证明: 紧致连通一维流形同胚于 $[0,1]$ 或 S^1.

§3.3

1. 应用定理 2.6.2 (紧致空间到 Hausdorff 空间的连续满射是商映射).

2. 直接验证在闭曲面的标准多边形表示里, 每一组边 $a_i a_i$ 用到的 3 个顶点 (不可定向闭曲面情形) 或 $a_i b_i a_i^{-1} b_i^{-1}$ 用到的 5 个顶点 (可定向闭曲面情形) 都要粘在一起.

3. 把 Möbius 带的多边形表示 $abac$ 沿着四边形的一条对角线剖开, 然后应用"手术", 可以变成交叉帽的多边形表示 $cbdd$.

4. 不考虑符号的选取、各边定向的选取、哪条边算第一条边以及沿着哪个方向记录所带来的差异, 那么正方形上的多边形表示可以分成下面这几种类型: $abcd$ (圆盘), $aabc$ (Möbius 带), $abac$ (Möbius 带), $aa^{-1}bc$ (圆盘), $aba^{-1}c$ (平环), $aabb$ (Klein 瓶), $abab$ (射影平面), $aa^{-1}bb$ (射影平面), $aba^{-1}b$ (Klein 瓶), $aa^{-1}bb^{-1}$ (球面), $aba^{-1}b^{-1}$ (环面).

§3.4

1. 注意六边形的顶点最后会粘合成 M 上的两个点, 由命题 3.4.1 可以计算出 $\chi(M) = 0$, 而 $\chi(gT^2) = 2 - 2g = 0$ 说明 $g = 1$.

2. (1) 先把第一个三角形的三个顶点标成 A, B, C, 然后分析各边的粘合规则, 说明恰好这三个顶点各占一类. 然后由命题 3.4.1 可以计算出 $\chi(M) = 1$.

   (2) 闭曲面中只有 $1P^2$ 的 Euler 数是 1.

3. 记一个多边形表示 P 的顶点类数为 $v(P)$, 边类数为 $e(P)$, 利用定义 3.3.2 提供的多边形表示直接验证 $v(P\#Q) = v(P) + v(Q) - 1$, $e(P\#Q) = e(P) + e(Q)$.

4. 任取闭曲面 $M \not\cong S^2$, 则 $\chi(M) < \chi(S^2) = 2$, 利用第 3 题结论考察何时 $\chi(M\#N) = 2$.

5. 根据 §3.2 第 1 题的单纯剖分直接验算.

§3.5

1. 取 S^1 的顶点集为 $\{A, B, C\}$ 的单纯剖分, 则 $[AB], [BC], [CA]$ 是所有一维单形上两两相容的定向.

2. 不妨设 $\vec{\eta} = [P_0 \cdots P_n]$, 而面 $\sigma = \{P_0 \cdots P_{i-1}P_{i+1} \cdots P_n\}$, 面 $\tau = \{P_0 \cdots P_{j-1}P_{j+1} \cdots P_n\}$, 并且 $i < j$. 直接验证 σ 和 τ 上的诱导定向在 $\sigma \cap \tau$ 上诱导相反的定向.

3. M 的多边形表示没有同向对, 因此可定向, 于是 §3.4 第 1 题指出 $M \cong T^2$.

4. 首先注意 §3.4 第 3 题指出了连通和对 Euler 数的影响, 然后再验证 $M\#N$ 可定向当且仅当 M 和 N 均可定向.

第 四 章

§4.1

1. 设法在已知 f 到点道路 e_p 的伦移 H 时由 H 构造从 $f(\pm 1)$ 到 p 的道路, 然后在已知从 $f(-1)$ 到 $f(1)$ 的道路 a 时由 a 构造从 f 到点道路 $e_{f(1)}$ 的伦移.

2. 如果 F 存在, 则 $H : S^1 \times [0,1] \to X$, $(x,t) \mapsto F(tx)$ 是从 f 到常值映射的伦移. 反过来, 如果存在从 f 到常值映射的伦移 H, 则可以定义一个满足要求的 $F : D^2 \to X$, 使得任取 $x \in S^1, t \in [0,1], F(tx) = H(x,t)$.

3. $F : [0,1] \times [0,1] \to X$, $(x,t) \mapsto f((1-t)x)$ 是从 f 到点道路 $e_{f(0)}$ 的伦移, 因此 $f \simeq e_{f(0)}$. 类似地可以证明, $g \simeq e_{g(0)}$. 而 $e_{f(0)} \simeq e_{g(0)}$.

4. 取 $H : X \times [0,1] \to Y$, $(x,t) \mapsto (1-t)f(x) + tg(x)$, 直接验证 H 是相对伦移.

5. 对 f 和 $g = -\mathrm{id}$ 利用例 2 的结论.

§4.2

1. 如果 $h \simeq g$, 则 $f \circ h \simeq f \circ g \simeq \mathrm{id}_Y$, $h \circ f \simeq g \circ f \simeq \mathrm{id}_X$. 反过来如果 $f \circ h \simeq \mathrm{id}_Y$, 则 $h \simeq g \circ f \circ h \simeq g$.

2. (1) X 去掉切点后有两个分支, 而 Y 去掉任意一点后仍然连通.
   (2) 构造从去掉两个点的平面到 X 和 Y 的形变收缩.

3. 先把每个实心球形变收缩成球心到三个切点的连线构成的 Y 字形, 再说明这四个 Y 字形的并集是去掉三个点的平面的形变收缩核.

4. 设 $i_A : A \hookrightarrow X$ 是含入, $r_A : X \to A$ 是形变收缩, $H : X \times I \to X$ 是从 $i_A \circ r_A$ 到 id_X 的伦移. 设 $r_B : X \to B$ 是收缩, 则 $r_B \circ (H|_{B \times I}) : B \times I \to B$ 也是伦移, 用它可以说明 A 也是 B 的形变收缩核.

5. 设 $\tilde{f}$ 是 f 的同伦逆, $\tilde{g}$ 是 g 的同伦逆, 则 $h_i \simeq \tilde{g} \circ g \circ h_i \circ f \circ \tilde{f}$.

6. (1) X 可以先形变收缩到 x 坐标轴, 然后再形变收缩到原点.
   (2) 假设它是强形变收缩核, 取定 $U = \{(x, y) \in X \mid y > 0\}$, 利用引理 2.6.1 说明存在 $(0, 1)$ 的邻域 $V \subseteq U$, 使得强形变收缩可以把 V 中的每个点在 U 里移动到 $(0, 1)$, 从而导出矛盾.

§4.3

1. (1) $1_a = 1_a 1_b = 1_b$.
   (2) $g_a^{-1} = g_a^{-1} g g_b^{-1} = g_b^{-1}$.

2. 直接验证它满足群的定义, 幺元为 id_X, 每个元素 g 的逆元为 g^{-1}.

3. 直接验证它满足群的定义, 幺元为 $(1_1, 1_2)$, 每个元素 (g, h) 的逆元为 (g^{-1}, h^{-1}).

4. (1) 直接验证当 $a^m = b^n = 1$ 时 $(a^{-1})^m = (ab)^{mn} = 1$.
   (2) 设 H 是 G 的子群, 则任取 $a \in G, h \in H, ah = ha$.

5. 当 $f(1) \neq \pm 1$ 时 f 不是满射.

§4.4

1. 仿照图 4.9 的分析可以构造伦移 $H : [0,1] \times [0,1] \to X$ 如下：
$$H(s,t) = \begin{cases} a(\frac{12s}{4-t}), & \text{若 } 0 \le s \le \frac{4-t}{12}; \\ b(\frac{12}{4-t}(s - \frac{4-t}{12})), & \text{若 } \frac{4-t}{12} \le s \le \frac{4-t}{6}; \\ c(\frac{6}{2+t}(s - \frac{4-t}{6})), & \text{若 } \frac{4-t}{6} \le s \le 1. \end{cases}$$

2. 直接验证任意闭道路定端同伦于点道路.

3. 任取闭道路 $a : [0,1] \to X$, 则 $a([0,1])$ 紧致, 因此被有限多个 X_i 覆盖, 在这有限多个 X_i 的并集里就能定端同伦于点道路.

4. 当 a 和 b 的起点和终点相同时, 由 $a\bar{b}$ 定端同伦于点道路可知 $b \simeq a\bar{b}b \simeq a$.

5. (1) $(\alpha\beta)^{-1}\gamma(\alpha\beta) = \beta^{-1}(\alpha^{-1}\gamma\alpha)\beta$.
   (2) $\overline{e_{x_0}}we_{x_0} \simeq w$.

6. 首先说明从 x_0 到 x_0 的推送同构也与道路类的选取无关, 然后注意到任取 $\alpha, \beta \in \pi_1(X, x_0)$, $\beta_\#(\beta) = \beta$, 所以 $\alpha_\#(\beta) = \beta$, 即 $\beta\alpha = \alpha\beta$.

§4.5

1. $r_\pi \circ i_\pi = \text{id}_\pi$ 是同构.

2. S^1 是 A 的收缩核, 收缩映射诱导满同态, 因此 A 的基本群非平凡.

3. (1) $\mathbb{E}^2 \setminus A$ 有界说明有一个圆心不在 A 内的半径充分大的圆 $S \subseteq A$. 然后应用第 2 题的结论.
   (2) 若有这样的收缩映射, 则它诱导满同态, 而第 (1) 问的结论指出 A 的基本群非平凡.

4. 直接用诱导同态和推送同构的定义验证.

5. 设 $g : Z \to Y$ 是 f 的同伦逆, 直接验证 $g_\pi \circ f_\pi = \text{id}_{[X,Y]}$, $f_\pi \circ g_\pi = \text{id}_{[X,Z]}$, 由此说明 f_π 既是单射也是满射.

6. 设基点 $x_0 = (\cos(\theta), \sin(\theta))$. 定义一条道路 $a : [0,1] \to S^1$, $t \mapsto (\cos(\theta + 2\pi t), \sin(\theta + 2\pi t))$, 然后设法把从 $f \circ a$ 到 $g \circ a$ 的定端伦移改造成从 f 到 g 的相对伦移.

§4.7

1. 直接验证 $f(a_{i_1}^{\varepsilon_1}\cdots a_{i_n}^{\varepsilon_n}) = g(a_{i_1}^{\varepsilon_1}\cdots a_{i_n}^{\varepsilon_n})$.
2. 构造满同态 $\xi: F(\{a,b\}) \to \mathbb{Z}$, 使得 $f(a) = 1$, $f(b) = -1$, $\mathrm{Ker}\, f = \{a^{i_1}b^{j_1}\cdots a^{i_n}b^{j_n} \mid i_1+\cdots+i_n = j_1+\cdots+j_n\}$. 然后利用命题 4.7.2 直接验证包含 $\{ab\}$ 的最小正规子群等于 $\mathrm{Ker}\, f$.
3. 设 f 是 $\frac{1}{4}$ 圈的旋转, g 是反射, 则表出为 $<f,g \mid f^4, g^2, fgfg>$.
4. 利用自由积的表出直接验证这个分块对角矩阵符合要求.
5. 交换化系数矩阵为 $(2,2,2)$, 可以经过整系数初等变换变成 $(2,0,0)$, 这也是 $\mathbb{Z}_2 \oplus \mathbb{Z} \oplus \mathbb{Z}$ 的交换化系数矩阵, 因此秩为 2, 挠系数也为 2.

§4.8

1. 记 U 为 S^2 挖去它和 X 的公共点 e, 记 V 为 $X \vee S^2$ 挖去 S^2 上不是 e 的另外一点, 然后对 U 和 V 应用 van Kampen 定理.
2. 设法说明它同伦等价于 $S^1 \vee S^1 \vee S^1$, 因此表出为 $<a,b,c \mid >$.
3. 在图 4.18 中把环面的多边形表示换成射影平面的多边形表示 aa, 然后仿照例 3 可得基本群的一个表出 $<\alpha \mid \alpha^2>$.
4. 取 U 为 p 的同胚于开实心球的邻域, 记 $V = M \setminus \{p\}$, 然后对 U 和 V 应用 van Kampen 定理.
5. (1) $\mathbb{RP}^2 \vee \mathbb{RP}^2$.
   (2) 设群 G 的表出为 $<a_1,\cdots,a_m \mid r_1,\cdots,r_n>$, 首先构造一个圆束 $X = \underbrace{S^1 \vee \cdots \vee S^1}_{m}$, 在每个圆周上取个绕一圈的道路, 标记为 a_i. 然后对每个关系 r_j 构造一个圆盘 D_j, 将其边界圆周 ∂D_j 粘到 X 上去, 使得绕 ∂D_j 一圈的道路变成 $\pi_1(X)$ 中字 r_i 对应的道路. 这样粘出来的空间基本群就同构于 G.

§4.9

1. 记 p 为那条公共边的中点. 任取 p 的邻域 U, 存在充分小的球形邻域 $B_\epsilon(p)$, 使得 $\partial B_\epsilon(p) = \overline{B_\epsilon(p)} \setminus B_\epsilon(p)$ 是 $U \setminus \{p\}$ 的收缩核, 因此存在从 $\pi_1(U \setminus \{p\})$ 到 $\pi_1(\partial B_\epsilon(p)) \cong \mathbb{Z} * \mathbb{Z}$ 的满同态.

2. 设 A 是一个这样的矩阵. 记 M 为分量全是正数并且长度为 1 的 3 维列向量构成的空间, 则可以定义 $f: M \to M$, $x \mapsto \frac{Ax}{||Ax||}$. 而 $M \cong D^2$, 因此 f 有不动点 x_0. $||Ax_0||$ 就是一个正特征值.

3. 设 $r: D^2 \to X$ 是收缩映射. 任取连续映射 $f: X \to X$, 则 $f \circ r$ 一定有不动点 p, 而 $p \in X$, 因此也是 f 的不动点.

第 五 章

§5.2

1. 任取空间 X, 映射 $g: X \to B$, 以及从 g 出发的伦移 $G: X \times [0,1] \to B$, 如果 g 有提升 $g^\uparrow$, 设 $f(g^\uparrow(x)) = (g(x), \rho(x))$, 则可以定义 G 的提升 $G^\uparrow$ 使得 $f(G^\uparrow(x,t)) = (G(x,t), \rho(x))$.

2. (1) 设开邻域 U_x 是一个均匀复迭邻域, 则 $p^{-1}(U_x)$ 的每一层都与 $p^{-1}(x)$ 交于一个点, 而这个交集是 $p^{-1}(x)$ 的开子集.
   (2) 设 a 是从 x 到 y 的道路. 任取 $t \in [0,1]$, 当 s 充分接近 t 时有 $a(t)$ 的均匀复迭邻域包含 $a(s)$, 从而 $p^{-1}(a(s)) \cong p^{-1}(a(t))$. 然后利用 $[0,1]$ 的连通性说明 $p^{-1}(x) \cong p^{-1}(y)$.

3. 先画四个十字, 每个十字的四个分叉两个标 a 两个标 b, 然后分别把这两种标记的分叉配对用空间中的曲线相连, 形成的每个连通图都是一种复迭.

4. 任取 $b \in B$, 对每个 $x \in p^{-1}(b)$ 取一个 b 的关于 p 的均匀复迭邻域 U_x, 使得 $p^{-1}(U_x)$ 中 x 所在的那层在一个 x 的关于 q 的均匀复迭邻域内, 然后验证 $\bigcap_{x \in p^{-1}(b)} U_x$ 为 b 的关于 $p \circ q$ 的均匀复迭邻域.

5. 设 $b = (b_1, b_2)$, 并且 U_i 是 b_i 的关于 p_i 的均匀复迭邻域 ($i = 1, 2$). 直接验证 $U_1 \times U_2$ 是 b 的关于 p 的均匀复迭邻域.

6. 取定 $x \in X$, $p^{-1}(x)$ 是 S^n 的闭子集, 因此紧致. 于是取 x 的一个均匀复迭邻域 U, 则 $p^{-1}(U)$ 的有限多层就可以覆盖 $p^{-1}(x)$ 了.

§5.3

1. p_π 是同构说明任取闭道路类 $\alpha \in \pi_1(B, p(e))$, 它的提升 $\alpha^\uparrow$ 依然是闭道路, 于是不存在其他的点 e' 使得 $p(e') = p(e)$.

2. 定理 5.3.1 指出 $p^{-1}(b)$ 的元素和 $\pi_1(B)$ 的元素存在一一对应.

3. 取一个均匀复叠邻域 U, 然后取 $i: U \hookrightarrow B$ 的一个提升 $i^\uparrow: U \to E$, 则 $i_\pi = p_\pi \circ (i^\uparrow)_\pi$, 而 E 单连通时 $(i^\uparrow)_\pi$ 是平凡同态.

4. 设 $E = \{(x,y) \in \mathbb{E}^2 \mid x^2+y^2 = 1 \text{ 或者 } (x\pm 2)^2 + y^2 = 1\}$, $B = S^1 \vee S^1$. 构造一个二重复叠 $p: E \to B$, 然后取 $\pi_1(E) \cong \mathbb{Z} * \mathbb{Z} * \mathbb{Z}$ 的三个生成元 u, v, w, 考察 $p_\pi(u), p_\pi(v), p_\pi(w)$ 在 $\pi_1(B)$ 的表出 $<a, b \mid >$ 中对应的字. 比如这三个字可以取为 a, b^2, bab.

5. 设 $p: \mathbb{E}^1 \to S^1$, $t \mapsto (\cos(2\pi t), \sin(2\pi t))$ 是泛复叠映射. 取 a 的提升 $a^\uparrow$, 则 $a^\uparrow([0,1])$ 至少包含 $p^{-1}(x)$ 的 n 个点.

§5.5

1. 利用映射提升定理说明 f 可以提升为 $f^\uparrow: \mathbb{RP}^2 \to \mathbb{E}^2$, 而 $f^\uparrow$ 零伦.

2. 设 E 是 Y 的泛复叠空间, 利用映射提升定理说明 f 可以提升为 $f^\uparrow: X \to B$, 而 $f^\uparrow$ 零伦.

3. 任取 $y \in F$, 设 $b = q(y)$, U 同时是 b 关于 p 和 q 的均匀复叠邻域, 并且道路连通, 而 V 是 $q^{-1}(U)$ 中含 y 的道路分支. 直接验证 V 是 y 的关于 h 的均匀复叠邻域.

4. 设法构造 T^2 到 T^2 的重数不同的复叠映射. 重数不同则不同构.

5. 设 $f: X \to Y$ 和 $g: Y \to X$ 互为同伦逆, $f \circ p$ 的提升为 $\tilde{f}$, $g \circ q$ 的提升为 $\tilde{g}$, 然后找 $X^\uparrow$ 的自同胚 u, 使得 $\tilde{f} \circ u$ 和 $\tilde{g}$ 互为同伦逆. 注意: 再加一点点小技巧即可证明, 同伦等价的空间一定有同伦等价的万有复叠.

§5.6

1. (1) 采用复坐标, 然后考虑映射 $f(z) = z^4$.
   (2) $\pi_1(\mathbb{E}^2 \setminus \{0\}) \cong \mathbb{Z}$ 是交换群, 它的任何子群都是正规子群.

2. (1) 用图 5.1 右图中的方式可以在 $\mathbb{E}^2$ 上定义一个等价关系 $\sim$, 使得 $(x,y) \sim (x', y')$ 当且仅当 $x' - x \in \mathbb{Z}$ 并且 $y' - (-1)^{x'-x} y \in \mathbb{Z}$. 商空间 $\mathbb{E}^2/\sim$ 同胚于 Klein 瓶, 并且粘合映射 $p: \mathbb{E}^2 \to \mathbb{E}^2/\sim$ 是泛复叠映射.
   (2) 设法验证对于第 (1) 小问中定义的泛复叠映射 p, 复叠变换均具有

$h_{mn} : \mathbb{E}^2 \to \mathbb{E}^2, (x,y) \mapsto (x+m, (-1)^m y + n)$ 的形式 $(m, n \in \mathbb{Z})$. 然后应用定理 5.6.1, 即证明 $h_{mn}^2 = \mathrm{id}$ 蕴涵 $h_{mn} = \mathrm{id}$.

3. 取定 $x \in X$, 设 $f_1(x) = e_1$, $f_2(x) = e_2$, 则存在复迭变换 h 使得 $h(e_1) = e_2$. 然后设法证明 $f_2 \equiv h \circ f_1$.

4. 采用复坐标, 即设 $T^2 = \{(z_1, z_2) \in \mathbb{C}^2 \mid |z_1| = |z_2| = 1\}$. 考虑自同胚 $f : (z_1, z_2) \mapsto (z_2, z_1)$ 以及 id_{T^2}. 如果它们同伦, 则诱导的 $\pi_1(T^2, (1,1))$ 上的自同构 f_π 和 id_π 只差一个共轭. 而 $\pi_1(T^2)$ 是交换群, 因此 $f_\pi = \mathrm{id}_\pi$. 矛盾.

参 考 文 献

[1] M. A. Armstrong. Basic Topology. Berlin: Springer-Verlag, 1983. (孙以丰译. 基础拓扑学. 北京: 人民邮电出版社, 2010.)

[2] D. B. Fuchs, O. Ya. Viro (S. P. Novikov and Rokhlin eds.). Topology II: Homotopy and Homology, Classical Manifolds// Encyclopaedia of Mathematical Sciences: vol.24. Berlin: Springer-Verlag, 2004.

[3] 干丹岩. 代数拓扑和微分拓扑简史. 湖南: 湖南教育出版社, 2005.

[4] A. Hatcher. Algebraic Topology. London: Cambridge University Press, 2002.

[5] 姜伯驹. 同调论. 北京: 北京大学出版社, 2006.

[6] W. S. Massey. A Basic Course In Algebraic Topology. New York: Springer-Verlag, 1991.

[7] J. Munkres. Topology (2nd Edition). Prentice Hall, Inc., 中译本: 2000. (熊金城, 吕杰, 谭枫译. 拓扑学 (原书第 2 版). 机械工业出版社, 2006.)

[8] S. P. Novikov. Topology I: General Survey// Encyclopaedia of Mathematical Sciences: vol.12. Berlin: Springer-Verlag, 1996.

[9] 汪林, 杨富春. 拓扑空间中的反例. 北京: 科学出版社, 2000.

[10] 熊金城. 点集拓扑讲义 (第四版). 北京: 高等教育出版社, 2011.

[11] 尤承业. 基础拓扑学讲义. 北京: 北京大学出版社, 1997.